U0288612

"十四五"时期国家重点出版物
出版专项规划项目

水体污染控制与治理科技重大专项"十三五"成果系列丛书

重点行业水污染全过程控制技术系统与应用标志性成果

流域水污染治理成套集成技术丛书

皮革行业
水污染治理成套集成技术

◎ 廖学品　李玉红　姜　河　等 编著

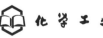

化学工业出版社

·北京·

内 容 简 介

本书为"流域水污染治理成套集成技术丛书"的一个分册,其以皮革行业污染源解析和污染控制技术综合量化评估为主线,厘清了皮革行业水污染来源及特征污染物,全面梳理和归纳了皮革行业节水减排技术及污染控制技术,并通过综合量化评估为污染控制技术的选择提供了理论支撑;在此基础上,结合生命周期评价为皮革行业绿色制造与生态设计评价提供了理论依据。

本书具有较强的技术性和针对性,可供从事皮革行业废水处理处置及污染控制等的工程技术人员、科研人员和管理人员参考,也可供高等学校环境工程、市政工程及相关专业师生参阅。

图书在版编目(CIP)数据

皮革行业水污染治理成套集成技术/廖学品等编著. —北京:化学工业出版社,2020.12
(流域水污染治理成套集成技术丛书)
ISBN 978-7-122-37866-8

Ⅰ.①皮… Ⅱ.①廖… Ⅲ.①制革工业废水-污染防治-中国 Ⅳ.①X794

中国版本图书馆 CIP 数据核字(2020)第 191828 号

责任编辑:刘 婧 刘兴春　　　　　　文字编辑:刘兰妹
责任校对:李雨晴　　　　　　　　　　装帧设计:史利平

出版发行:化学工业出版社(北京市东城区青年湖南街 13 号　邮政编码 100011)
印　　装:北京建宏印刷有限公司
787mm×1092mm　1/16　印张 15½　字数 305 千字　2022 年 4 月北京第 1 版第 1 次印刷

购书咨询:010-64518888　　　　　　售后服务:010-64518899
网　　址:http://www.cip.com.cn
凡购买本书,如有缺损质量问题,本社销售中心负责调换。

定　　价:128.00 元

"流域水污染治理成套集成技术丛书"
编委会

前　言

皮革工业作为我国具有国际竞争力的轻工业支柱产业，在国民经济中占有举足轻重的地位，其承担着繁荣市场、增加出口、扩大就业、服务"三农"的重要任务。但皮革生产过程会产生污染，是整个皮革产业链中污染的主要来源。在改革开放初期，由于产业环保意识不强，管理不严，生产水平较低，皮革行业给局部地区环境造成了一定的污染。随着皮革行业的技术进步，以及国家环保管理力度的不断加大，整个行业的环保意识逐步增强，污染治理技术和清洁生产技术水平逐步提升。为了实现皮革行业的可持续健康发展，皮革生产企业除了进行末端污染治理外，同时也在源头和生产过程中采用多种清洁生产技术，从而最大限度地减少污染物的产生。这是我国皮革行业可持续健康发展，实现绿色制造的必由之路。

经过最近 20 年的发展，皮革行业的环境污染控制水平得到了显著提高。为了进一步提高皮革行业水污染控制水平，走绿色可持续发展道路，在水体污染控制与治理国家科技重大专项（简称水专项）"重点行业水污染全过程控制技术集成与工程实证"独立课题之子课题"重点行业水污染源解析及全过程控制技术评估体系（2017ZX07402004-3）"科研成果的基础上，我们结合多年的科研成果和工程实践，组织编著了《皮革行业水污染治理成套集成技术》，旨在为皮革行业水污染控制技术及管理的选择提供理论参考、技术及案例借鉴。

本书以皮革行业污染源解析和污染控制技术综合量化评估为主线，厘清了皮革行业水污染来源及特征污染物，全面梳理和归纳了皮革行业节水减排技术及污染控制技术，并通过综合量化评估为污染控制技术的选择提供了理论支撑；在此基础上，结合生命周期评价为皮革行业绿色制造与生态设计评价提供理论依据。全书共 6 章：第 1 章为概述，简要介绍了皮革行业发展概况、典型的生产工艺流程、皮革行业水污染的概况、水污染控制技术的现状，以及水污染控制技术的文献调研；第 2 章为皮革行业水污染源解析，主要内容是采用等标污染负荷解析法和污染当量数法对制革及毛皮加工过程各工序的污染源进行了源解析，厘清了皮革行业水污染物在生产全过程中的输运、分布及状态，为皮革行业水污染全过程控制奠定了坚实的基础；第 3 章为皮革行业生产过程节水减排技术，包括源头控制技术和过程控制技术，对皮革行业"重大水专项"形成的技术进行了梳理；第 4 章为皮革行业综合废水处理技术，以节水减排和清洁化生产为指引，以废水深度处理并回用为目标，总结了皮革行业末端废水的处理技术，并凝练了皮革行业"重大水专项"形成的综合废水治理成套技术；第 5 章为皮革行业全过程水污染控制技术评估，基于层次分析-模糊评估和层次分析-标杆法对第 3 章和第 4 章所述工序的不同水污染控制技术进行了综合量化评估，为皮革行业水污染控制技术的合理选择提供了理论依据；第6章简要介绍了绿色制造的基本概念和内涵，同时采用生命周期评价方法（LCA）对毛皮生产过程的全生命周期进行评价，可作为皮革行业绿色制造的评价依据，同时也对污染源解析结果进行有益的补充。另外，为了方便读者查阅，笔者将《绿色工厂评价通则》（GB/T 36132—2018）、《生态设计产品评价通则》（GB/T 32161—2015）、《制革行业节水减排路线图》（2018）作为附录的形式附在书后。

本书由廖学品、李玉红、姜河等编著，具体编著分工如下：第1章和第3章由廖学品编著；第2章和第5章由廖学品、姜河编著；第4章和第6章由廖学品、李玉红编著；全书最后由廖学品统稿并定稿。另外，李玉红承担了本书稿全部文字的录入工作；戴若菡参与了有关毛皮内容部分的编著，王安参与了第3章和第6章中部分内容编著工作。丁志文、田秉辉、匡武、刘波、张欢、何争光、陈占光、周建飞、庞晓燕也参与了本书部分内容的编著工作，在此表示衷心感谢。

在本书编著过程中，参考了大量皮革行业在科研和生产过程中所取得的成果，在此向相关专家、学者等表示衷心的感谢。同时，特别感谢浙江瑞星皮革有限公司、浙江卡森皮革有限公司、浙江大众皮业有限公司、河北辛集皮革园区管委会、河北东明集团实业有限公司、辛集市梅花皮业有限公司、河北杜鹏皮革有限公司、河北开阳皮革有限公司、河南焦作隆丰皮草企业有限公司等的帮助与支持，感谢四川大学石碧院士、中国皮革协会陈占光秘书长、中国皮革制鞋研究院有限公司庞晓燕博士和丁志文博士、陕西科技大学马宏瑞教授等给予的行业资料以及基础数据的支持。最后，再次向为本书的出版提供帮助的所有朋友致以衷心感谢！

限于编著者水平及编写时间，书中难免存在疏漏和不足之处，敬请读者批评指正。

编著者

2020 年 11 月

目　录

第1章
概　述

1.1　皮革行业概况

1.1.1　皮革行业简介

皮革是人类最早的文化产物之一，制革行业历史源远流长，与人类文明的发展息息相关。远古时期的人类通过打猎获得兽类，利用尖状石器剥取兽皮，用以御寒，后又用以护脚、装饰、构造帐篷和船。在使用兽皮过程中，人们发现生皮易腐败，干皮变硬，于是设法提高兽皮的舒适性和耐用性，制革工业在人类长期的实践和揣摩中诞生了，并随着人类文明的进步不断发展壮大[1]。

1.1.1.1　牛皮加工行业简介

皮革按原料皮的种类可分为牛皮革、羊皮革、猪皮革等，而用途最大最广泛的为牛皮革。我国牛皮约占 70%，羊皮占 18%，猪皮占 10%，其他原皮约占 2%[2]。牛皮革又可细分为黄牛革、水牛革和牦牛革，其中黄牛革约占 90%。

牛皮革是制革工业的主要产品。牛皮可加工成各类鞋面革、服装革、家具革、汽车革、箱包革等，其中以鞋面革为主约占 53%，家具革约占 16%，汽车革约占 10%，服装革约占 10%，箱包革约占 5%，其他革约占 6%。皮革过去多用于皮鞋、家具等传统领域，近年来，鞋面革、家具革市场已趋于平稳成熟，随着汽车工业的蓬勃发展，人们对于汽车内饰质量与档次要求逐渐提升，真皮座椅越来越受到消费者喜爱，需求呈直线上升趋势，未来汽车革将成为拉动行业跨越式发展的新增长点。

随着我国人民生活水平不断提高，城镇化进程不断推进以及消费水平的不断升级，皮革制品需求呈稳步上升趋势。国内房地产和汽车等行业的发展，带动了家具革、汽车革等皮革制品的旺盛需求，随着未来消费需求进一步提升，将继续拉动行业强劲发展。目前，我国皮革产品产量已居世界第一，国际市场占有率超过 50%。近年来，制革行业销售收入稳中有升，2015 年实现销售收入 1697.16 亿元。"十三五"期间，我国皮革行业处于新旧动能转换时期，销售收入及利润整体上呈下滑趋势，2019 年我国规上皮革主体行业销售收入 10980.99 亿元，比 2018 年下降 0.87%。

但是，从 2017 年至 2019 年，皮革行业出口连续三年出现恢复性增长，特别是对"一带一路"沿线国家的出口增速较大，我国皮革行业仍具有较强的发展动力。

1.1.1.2 毛皮加工行业简介

根据 2018 年的《中国毛皮产业报告》显示，经过 50 余年的发展，我国已成为毛皮动物养殖与加工大国。目前，毛皮动物养殖分布于山东省、辽宁省、河北省、黑龙江省、吉林省、内蒙古自治区、山西省、陕西省、宁夏回族自治区、新疆维吾尔自治区、安徽省、江苏省、天津市、北京市十四个省（市、自治区）。毛皮服装加工企业主要分布于浙江、广东、河北、山东等地，占全国产量的 80% 以上；毛皮鞣制生产主要集中在河南，约占全国产量的 80%。随着国内毛皮行业的迅速发展，国内已建有十余处毛皮交易市场（毛皮及其制品集散地）[3]。

目前，国内的毛皮行业动物养殖主要以水貂、狐狸、貉子、獭兔为主，其中多数品种是从国外引进。我国毛皮行业的崛起不仅丰富了我国的行业产业链，同时也极大地促进了区域就业，提升了当地人民的生活水平。据地方政府介绍，在肃宁，毛皮动物养殖转移农村剩余劳动力约 8 万人，占当地总人口比重的 37%；乐亭农村毛皮动物养殖户约 4.7 万户，占当地总户比重的 34%。同时，在加工环节，作为劳动密集型的毛皮加工企业，每年也提供了大量的就业岗位。

1.1.2 皮革行业发展状况

1.1.2.1 我国皮革行业发展状况

我国皮革行业起步较晚，但经过百余年发展已成为世界公认的制革大国，我国制革行业大体经历了 3 个阶段。

① 1910~1949 年，我国建立起了最早的一批现代制革厂，主要采用硝面、烟熏、植鞣等传统鞣法；

② 1949~1989 年，为皮革行业自我恢复发展和提高阶段，在技术手段、生产设备、质量产量等方面都得到了很大的提高，而且在这一时期铬鞣法逐渐成为轻革鞣制的主流；

③ 1990 年至今，制革行业得到了高速发展，随着我国全面深化改革带来的改革福利，全球经济一体化进程逐渐加快，同时一带一路、长江经济带、京津冀协同发展等战略的不断深入推进，制革行业出口不断增长，由此带动企业规模不断扩大、机械化程度不断提高、节能减排意识不断加强，整个行业向着多样化、个性化、智能化、绿色化方向发展。

我国不仅是制革生产大国，同时也是生原料皮资源消耗大国、出口创汇大国和皮革制品消费大国。制革行业作为轻工业的重要组成部分，正承担着由制革"大国"向制革"强国"转变的重要历史任务。制革产业梯度转移和区域聚集模式发展正步入规范、整合、调整、升级的阶段，将发力供给侧结构性改革，坚持创新驱动，不断提升行业可持续发展能力。目前，整个行业已进入新旧动力转换、结构优化、全面提升行业发展质量的关键时期。

近年来，我国制革行业正步入稳步发展的新常态。2012年我国轻革产量达到7.47亿平方米，为2012～2019年峰值。2013年我国轻革产量较2012年有所下降，主要原因是整体市场低迷、企业消化库存带来的影响，以及原料皮市场供给不足导致的采购成本上升。2014年以来，随着环保标准以及行业规范的实施，制革行业开展了广泛深入的整顿提升工作，区域结构调整基本完成，制革行业整体呈现良好的发展趋势。随着全球经济复苏，上游原料皮供应量稳步回升，下游制品生产增质提速，我国轻革产量开始逐年增长，到2016年，轻革产量达到7.35亿平方米，较2013年增长了33.46%。但2017年以来，整个皮革行业的销售收入和利润出现下滑趋势，2019年我国规上皮革主体行业销售收入10980.99亿元，比2018年下降0.87%；2017年至2019年，我国皮革行业出口连续3年出现恢复性增长。随着我国国内国际双循环战略的实施，皮革行业将进入新一轮的结构调整，机遇与挑战并存。

根据《中国皮革行业"十二五"发展规划指导意见》《皮革行业发展规划（2016—2020年）》《关于制革行业结构调整的指导意见》等政策方针，经过调整和优化产业结构，我国皮革产业集群快速发展，已初步形成上中下游产品相互配套、专业化强、分工明确、特色突出、对拉动当地经济起着举足轻重作用的产业集群地区。在空间布局上，东部和中西部协调发展，推动产业有序转移和有效承接。四川、河北、山东等地凭借劳动力与皮源优势，承接产业梯度转移，在新技术、新平台上实现新跨越，走转移与转型结合、提升与扩张共进的新型产业化发展之路。2015年，全国规模以上皮革行业共有8114家企业，相比2014年新增301家，其中浙江省1728家、广东省1698家、福建省1280家、四川省166家。

我国皮革产业集群概况如表1-1所列。

表1-1 我国皮革产业集群概况

皮革产业集群	概况			
	特色	主要产品	专业市场	代表企业
福建省	运动鞋、休闲服饰带动皮革产业发展	牛二层绒面、仿磨砂革	晋江制革区、泉港工业区	兴业科技、峰安皮业、源泰皮革
浙江省	规模化、规范化、产品更新快	沙发革、鞋面革、服装革为主	海宁皮革城、温州制鞋区	卡森集团、富国皮革、圣雄皮业
四川省	皮革产业发展较为配套	制革、皮鞋、服装、皮革化工均成规模	武侯"女鞋之都"、德阳皮革化工基地	四川振静股份有限公司、达威科技、得赛尔化工
山东省	规模较大，在北方地区仍显优势	牛皮沙发革、猪皮革为主	文登制革区	文登集团、德信皮业
河北省	历史悠久	服装革、鞋面革为主	辛集制革区	东明制革、西曼实业集团

1.1.2.2 国外皮革行业发展状况

现代制革行业始于19世纪中叶，产业中心长期位于工业化程度和社会经济水平较高的发达国家，由不发达国家向其提供大批量原料皮。进入 21 世纪后，在经济全球化的浪潮下，劳动密集型的制革行业逐渐向发展中国家转移，形成了全球分工协作、差异化竞争的崭新格局。以意大利、西班牙、德国为代表的欧洲制革工业，因其本国日益严格的环保法律法规和不断增加的劳动力成本，导致行业规模逐年萎缩，皮革生产、皮革产品和皮革贸易规模持续降低。而在这一时期，亚洲地区充分利用丰富的原料皮资源和廉价的劳动力成本，并在开放的皮革消费市场的支撑下，制革行业取得了长足发展，逐渐成为世界重要的原料皮供应国和成品皮革生产基地。尤其是东南亚地区制革工业迅速崛起，以中国、越南、印度、泰国等为代表，制革工业突飞猛进，进一步抢占了国际市场，且越发注重提高产品附加值，发展皮革产品深加工。以墨西哥、阿根廷和巴西为代表的美洲皮革生产国家，凭借原料皮资源优势以及较先进的制革技术，逐渐由原料皮供应向皮革生产的角色转变，与亚洲皮革生产国家形成有力竞争。非洲地区拥有丰富的原料皮资源，但由于资本、技术及人才的限制，皮革工业发展较为缓慢，但近年来，以埃塞俄比亚为代表的非洲制革业发展迅猛。

随着全球畜牧业的不断发展，现代制革工艺逐渐成熟，居民消费水平与消费档次不断提升，促使皮革应用领域逐渐扩大，带动皮革需求量的逐年增长。近年来，全球轻革产量呈现上升态势，2014 年全球轻革产量达到 $1.35 \times 10^9 \, \mathrm{m}^2$。从世界生产状况来看，以意大利、西班牙、法国和葡萄牙为代表的欧洲地区皮革生产量占世界总生产量的 27%，原料皮生产量占世界总生产量的 18%；北美和中美地区皮革生产量占世界总生产量的 10%，原料皮生产量占世界总生产量的 17%；南美洲地区皮革生产量占世界总生产量的 8%，原料皮生产量占世界总生产量的 13%；亚洲地区皮革生产量占世界总生产量的 53%，原料皮生产量占世界总生产量的 40%。整体上看，世界的皮革加工与销售中心已从欧洲转移到了亚洲。

1.1.3 皮革行业典型生产工艺流程

1.1.3.1 牛皮加工行业生产工艺流程

将原料皮转变成皮革的生产工艺由数十个化学、生化和机械处理工序组成。制革工艺依据原料皮的种类、状态和产品要求等的不同而有所变化，但一般而言，制革工艺可划分为三大工段，即准备工段、鞣制工段和整饰工段（又分为湿整饰和干整饰），每个工段包含多个工序。其中准备工段主要包括水洗、浸水、脱脂、脱毛、浸灰、脱灰、软化等工序；鞣制工段包括浸酸和鞣制；整饰工段包括中和、复鞣、染色、加脂、涂饰等工序。

典型的牛皮轻革的生产工艺基本工序如图 1-1 所示。

1.1.3.2 毛皮加工行业生产工艺流程

毛皮加工的生产工艺随原料皮种类和产品需求不同而有所变化，但仍然类似牛

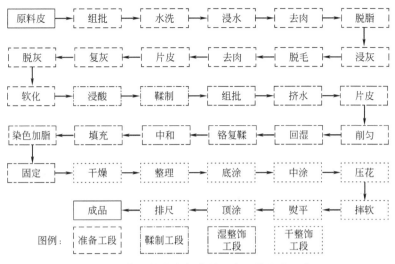

图 1-1　典型的牛皮轻革的生产工艺基本工序

皮制革工艺，可划分为基本的准备工段、鞣制工段和整饰工段（干整饰与湿整饰）三大工段，每个工段中包含的工序与产品需求息息相关，具体流程如图 1-2 所示。需要说明的是，本书关于毛皮加工行业是以羊剪绒为代表，而细杂皮的加工过程可以参考羊剪绒加工过程。

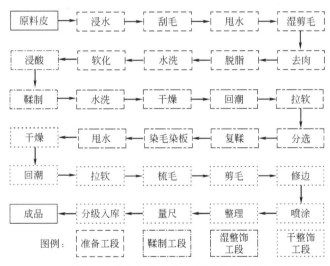

图 1-2　毛皮加工的生产工艺基本工序

1.2　皮革行业水污染概况

1.2.1　皮革行业主要水污染物分类

1.2.1.1　制革行业废水的分类

制革行业的废水主要是在制革过程中产生的，制革废水主要来自鞣前的准备工段、鞣制工段和鞣后整饰工段，这些工段产生的废液大多为间歇排放，其排出的废水是主要污染源，约占整个生产工艺废水总量的 2/3[4]。其中，准备工段包括浸水、脱脂、脱毛、浸灰、脱灰、软化等工序，它们的废水排放量占到整个制革过程总废水量的 70% 以上，污染负荷也达到总排放量的 70% 左右；鞣制工段包括浸酸和鞣制工序，其废水排放量约占制革总废水量的 10%；鞣后整饰工段主要有复鞣、中和、染色加脂等工序，它的废水排放量约占废水总量的 20%。毛皮加工过程大体与制革过程相似，但不涉及浸灰、脱毛、脱灰等工序。

制革过程各工段的废水来源和污染物特征见表 1-2。

表 1-2　制革过程各工段的废水来源和污染物特征

工段	项目	内容
准备工段	废水来源	水洗、浸水、脱脂、脱毛、浸灰、脱灰、软化等工序
	主要污染物	有机废物：污血、蛋白质、油脂等； 无机废物：盐、硫化物、石灰、Na_2CO_3、NH_4^+ 等； 有机化合物：表面活性剂、脱脂剂、浸水浸灰助剂等； 此外，还含有大量的毛发、泥沙等固体悬浮物
	污染物特征指标	COD_{Cr}、BOD_5、SS、S^{2-}、pH 值、油脂、总氮、氨氮
	污染负荷比例	废水排放量占制革总水量的 60%~70% 污染负荷占总排放量的 70% 左右，是制革废水的主要来源
鞣制工段	废水来源	浸酸和鞣制工序
	主要污染物	废水：无机盐、Cr^{3+}、悬浮物等 固体废物：含铬污泥、片皮、削匀等产生的含铬废革屑
	污染物特征指标	COD_{Cr}、BOD_5、SS、Cr^{3+}、pH 值、油脂、氨氮
	污染负荷比例	废水排放量约占制革总水量的 10%，污染负荷比例 5% 左右
整饰工段	废水来源	中和、复鞣、染色、加脂等工序
	主要污染物	废水：包含色度、有机化合物（如表面活性剂、染料、各类复鞣剂、树脂）、悬浮物
	污染物特征指标	COD_{Cr}、BOD_5、SS、Cr^{3+}、pH 值、油脂、氨氮
	污染负荷比例	废水排放量占制革总水量的 20%~30%，污染负荷比例 15% 左右

1.2.1.2　毛皮加工行业废水的分类

毛皮加工过程大体与制革相似，但不涉及浸灰、脱毛、脱灰等工序。毛皮加工过程各工段的污染物来源和污染物特征见表 1-3。

1.2.2　皮革行业废水特征

1.2.2.1　水量和水质波动大[5]

水量和水质波动大是制革工业废水的一大特点。制革过程的废水通常是间歇式排放，其水量变化主要表现为时流量变化和日流量变化。

表 1-3　毛皮加工过程各工段的污染物来源和污染物特征

工段	项目	内容
准备工段	废水来源	水洗、浸水、脱脂、软化等工序
	主要污染物	有机废物:污血、蛋白质、油脂等; 无机废物:盐等; 有机化合物:表面活性剂、脱脂剂、助剂等; 此外,还含有大量的毛发、泥沙等固体悬浮物
	污染物特征指标	COD、BOD、SS、pH 值、油脂、氨氮
	污染负荷比例	废水排放量约占总水量的 50%,污染负荷比例 42%～65%
鞣制工段	废水来源	浸酸和鞣制
	主要污染物	无机盐、三价铬、合成鞣剂、悬浮物等
	污染物特征指标	COD、BOD、SS、Cr^{3+}、pH 值、油脂、氨氮
	污染负荷比例	废水排放量约占总水量的 20%,污染负荷比例 7%～12%
整饰工段	废水来源	脱脂、中和、复鞣、染色、加脂等工序
	主要污染物	色度、有机化合物(如表面活性剂、染料、各类复鞣剂)、悬浮物
	污染物特征指标	COD、BOD、SS、Cr^{3+}、pH 值、油脂、氨氮
	污染负荷比例	废水排放量约占总水量的 30%,污染负荷比例 20%～35%

　　由于制革生产存在多个工序,且不同工序的耗水量不同,因此在每天的生产中会出现生产高峰,每日排水量存在时流量变化,通常一天内可能会出现 5h 左右的高峰排水。高峰排水量可能为日平均排水量的 2～4 倍。根据实际操作工序的时间安排,在某时间段准备工段的某项工序可能停止,当日排水量约为全工序运行时排水量的 2/3,因此排水量存在流量变化。

　　制革废水水质变化同水量变化一样差异很大,随生产品种、原料皮种类、工序交替变化而变动[6]。如某猪皮制革厂,综合废水平均 COD 浓度为 3000～4000mg/L,BOD 浓度为 1500～2000mg/L。由于工序安排和排放时间不同,一天中 COD 浓度在4000mg/L 以上的情况会出现 4～5 次,BOD 浓度在 2000mg/L 以上的情况会出现3 次以上。综合废水 pH 值平均为 8～10,而一天中 pH 值最高可达 11,最低为 2左右,水质变化大,显示出污染物排放总体上的无规律性。

1.2.2.2　大量悬浮物和高 pH 值、高含盐量以及高色度

　　制革过程中会产生大量的悬浮物,多来源于碎皮、毛渣、油脂等,含量在2000～4000mg/L 之间。废水的 pH 值在 8～10 之间,废水呈碱性主要是因为脱毛膨胀用的石灰、烧碱和硫化物。原料皮保藏、脱灰、浸酸和鞣制工序会产生大量的氯化物、硫酸盐等中性盐,因此废水中盐含量可达 2000～3000mg/L,随着废水循环技术的实施,废水中盐含量可高达 4000～6000mg/L。通常情况下,当饮用水中氯化物浓度超过 500mg/L 时人就会尝出咸味,如高达 4000mg/L 会对人体产生危害。中性盐的存在对生化处理过程具有显著的抑制作用,而常规方法难以去除废水

中的中性盐。另外，制革废水的色度比较高，主要存在于鞣制、复鞣、染色等工序的废水中，稀释倍数一般在 600～3600 倍之间。

1.2.2.3　含硫、铬和难降解有机物等有毒化合物[7]

S^{2-} 都是来自脱毛浸灰工序，加工 1t 盐湿牛皮需消耗 40kg 硫化物，排放 15～18kg 的 S^{2-}，当 pH＜9.5 时硫化氢气体会从废液中逸出，对厂区和周边的人群和环境危害严重；废水中的 Cr^{3+} 大约 70％来自铬鞣、26％来自复鞣，废水中 Cr^{3+} 含量一般为 60～100mg/L，传统制革过程中加工 1t 盐湿皮消耗铬盐 50kg，进入废水中的总铬 3～4kg。有机物主要包括来自防腐剂的酚类物质、合成鞣剂、植物鞣剂中的高聚物、染料以及人工合成的各种表面活性物质。随着有机鞣剂和各种助剂的大量使用，难降解的有毒有机物在废水中的含量有持续增加的风险。

1.2.2.4　可生化性好

由于制革废水中含有大量的可溶性蛋白、脂肪、动物油脂等有机物和一些低分子量有机酸，其 BOD/COD 值通常在 0.40～0.45 之间，可生化性较好。但是，制革废水中同时含有大量氯离子和未完全吸收利用的硫酸盐，在后续生化处理过程中这些高浓度的无机盐离子对微生物有很强的毒害作用。另外，硫酸盐的存在在一定的条件下可转变为 S^{2-}，这就进一步增加了废水的处理难度。因此，选择生物处理技术处理制革废水时必须充分考虑 Cl^- 浓度和高硫酸盐含量对生化反应过程中微生物生长的影响[8]。

1.2.3　皮革行业废水危害

皮革行业产生的主要污染物及其危害表现在以下几个方面。

1.2.3.1　铬污染

皮革行业生产的成品革中 90％以上都是用铬鞣制的，铬鞣主要采用三价铬（Cr^{3+}），鞣制时铬的吸收率只有 65％～75％，大量的铬残留在浴液中将造成环境污染和资源浪费。按照制革工艺过程，不仅铬鞣废液中会残留 Cr^{3+}，而且复鞣、中和、染色加脂等湿整饰过程也会因为部分铬脱鞣而进入废液。一方面，这些铬以溶解状态排放出来，经处理后排放的铬在自然环境中会以吸附态、碳酸盐结合态、有机结合态及各种束缚形态存在，在水体和土壤中得到净化的同时，存在一定的累积效应。但是，在自然环境下，Cr^{3+} 氧化为 Cr^{6+} 的转化量有限，而 Cr^{6+} 转化为 Cr^{3+} 则极为容易，只有当 Cr^{3+} 浓度足够高且满足一定氧化条件时才有可能转化为 Cr^{6+}。经处理后废水中排放的 Cr^{3+} 一般不具有这种可能性，只有当含铬的固体废弃物直接进入环境时才容易发生。通常认为 Cr^{3+} 无毒或低毒，因此经处理后的含 Cr^{3+} 废水对环境的影响应该是可控的。但 Cr^{6+} 比 Cr^{3+} 的毒性高 100 倍，且具有溶解度和迁移性大并易被人体吸收和在体内蓄积的特点，在特定条件下 Cr^{3+} 有转化为 Cr^{6+} 的风险，虽然这种风险非常低。一方面，Cr^{6+} 对人体健康具有很大的危害，有明显的致癌、致畸和致突变作用，会对动植物机体造成不同程度的损伤。另一方面，世界铬资源分布不平衡，我国铬资源较少，需要进口大量铬矿，因此减少铬资源的浪费显得尤为重要。因此，Cr^{3+} 的排放有可能对环境造成负面影响，而且浪费资源，必须给予重点关注。

1.2.3.2　硫化物污染[9]

制革废水中硫化物的主要来源是硫化钠、硫氢化钠等皮革化学品的使用，以及脱毛过程中毛的降解。在碱性条件下，硫化物主要以溶解态的形式存在。当 pH 值低于 9.5 时，硫化氢会从废液中逸出，pH 值越低逸出速度越快。硫化氢的毒性与 HCN 相当，对人体的神经系统、眼角膜危害很大（>10mg/L）。当硫化氢浓度较低时，会使人产生头痛、恶心等感觉（>100mg/L）；当硫化氢浓度较高时，会致人失去知觉直至死亡（>500mg/L）。硫化氢气体易溶解形成弱酸溶液，具有很强的腐蚀性，它易造成金属构件的腐蚀，甚至腐蚀下水道中的金属紧固件。若含有硫化物的废水直接排放到地表，即使在低浓度下也有很大的毒性危险，会造成水体缺氧，导致鱼类和水生生物死亡。此外，当含有大量硫化物的废水流入农田，会导致农作物的根系腐烂、茎叶枯萎，最终导致农作物减产减收。高浓度的硫化物对废水生化处理也产生较大的负面影响，会降低活性污泥的活性及沉降性能，降低固液分离效果，从而影响出水水质。因此，对制革废水中硫化物的排放提出了较高的排放标准（0.5mg/L）。

1.2.3.3　中性盐污染

皮革生产过程中排放的中性盐主要是氯化钠和硫酸盐。氯化钠主要产生于原料皮的保藏（原料皮含盐 20%～30%）和制革浸酸工序（使用皮重 8% 左右的食盐）。硫酸盐主要来自工艺过程中使用的硫酸、大量的含硫酸盐的化工材料以及废液中硫化物的氧化。中性盐易溶于水且稳定，很难通过常规水处理的方法去除。如果大量中性盐进入废水并被排放到环境中，将导致土壤的盐碱化，影响植物的生长，还会造成混凝土结构受损、金属管道腐蚀等危害，如果进入地下水中将严重影响环境及人类的身体健康。废液中的硫酸盐还有可能被厌氧菌降解产生硫化氢。因此，中性盐的污染问题是制革行业水污染控制的关键技术难题。

1.2.3.4　油脂污染[5]

在制革过程中，通过去肉和脱脂除去皮下组织和皮纤维结构中的中性油脂，或加脂过程中加脂剂没有被吸收完全，在废水中也会含有油脂。当油脂沉积物漂浮时，它们能吸附其他物质形成更大的絮团，容易导致堵塞问题，特别是在废水处理系统中。如果地表水被一层薄油脂所覆盖，就会降低空气中的氧向水中的转移速率，导致水体生物因缺氧而死亡。如果这些油脂以乳液形式存在，则是可生物降解的，但其好氧量相对很高。

1.2.3.5 氨氮污染

由于制革过程本质上是对胶原纤维——蛋白质的加工过程，大量的蛋白质被水解，随着废水中蛋白质的氨化，废水氨氮浓度迅速升高，有时候甚至出现废水越处理氨氮浓度越高的现象。另外，制革脱灰和软化工序中要用到无机铵盐，导致大量氨氮进入废水中。如果废水中氨氮过高，将引起水体富营养化，对水体中鱼类等水生动物有致命的毒害作用，最终对人类也将产生危害。

1.2.3.6 悬浮物

皮革废水中的悬浮物含量很高，这些悬浮物主要是碎肉、皮渣、油脂、石灰、毛、泥沙、血污等，以及一些不同工序的污水混合时产生的蛋白絮凝体、氢氧化铬沉淀等絮状物。如果不加以处理直接排放，这些固体悬浮物将容易堵塞机泵、排水管道及排水沟等，同时也将腐烂发臭，污染环境。

1.2.3.7 化学需氧量（COD）和生物需氧量（BOD）[8]

制革废水中有机物含量较高，且含有一定量的还原性物质，所以 COD 和 BOD浓度都很高，若不经处理直接排放会引起水体污染；同时，污水排入水体后要消耗水体中的溶解氧，而当水体中的溶解氧（DO）低于 4mg/L 时，鱼类和其他水生生物的呼吸将会变得困难甚至死亡。

1.3 皮革行业水污染控制技术现状

1.3.1 皮革行业相关排放标准及产业政策

1.3.1.1 国内皮革行业相关环境标准及规范

2010 年 12 月 17 日环境保护部发布了《制革及毛皮加工废水治理工程技术规范》（HJ 2003—2010），于 2011 年 3 月 1 日起实施。本技术规范规定了制革及毛皮加工废水治理工程的总体要求、工艺设计、检测控制、施工验收、运行维护等的技术要求。本规范适用于以生皮为原料，采用铬鞣工艺的制革及毛皮加工废水治理工程，可作为环境影响评价、可行性研究、设计、施工、安装、调试、验收、运行和监督管理的技术依据，采用其他原料和鞣制工艺的制革及毛皮加工企业和集中加工区的废水治理工程可参照执行[10]。

2013 年 12 月 27 日环境保护部联合国家质量监督检验检疫总局发布了《制革

及毛皮加工工业水污染物排放标准》（GB 30486—2013），于 2014 年 3 月 1 日起实施。该标准对制革及毛皮加工企业分为现有企业和新建企业，分别对直接排放与间接排放中的污染物排放限值、监测和监控要求进行了规定，包括 pH 值、色度、悬浮物、化学需氧量、五日生化需氧量、动植物油、硫化物、氨氮、总氮、总磷、氯离子、总铬等指标，并针对重点区域规定了水污染物特别排放限值。当前，该标准已成为我国针对制革行业最为严格的强制性规范性文件。制革及毛皮加工企业排放大气污染物（含恶臭污染物）、环境噪声适用相应的国家污染物排放标准，产生固体废物的鉴别、处理和处置适用国家固体废物污染控制标准[11]。

2017 年 7 月 24 日，国家发展和改革委员会联合环境保护部发布了《制革行业清洁生产评价指标体系》（2017 年第 7 号），于 2017 年 9 月 1 日起实施。国家发展改革委员会发布的《制革行业清洁生产评价指标体系（试行）》（国家发展和改革委员会 2007 年第 41 号公告），环境保护部发布的《清洁生产标准 制革工业（牛轻革）》（HJ 448—2008）、《清洁生产标准 制革工业（羊革）》（HJ 560—2010）同时失效。该指标体系规定了制革企业清洁生产的一般要求。该指标体系将清洁生产指标分为六类，即生产工艺及设备要求、资源和能源消耗指标、资源综合利用指标、污染物产生指标、产品特征指标和清洁生产管理指标。该指标体系适用于制革企业的清洁生产审核、清洁生产潜力与机会的判断以及清洁生产绩效评定和清洁生产绩效公告制度，也适用于环境影响评价、排污许可证管理、环保领跑者等环境管理制度。该评价指标体系适用于牛皮、羊皮、猪皮制革企业，其他类型制革企业参照该指标体系执行[13]。

2017 年 9 月 29 日环境保护部发布了《排污许可证申请与核发技术规范—制革及毛皮加工工业—制革工业》（HJ 859.1—2017），于发布日起实施。本技术规范规定了制革工业排污许可证申请与核发的基本情况填报要求、许可排放限值确定、实际排放量核算和合规判定的方法，以及自行监测、环境管理台账与排污许可证执行报告等环境管理要求，提出了制革工业污染防治可行技术要求[12]。

2018 年 7 月 31 日生态环境部发布了《排污单位自行监测技术指南 制革及毛皮加工工业》（HJ 946—2018），于 2018 年 10 月 1 日起实施。该指南提出了制革及毛皮加工工业排污单位自行监测的一般要求、监测方案制定、信息记录和报告的基本内容和要求[14]。

2019 年 12 月 10 日生态环境部发布了《排污许可证申请与核发技术规范 制革及毛皮加工工业—毛皮加工工业》（HJ 1065—2019），于发布日起实施。该规范规定了毛皮加工工业排污单位排污许可证申请与核发的基本情况填报要求、许可排放限值确定、实际排放量核算、合规判定的方法，以及自行监测、环境管理台账及排污许可证执行报告等环境管理要求，提出了毛皮加工工业排污单位污染防治可行技术要求[15]。

1.3.1.2   国内皮革行业相关产业政策

制革行业系轻工业中的支柱产业，也是重要的民生产业，是循环经济的典型代表，在国民经济建设和社会发展中发挥重要作用。为支持制革行业的快速健康发展，国家和地方政府相继出台了一系列的产业政策，具体如下。

2006 年 2 月 21 日，国家环境保护总局联合国家发展和改革委员会及科技部共同发布了《制革、毛皮工业污染防治技术政策》（环发〔2006〕38 号）。该政策的内容（控制目标）主要为鼓励采用清洁生产技术，淘汰落后工艺；集中制革、污染集中治理；节水工艺；推荐制革废水的治理工艺；推荐制革固体废物综合利用技术；鼓励开展研发项目。鼓励采用清洁生产工艺和节水工艺，使用无污染、少污染原料，逐步淘汰严重污染环境的落后工艺，彻底取缔年产 3 万标张皮以下的制革企业，集中制革、污染集中治理，制定更为严格、科学的制革污染物排放标准，严格控制污水达标排放；2010 年年底前，企业逐渐采用清洁生产技术，废水经过二级生化法处理；2015 年年底前，全行业基本采用清洁生产技术，满足清洁生产的基本要求[16]。

2009 年 12 月 11 日，工业和信息化部发布了《关于制革行业结构调整的指导意见》（工信部消费〔2009〕605 号）。该指导意见的主要内容为：制革行业结构调整的主要任务和重点工作是立足国内畜牧业发展，增加国内原料皮供给；调整产业布局，促进行业可持续发展；调整产品结构，发展绿色制革；加快自主创新步伐，改造提升制革工业；淘汰落后生产能力，提高行业准入门槛；大力推进节能降耗，减少制革污染。主要政策措施包括：加大政策扶持力度，稳定原料皮供应；制定有关规定和标准，加快行业结构调整；营造和完善企业自主创新的政策环境，加快行业技术创新和技术改造；积极倡导制革行业循环经济发展模式，鼓励集中制革、集中治污；加强污染治理监管，加大对落后产能的淘汰力度；加强发展信息引导，发挥行业协会作用；发展制革品牌企业，推动行业转型升级[17]。

2014 年 5 月 4 日工业和信息化部发布了《制革行业规范条件》（2014 年第 31 号）。该规范从企业布局、企业生产规模、工艺技术与装备、环境保护、职业安全卫生、监督管理 6 个方面来规范我国境内的所有新建或改扩建和现有的制革企业。该规范条件的发布，对规范行业投资行为、避免低水平重复建设、促进产业合理布局、提高资源利用率、保护生态环境具有重要意义[18]。

2016 年 8 月 5 日工业和信息化部发布了《轻工业发展规划（2016—2020 年）》（工信部规〔2016〕241 号）。该规划指出皮革行业的主要发展方向为"推动皮革工业向绿色、高品质、时尚化、个性化、服务化"方向发展。推动少铬无铬鞣制技术、无氨少氨脱灰软化技术、废革屑和制革污泥等固废资源化利用技术的研发与产业化，支持三维（3D）打印等新技术在产品研发设计中的应用。加快行业新型鞣剂、染整材料、高性能水性胶黏剂、横编织及无缝针车鞋面等皮革行业新材料发展。重点发展中高端鞋类和箱包等产品，以真皮标志和生态皮革为平台，培育国内外知名品牌。建立柔性供应链系统，发展基于脚型大数据的批量定制、个性化定制等智能制造模式，推进线上线下全渠道协调发展[19]。

2016 年 8 月 29～31 日，由中国皮革协会牵头、各地方皮革商协会参与编制的《皮革行业发展规划（2016—2020 年）》发布，该规划提出了 2016～2020 年即"十三五"时期皮革行业十大发展目标。这十大发展目标是：

① 生产与效益平稳增长。稳步提高皮革行业主要产品产销量，稳定出口，扩大内需，不断提高产品附加值，提高行业整体效益水平，保持行业销售收入年均增长 7%。

② 研发设计创新能力不断提高。规模以上企业研究与试验发展（R&D）经费投入强度年均增长 10% 以上，大幅增加专利数量，建立以企业为主体、市场为导向、政产学研用相结合的创新体系。

③ 产业结构更趋合理。积极推进生产制造业与生产性服务业协调发展，推进大企业与中小微企业协调发展，推动主体行业与配套行业协调发展，进一步增强产业链整体竞争力。

④ 出口结构进一步优化。保持行业出口总额稳步增长，进一步提升高附加值产品和自有品牌产品出口比重。

⑤ 巩固欧美日传统出口市场优势，优化出口目的地结构，新兴市场所占份额从 49% 提高到 55%。

⑥ 质量品牌效益显著提高。加强标准体系建设，鞋的国际标准采标率从 90% 提高到 95%，皮革、毛皮及其制品的国际标准采标率从 42% 提高到 52%。

⑦ 以真皮标志、生态皮革为载体，培育一批行业知名品牌，创出 3～5 个国际有影响力的品牌。

⑧ 智能制造水平大幅提升。提高国产装备的自动化和智能化水平，提升行业全流程两化融合水平，提高数字化研发比例，推动生产制造梯次向自动化、半智能化、智能化方向转变。

⑨ 绿色制造水平大幅提升。进一步提高清洁生产水平，提高废水循环利用率，降低生产过程中能耗、物耗及污染物排放量，基本实现生产废弃物的资源再利用。单位原料皮废水、化学需氧量、氨氮、总氮排放量分别削减 9%、15%、25%、30%；产业集群建设稳步推进，产业集群销售收入占行业规模以上企业销售收入的比重达到 50% 以上，坚持差异化、区域协调发展，推出一批在转型升级方面起引领作用的产业集群，同时积极培育新兴产业集群，优化产业空间布局；全渠道营销能力不断优化，鼓励线上线下相结合的营销体系发展，利用各类电子商务平台，积极发展跨境电子商务，培育一批以大型专业市场为代表的现代流通企业，品牌企业线上销售占比达 10% 以上。

⑩ 行业人才梯队基本形成。积极开展不同层级的行业技能培训和竞赛，完善

适应当前及今后行业发展需要的人才梯队培育机制，全面提升行业人力资本素质[20]。

2019 年 10 月 30 日，国家发展和改革委员会发布了《产业结构调整指导目录（2019 年本)》，于 2020 年 1 月 1 日起实施。该指导目录中涉及皮革行业的主要内容为鼓励类："制革及毛皮加工清洁生产、皮革后整饰新技术开发及关键设备制造、含铬皮革固体废弃物综合利用；制革及毛皮加工废液的循环利用，三价铬污泥综合利用；无灰膨胀（助）剂、无氨脱灰（助）剂、无盐浸酸（助）剂、高吸收铬鞣（助）剂、天然植物鞣剂、水性涂饰（助）剂等高档皮革用功能性化工产品开发、生产与应用。"淘汰类："年产 5 万标张牛皮、年加工蓝湿皮能力 3 万标张牛皮以下的制革生产线。"[21]

1.3.2 皮革行业清洁生产技术现状

皮革行业在不同的生产工序中按照生产规律和实际情况采用了不同类型的清洁生产技术，主要分为以下几类。

1.3.2.1 废液循环利用技术

针对制革过程污染最严重的脱毛、脱灰和铬鞣工序废水，国内开发了废液分流、适当调节后循环利用的技术，循环使用次数可达 10～20 次。20 世纪 90 年代，我国有 20%～30%制革企业采用过这类技术。工程应用实践表明，采用这些技术可以使硫化物、石灰和铬的排放量降低 70%～80%，而且综合废水的处理更容易。但采用这些技术要求过程管理较严格，否则会对皮革产品的质量产生负面影响。目前我国完全或部分采用这类技术的制革企业不到 10%。

1.3.2.2 酶脱毛及低硫化物脱毛技术

我国是最早在猪皮革生产中推广酶脱毛技术的国家。酶脱毛技术的最大优点是可以消除硫化物污染，不足之处是对技术、管理和经验要求较高，否则可能出现质量事故，同时酶脱毛技术的成本比硫化钠脱毛高。20 世纪 70～90 年代，我国有 50%以上猪皮制革企业不同程度应用了酶脱毛技术，但在牛皮革生产中，由于酶的渗透慢、小毛难脱除等问题，很少应用酶脱毛技术。为了降低成本、方便操作、减少质量事故，目前我国更多的制革企业是采用酶助少硫脱毛技术，可以使硫化钠的用量减少 30%～50%。

1.3.2.3 无氨脱灰技术

传统制革过程产生氨氮最多的工序是脱灰和软化工序，它们是制革废水氨氮污染的首要来源，产生的氨氮占整个准备工段氨氮污染的 80%以上，其主要原因是加入了大量铵盐。为了减少和消除脱灰废液的污染，行业现采用无氨脱灰、软化技术以保证排放废水中的氨氮含量达标。常见的无氨脱灰技术有镁盐脱灰、有机酸和有机酸脂脱灰、硼酸脱灰等。例如采用某种有机酸酯脱灰剂脱灰，与铵盐脱灰相比，使用该无氨脱灰剂不会产生 NH_3，废水中 TN 浓度减少 90％，COD 浓度降低 65％，BOD 浓度降低 25％。

1.3.2.4　无盐浸酸技术

传统皮革生产过程的浸酸工艺需要使用 8％左右的氯化钠，这是产生中性盐污染的主要原因之一。目前我国 20％～30％的制革生产企业采用了无盐浸酸技术，通常采用能够抑制裸皮膨胀的有机酸代替硫酸-氯化钠完成浸酸操作，从而减少中性盐的污染。

1.3.2.5　降低铬排放的技术

除了铬鞣液循环利用技术以外，我国制革企业还采用高吸收技术来提高铬的利用率，从而减少废水中的铬含量。20 世纪 90 年代我国即开发了 PCPA 等含多官能基的聚合物铬鞣助剂，在此基础上我国又开发了醛酸鞣剂等多种高吸收铬鞣助剂。采用这些助剂，可以使铬的利用率从传统工艺的 65％～75％提高到 90％以上，显著减少了铬的排放。

1.3.2.6　染整工序高吸收技术

近 10 年来，我国开发了多种能够提高染料、加脂剂、复鞣剂等皮革化工材料的吸收利用率的化学助剂，并得到广泛应用，使染整工序使用的皮革化工材料的吸收利用率一般能达到 90％左右，从而降低废水的色度、COD 和 BOD。

1.3.3　皮革行业废水末端处理技术现状

自"十二五"以来，国家提出了一系列有关皮革工业污染治理的新目标，并围绕这些目标的实现出台了相应的行政法律法规和管理措施[22,23]。在这种形势下，皮革行业废水处理面临的主要控制目标涉及以下几个方面：

① 以排水量和浓度双重核算的总量控制目标；
② 以氨氮去除为突破的含氮污染物控制目标；
③ 以铬为主的重金属污染控制目标；
④ 以氯化物为标志的含盐量控制目标；
⑤ （危险性）固体废弃物减量化目标；
⑥ 企业处理成本核算目标。

为实现上述控制目标，生产企业不仅不能超标排放，还必须根据清洁生产审核的要求和区域发展要求实现逐年减排。这些目标要求废水末端处理技术不仅要去除 COD_{Cr}、BOD_5、NH_4^+-N 和 TN 等常规污染物，还必须对硫化物、总铬、氯离子等行业特征污染物进行针对性处理，并最大限度地实现中水回用。2010年环境保护部制定的《制革及毛皮加工废水治理工程技术规范》（HJ 2003—2010）中提出的"分质分流、单项处理与综合处理相结合"的皮革废水处理原则，即要求将含铬废水进行单独分流预处理，建议含油脂废水和含硫废水进行单独分流预处理后再与其他工序废水一同进行后续处理。同时，根据《制革及毛皮加工工业水污染物排放标准》（GB 30486—2013）对现有和新建企业的要求，含铬废水在车间或生产设施废水排放口总铬的标准要低于1.5mg/L。以上规范及标准对企业废水处理技术提出了更高的要求。

经过科研单位和企业多年的不断努力，以下技术规范在行业中得到了有效实施。

① 含铬废水的单独分流处理。制革主鞣和复鞣中产生的含铬废水一般通过加碱沉淀法可得到有效处理，回收的铬泥经适当处理后回用。

② 含硫废水的单独分流处理。目前行业采用的有硫化物回收法、催化氧化法和混凝沉淀法等技术。其中硫化物回收法可在厂内有效实现硫的回用并可以回收蛋白质；而硫酸锰催化氧化法可使废水中的硫转化为单质硫，该法优点是投资费用低，操作安全，脱硫率高；混凝沉淀法是目前企业普遍采用的方法，此方法无需进行含硫水的分流，操作简便，投资量小，设备简单，易实现工业化，对大中小型企业均适用，但最大的问题是产生的污泥量大。

③ 含油脂废水的单独分流处理。在猪皮和羊皮制革加工过程中，大量油脂会进入废水，这部分油脂可通过隔油、（加药）气浮法得到有效去除，不同企业是否单独处理一般视油脂含量和分散性差异而定。

制革工业废水常规处理基本流程如图1-3所示。

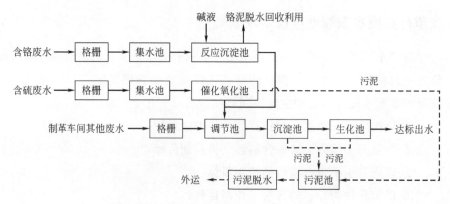

图1-3 制革工业废水常规处理基本流程示意

生化系统是制革废水处理技术的核心，围绕不同的出水标准，可选择单独的好氧以及厌氧-好氧相结合的各类生物处理方法。应该说，在设计合理、管理正常的情况下，我国目前采用的综合废水处理技术可以使排放废水中的主要污染物指标（如COD、BOD、SS等）达到国家排放标准，但个别指标（如NH_4^+-N）较难达到排放标准。

　　我国现行的制革工业废水排放标准包括间接排放和直接排放两类标准。对于执行间接排放标准的企业，现有的水处理技术均能满足标准要求，且运行成本适中。当制革企业单独存在，周边无市政管网进行二级处理时，需达到《制革及毛皮加工工业水污染物排放标准》（GB 30486—2013）中直接排放标准，同时某些敏感流域和区域还必须执行比制革行业标准更加严格的直接排放标准，在此情况下需对出水 COD_{Cr} 浓度在 100mg/L 左右的水进行深度处理才可能达标。目前在淮河流域等地已有部分企业执行《城镇污水处理厂污染物排放标准》（GB 18918—2002）中一级 B 排放标准且运行基本稳定。同时，为实现中水回用，也需要对废水进行深度处理。目前，在制革企业废水深度处理中常见的处理技术涉及臭氧氧化、芬顿氧化、膜处理等物理或化学方法，也有人工湿地、曝气生物滤池（BAF）等生化方法。

　　目前制革废水处理技术已经较成熟，但由于各企业水质水量差异显著，水处理工艺尚缺乏针对性，同时环保管理和现场检测分析也是目前制革企业面临的突出问题。由于技术管理的不完善，水处理的功效参差不齐，不良管理对系统的破坏和浪费严重，使达标率也有所降低。

　　制革废水处理过程中伴生的污泥处理也是废水处理技术中的重要组成部分，目前板框压滤机、带式脱水机、离心脱水机在行业中都有使用，其中板框压滤机比较适合制革污泥的脱水，比其他脱水方式更为常用，其脱水后污泥含水量可达到70%左右，而采用其余两种技术脱水后污泥含水量在80%左右。近年来，随着污泥处置费用的不断加大，以隔膜板框压滤为代表的一些新型的脱水设备逐渐应用到制革企业的污泥脱水，使污泥含水率达到 60% 以下，为污泥减量化提供了一种新的选择，目前这一技术已在行业中得到推广应用。

1.3.4　制革废水常规处理存在的问题

　　当前制革废水处理工艺主要采用混凝沉淀物化预处理与生化处理工艺如活性污泥法、生物接触氧化法等相结合的技术路线，该技术路线工艺成熟，运行成本较低，得到较广范围的应用，但在实际运行中存在的问题也比较突出[24,25]。

1.3.4.1　固废（污泥）量大

　　传统技术路线常采用混凝沉淀法对含硫含铬废水进行预处理，其机理如下：

$$Fe^{2+} + S^{2-} \longrightarrow FeS\downarrow$$
$$Fe^{3+} + S^{2-} \longrightarrow Fe^{2+} + S\downarrow$$
$$Cr(OH)SO_4 + OH^- \longrightarrow Cr(OH)_3\downarrow + SO_4^{2-}$$

　　该法产生了大量的危险固废（污泥），且难以资源化利用，易造成二次污染且提高了运行成本。

1.3.4.2 氨氮排放难以达标

目前，实际制革废水的处理主要是采用普通物化预处理加好氧工艺，但由于实际制革废水成分复杂，且随着生产工序的变化，产生的废水在水质和水量上具有较大波动性，实际处理效果不太理想。此外，制革综合废水常具有较强的毒性，物化预处理难以有效降低污水毒性，因此对后续好氧阶段也构成了一定影响，降低了好氧段的生物处理效果。通过实际调研发现，制革企业污水处理系统出水经常存在氨氮排放难以达标的问题。

从技术角度分析，如何有效去除制革废水中的氨氮和总氮是一个难题。目前，废水处理需要较长的停留时间，需要扩大已有污水处理系统的容量，增加占地面积，这对很多占地本已拥挤的企业来说较难实施。另一个难题是氨氮的处理过程中受温度影响很大，当温度低于12℃时，硝化/反硝化处理中的生物菌的活性会大大降低，从而导致处理效果不佳；当温度低于5℃时，生物菌则基本失去活性。另外，在培养生物菌时也存在菌株稳定性差的问题。

制革废水中氨氮处理的难题体现了工业废水处理的另一个"通病"——技术水平有限。从目前掌握的技术水平看，国内很多工业废水的处理在实际上很难达到现行标准。由于中国皮革行业的"十三五"规划中提出"单位原料皮氨氮排放量削减25%"，一方面企业肯定会在末端氨氮处理技术上下大气力，而一些对制革综合污水具有较佳处理效果的新型工艺，如高级氧化技术、内电解工艺等，普遍存在投资运营费用高、处理稳定性差、仍局限于小试研究的问题，因此这些工艺目前仍难以应用到大规模的实际制革污水处理中，大多数仍停留在实验室研究阶段，部分工艺甚至仍以制革模拟废水研究为主；另一方面，皮革行业会考虑通过清洁生产从源头控制氨氮的产生。但是由于皮革废水中 NH_4^+-N、TN 和 COD 等成分复杂、含量高，目前对其处理难度较大，成本较高。因此，研发经济有效的氨氮处理技术对于目前制革行业废水的处理具有重要意义。

1.3.4.3 高浓度硫酸盐缺乏有效处理

制革综合废水中含有高浓度（1000～2000mg/L）的硫酸盐，而当前的制革废水处理工艺对 SO_4^{2-} 的去除在观念上还未引起足够重视，在实际处理中也没有有效的处理工艺。世界上许多国家对水体中允许存在的硫酸盐浓度都做出了明确规定，我国规定水体中硫酸盐浓度上限为 250mg/L。高浓度的硫酸盐溶液进入水体中，在还原性条件下生成的 H_2S 易使水体酸化、土壤严重板结，腐蚀水处理设施与排水管道，当人体摄入含高浓度硫酸盐的饮用水后易导致腹泻、胃肠功能紊乱及脱水等症状。同时，硫酸盐在生化系统中还原生成的 H_2S 对微生物菌群具有强烈的毒性，研究表明当 H_2S 含量大于 100mg/L 时会明显抑制微生物的正常代谢，进而影响生化系统对污染物的降解效果。鉴于硫酸盐对废水处理生化系统和环境中动植物的危害性，对制革污水中的硫酸盐进行有效降解的研究就具有了重要意义。目前，高浓度硫酸盐废水的去除研究也取得了一定进展，如邓志毅等[26]设计了以射流循环式生物流化床反应器为主要设备的两相厌氧工艺来降解高浓度的硫酸盐模拟废水，研究表明在进水 COD 容积负荷为 $26kg/(m^3 \cdot d)$ 时和 SO_4^{2-} 容积负荷为 $8.5kg/(m^3 \cdot d)$ 时，COD 和 SO_4^{2-} 的降解效率分别达到 87％ 和 97％。但高浓度硫酸盐废水的降解研究仍以实验室小试和模拟废水为主，对制革企业排放的实际高浓度硫酸盐废水在中试规模以上的处理技术体系的研究开发仍十分缺乏。

1.4 皮革行业水污染控制技术文献调研

1.4.1 文献调研的目的和意义

文献是获取知识的重要媒介，也是科学研究的基础。通过文献调研，阅读分析资料可以梳理技术发展历程、分析技术发展的特点、预估技术发展研究方向，比较国内外技术研究现状和研究水平、明确差距，熟悉技术优势机构单位和团队。

通过系统地开展文献调研工作，提炼国内外不同时期的技术研究热点，系统梳理国内外不同时期皮革行业水污染全过程控制技术发展历程和发展特征，比较国内外皮革行业水污染全过程控制技术的差异，并全面梳理总结水专项产出技术成果对皮革行业水污染全过程控制技术的支撑和贡献。本次文献调研分析主要是对皮革行业生产全过程的清洁生产技术和末端废水处理技术的贡献状况进行统计分析，为皮革行业水污染控制技术评估提供依据，并对水专项"十一五"和"十二五"产出的相关技术成果进行评估。通过开展技术评估可以发现技术存在的问题和特点，为技术集成指引方向，识别和分析比较技术的短板和不足，引领未来技术的发展方向。

1.4.2 皮革行业水污染全过程控制技术的分类构成及水专项成果清单

皮革行业水污染全过程控制技术可分为 4 个大类，分别是源头削减技术、节水技术、分质废水处理技术、综合废水处理技术，共 43 项具体技术。水专项成果中属于皮革行业水污染全过程控制技术系列的共 12 项，其中属于源头削减技术的有3 项、属于节水技术的有 4 项、属于综合废水处理成套技术的有 5 项，详见表 1-4。

1.4.3 文献数据获取与分析方法

1.4.3.1 数据的获取与清洗

（1）研究数据的调研来源

本次调研的数据是 1994～2019 年期间皮革行业水污染全过程控制技术的文献，为了使研究全面准确，外文数据库选择了 Web of Science，中文数据库选择了中国

表 1-4 水专项成果清单

一级成果	二级成果	三级成果	四级成果	五级成果
重点行业水污染全过程控制技术系统与应用	皮革行业水污染全过程控制成套技术	源头削减技术	脱毛浸灰清洁技术	保毛脱毛技术
			脱灰清洁技术	无氨脱灰技术
			鞣制清洁技术	高吸收铬鞣技术
		节水技术	废液循环利用技术	浸水和清洁废液循环利用技术
				浸灰废液循环利用技术
				脱灰废液循环利用技术
				铬鞣废液循环利用技术
		综合废水处理成套技术	脱氨技术	无机和生物絮凝的耦合预处理＋优选硝化菌种的 AO 串联脱氨处理联控技术
			综合废水处理技术	两段厌氧＋硫化物化学吸收＋生物脱氮与泥炭吸附协同技术
				预处理控毒＋厌氧降成本＋COD 分配后置反硝化＋残留难降解 COD 深度处理技术
				电絮凝＋电渗析＋MVR 技术
				聚铁沉聚＋厌氧消解＋不加药加板框技术

知网数据库（CNKI）。在确定了所使用的数据库来源后，关于数据的获取策略也是决定数据分析可信度的重要因素。目前各类数据库的数据检索策略主要是通过布尔逻辑算符构建检索式进行检索，逻辑检索算符主要包括或（OR）、且（AND）、非（NOT）三种。

（2）研究数据的甄别清洗

皮革行业水污染全过程控制技术主要分为两个技术环节（清洁生产技术和末端废水处理技术）。在构建检索时的原则是使用尽量较为宽泛的数据范围，在进行检索时不要设置过窄的数据条件，这样可以有效避免数据漏检。然后借助信息检索中的主题检索，按照技术环节进行数据采集，将收集的相关技术的文献信息导出并保存。

数据清洗原则如下。

① 完整性：数据应覆盖研究领域关注的各个方面，做到全面覆盖。

② 目标性：根据评估的目标从查询的文献中筛选有效文献，满足领域研究热点演变分析。

③ 独立性：所筛选出来的有效文献，相互之间应该是独立的，避免重复。

④ 有效性：不能简单地根据关键词和题目判断文献是否有效，摘要和必要的全文阅读有时候也是必需的。

1.4.3.2　文献汇总分析方法

（1）文献计量学方法[27]

文献计量学是以文献体系和文献相关媒介为研究对象，采用数学、统计学等的计量方法，研究文献信息的分布、结构、数量关系、规律，并进而探讨科学技术的某些结构、特征和规律的一门学科。文献计量学方法按研究手段可分为文献统计分析法、数学模型分析法、系统分析法、矩阵分析法、网络分析法等。本次文献调研采用文献统计分析法，该方法是利用统计学方法对文献进行统计分析，以数据来描述和揭示文献的数量特征和变化规律，从而达到定量研究目的的一种分析研究方法。

本次文献调研统计各项技术文献自 1994 年至 2019 年间数量变化规律，深入剖析国内外皮革行业水污染控制技术的研究现状，发掘国际和国内研究趋势和研究热点，以实现对水专项技术水平的客观有效评估，对关键技术发展方向进行预测，为后续技术评估和技术集成工作提供科学依据。

（2）可视化方法[28]

数据可视化是指运用计算机图像处理技术，将数据或信息转化为直观的图像的方法。可视化技术具有重要的作用，通过将大量、复杂和多维的数据绘制成图像，可以反映同类事物的共同性质，揭示事物各方面的主要特征，描述复杂事物的总体结构，辨析不同事物之间属性的差别，显示某个事物跟其他事物之间的相互关系，同时还可以根据历史和当前数据推测未来数据。1987 年，美国国家科学基金会首次提出"科学可视化"的概念，随后在 1989 年，G. Robertson 和 S. Card 在科学可视化的基础上提出"信息可视化"的概念。随着技术的进步，权威数据库和计算机成了绘制科学知识图谱的主要方式，将数据库中下载的文献信息借助计算机即可绘制科学知识图谱。VOSviewer、CiteSpace、SPSS 等软件的应用使得绘制科学知识图谱变得更加方便快捷。

在本书中，研究领域的热点分析采用了基于关键词共现的方法。将文献中所有的关键词分类，利用可视化界面展示聚类结果，就能对该领域的研究知识结构有一个直观、宏观的把握。本书主要借助 VOSviewer 软件来对文献检索结果进行可视化。

1.4.4　皮革废水处理文献调研

1.4.4.1　检索词与检索式的确定

（1）中文检索词与检索式

本次文献调研将皮革水污染全过程控制技术分解为皮革行业清洁生产技术和皮革行业废水处理技术两个调研单元进行。

两个调研单元的中文检索词和检索式如表 1-5 所列。

表 1-5　各调研单元的中文检索词和检索式

调研单元		检索词/检索式
皮革行业清洁生产技术	检索词	皮革,毛皮,清洁生产
	检索式	SU=('皮革'+'毛皮') ANDSU='清洁生产'
皮革行业废水处理技术	检索词	皮革,毛皮,废水,废液,处理
	检索式	SU=('皮革'+'毛皮') AND SU=('废水'+'废液') ANDSU=('处理')

（2）英文检索词与检索式

两个调研单元的英文检索词和检索式如表 1-6 所列。

表 1-6　各调研单元的英文检索词和检索式

调研单元		检索词/检索式
皮革行业清洁生产技术	检索词	leather manufacturing, fur processing, clean * production/cleaner production/cleaning production
	检索式	TI=(leather OR fur) AND TI=(clean production)
皮革行业废水处理技术	检索词	leather manufacturing, fur processing, wastewater/waste water, effluent, sewage, discharge/discharged/discharging, treat/treatment, remove/removal/removing
	检索式	TI=(leather manufacturing OR fur processing) AND TI=(waste $ water OR effluent OR sewage OR discharg *) AND TI=(treat * OR remov *) OR(AB=(waste $ water OR effluent OR sewage OR discharg *))

1.4.4.2　文献检索结果

（1）论文检索结果

各调研单元的中英文论文数如表 1-7 所列。

表 1-7　各调研单元的中英文论文数

技术单元	有效论文数(1994~2019 年)		标注由水专项产出论文数	
	中文	英文	中文	英文
皮革行业清洁生产技术	74	167	16	5
皮革行业废水处理技术	1404	2112	105	65
合计	1478	2279	121	70

分别在 CNKI 和 Web of Science 检索了 1994~2019 年制革及毛皮加工行业清洁生产、废水资源化及废水处理技术方面发表的论文,经过筛选在 CNKI 获得 1478 条检索结果,在 Web of Science 获得 2279 条检索结果。

图 1-4 为 Web of Science 和 CNKI 关于制革及毛皮加工行业废水处理逐年发文量的比较。从图 1-4 中可以看出,Web of Science 发文量逐年增加,CNKI 发文量从 1994 年到 2019 年总体趋势在增加,但每年增加的趋势不稳定。2010 年以前

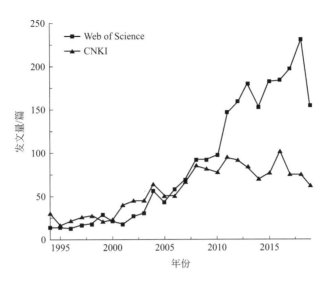

图 1-4　Web of Science 和 CNKI 关于制革及毛皮加工行业废水处理逐年发文量对比

Web of Science 和 CNKI 关于制革及毛皮加工行业废水处理的发文量差距较小，而 2010 年以后 Web of Science 关于制革及毛皮加工行业废水处理的发文量逐渐高于 CNKI。

　　表 1-8 和表 1-9 分别为 CNKI 和 Web of Science 关于制革及毛皮加工行业废水处理发文机构的排名。由表 1-8 可知，CNKI 发表制革及毛皮加工行业废水处理论文最多的机构是陕西科技大学，其次为四川大学和东南大学。由表 1-9 可知，Web of Science 发表制革及毛皮加工行业废水处理论文最多的机构是印度科学和工业研究中心，其次为安娜大学。

表 1-8　CNKI 发文机构排名

排名	机构	发文量/篇	排名	机构	发文量/篇
1	陕西科技大学	153	11	郑州大学	11
2	四川大学	107	12	南京大学	10
3	东南大学	24	13	陕西理工学院	10
4	天津科技大学	16	14	齐齐哈尔大学	10
5	哈尔滨工业大学	14	15	南昌大学	9
6	浙江省海宁市环境保护局	14	16	西南交通大学	8
7	中国皮革和制鞋工业研究院	14	17	北京化工大学	8
8	清华大学	17	18	湖南农业大学	8
9	山东轻工业学院	13	19	嘉兴学院	9
10	浙江省清华长三角研究院	11	20	华侨大学	7

表 1-9   Web of Science 发文机构排名

排名	机构	发文量/篇
1	Indian Council of Scientific & Industrial Research (CSIR)	409
2	Anna University	107
3	Sichuan University	95
4	Universidade Federal Doriogr and Edosul	73
5	Istanbul Technical University	70
6	Indian Institute of Technology System (IIT System)	45
7	University of the Punjab	26
8	Technical University of Berlin	23
9	Consiglio Nazional delle Ricerche	21
10	Vellore Institute of Technology	21
11	Indian INST Technol	20
12	Rhodes Uninversity	18
13	Shaanxi University of Science & Technology	18

图 1-5 为 CNKI 关于制革及毛皮加工行业废水处理文献关键词共现图，图中圆圈大小代表关键词出现的频次，圆圈越大表示关键词出现的次数越多，圆圈之间连线的粗细表示两个关键词共同出现的次数，连线越粗表示两个关键词共同出现的次数越多。图 1-6 为 CNKI 检索得到的 TOP10 各技术所占的比例。

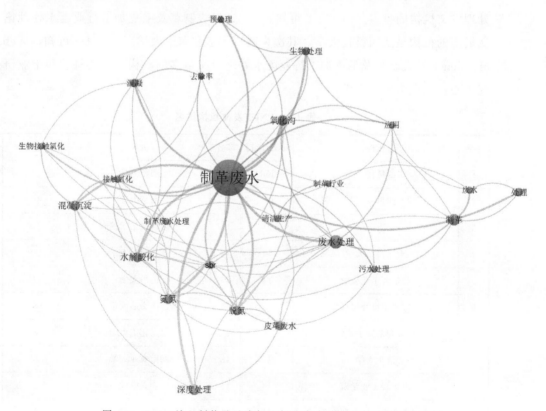

图 1-5   CNKI 关于制革及毛皮加工行业废水处理文献关键词共现图

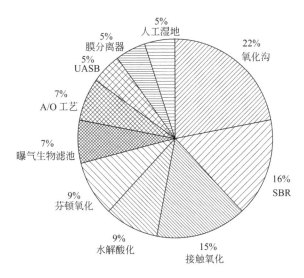

图 1-6　CNKI 检索得到的 TOP10 各技术所占的比例

由图 1-5 和图 1-6 可以看出，制革及毛皮加工行业废水处理中氧化沟、SBR 和接触氧化为主要处理技术，可以得出现在制革及毛皮加工行业废水的主要处理技术仍然以物理化学处理方法为主，但物理化学方法存在着成本高等问题，因此生物技术的发展同样必不可少。制革及毛皮加工行业废水处理大多采用组合工艺，因此各个关键词之间的连线比较密集。

图 1-7 为 Web of Science 关于制革及毛皮加工行业废水处理文献关键词共现图。同样，图中圆圈大小代表关键词出现的频次，圆圈越大表示关键词出现的次数越多，圆圈之间连线的粗细表示两个关键词共同出现的次数，连线越粗表示两个关键词共同出现的次数越多。图 1-8 为 Web of Science 检索得到的 TOP10 各技术所占的比例。

由图 1-7 和图 1-8 可以看出，Web of Science 发表的关于制革及毛皮加工行业废水处理的论文主要是针对制革及毛皮加工行业废水和水环境中各种药物的降解和去除，而吸附是目前应用最多的技术；其次为活性污泥法和生物处理技术等。

（2）专利检索结果

本次文献调研共获得皮革行业水污染全过程控制技术领域各调研单元的中英文专利数如表 1-10 所列。

表 1-10　各调研单元的中英文专利数

技术单元	有效专利数（1994～2019 年）		标注由水专项承担单位专利数	
	中文	英文	中文	英文
皮革行业清洁生产技术	25	19	8	0
皮革行业废水处理技术	362	76	20	0
合计	387	95	28	0

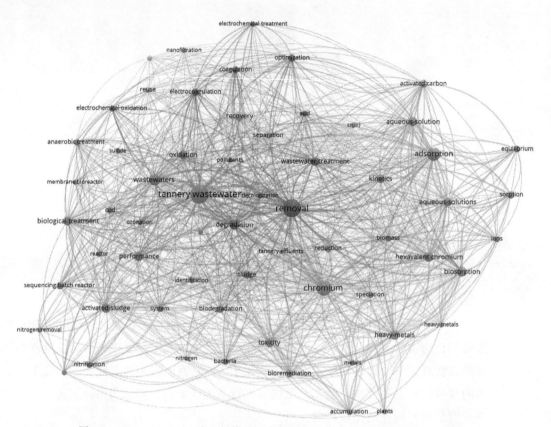

图 1-7 Web of Science 关于制革及毛皮加工行业废水处理文献关键词共现图

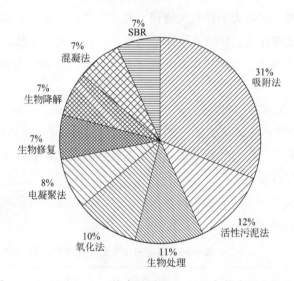

图 1-8 Web of Science 检索得到的 TOP10 各技术所占的比例

中国以及国外在皮革行业水污染全过程控制技术领域逐年申请的专利数如图 1-9 和图 1-10 所示。

由图 1-9 可知，1994～2019 年期间，中国在皮革行业水污染全过程控制技术领域申请专利数量较多的技术单元是皮革废水处理技术，在清洁生产技术方面申请

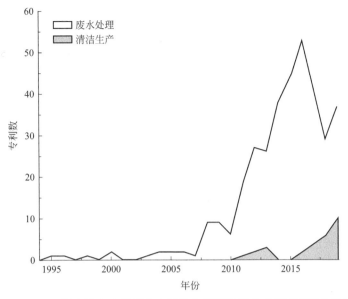

图 1-9　1994～2019 年中国在皮革行业水污染全过程控制技术领域逐年申请的专利数

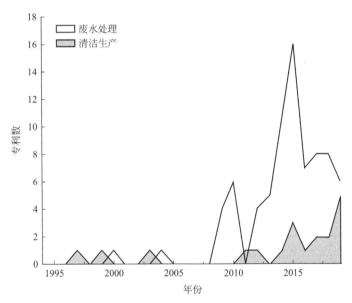

图 1-10　1994～2019 年国外在皮革行业水污染全过程控制技术领域逐年申请的专利数

专利相对较少。26 年期间，中国在皮革废水处理技术方面共申请专利 234 项，在皮革行业废水废液资源化技术方面共申请专利 116 项，在皮革行业清洁化生产技术方面共申请专利 28 项（包括中文专利和第一申请单位为中国大陆单位的英文专利）。其中，中国在皮革废水处理技术方面申请专利数量呈逐年增加的趋势，特别是 2010 年之后中国在该技术领域申请专利数量显著增加。中国在皮革行业废水废液资源化技术方面申请专利数量在 2007 年之后有增加趋势。总体而言，中国在皮革行业清洁化生产技术方面申请专利数量较少，但最近 5 年有增加的趋势。

　　由图 1-10 可知，26 年期间，国外在皮革行业清洁化生产技术方面共申请专利

19 项，在皮革废水处理技术方面共申请专利 76 项，与国内变化趋势是一致的，但整体数量来看比国内少了很多，中国在该技术领域申请专利有绝对优势（第一申请单位为非中国大陆单位的英文专利）。

1.4.5　皮革行业"水专项"形成的水污染控制技术文献调研

1.4.5.1　皮革清洁生产领域 SCI 论文主题分析

对 SCI 中皮革清洁生产 74 篇论文进行关键词分析，筛选出最少出现 4 次的 20 个关键词进行分析，得到的可视化网络如图 1-11 所示（图中节点的大小表示出现频次的多少），表 1-11 列出了出现频次大于或等于 4 次的关键词。从关键词共现分析中，可以看出皮革行业对于清洁生产、保护环境的重视程度。

表 1-11　制革及毛皮加工行业清洁生产领域 SCI 论文中关键词出现频次

序号	关键词	出现频次	序号	关键词	出现频次
1	cleaner production	14	11	enhancement	4
2	leather	13	12	chrome	5
3	recovery	10	13	pollution	4
4	chromium	7	14	leather industry	6
5	water	5	15	clean production	4
6	waste-water	5	16	purification	5
7	system	6	17	environment	4
8	tannery	4	18	tannery waster-water	4
9	alkaline protease	4	19	tanning process	4
10	biodegradation	5	20	tanning	5

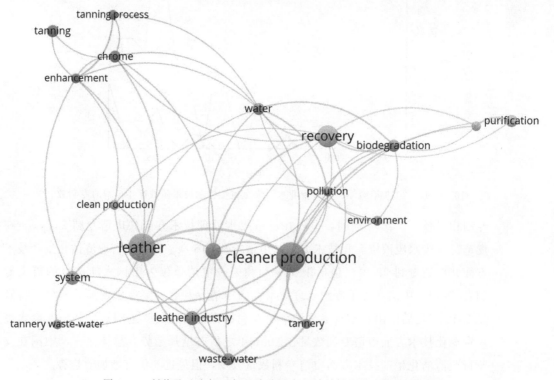

图 1-11　制革及毛皮加工行业清洁生产领域关键词共现可视化网络

1.4.5.2　皮革废水综合处理

（1）相关文献统计

以好氧处理为代表，进行了相关文献统计，如图 1-12 所示。通过分析 1994～2019 年制革及毛皮加工行业废水好氧处理领域的 SCI 和 CNKI 论文的年度变化趋势，SCI 收录的论文数总体上呈逐年上升趋势，且 2011 年之后文献数量显著上升。在 CNKI 中，检索制革及毛皮加工行业废水好氧处理领域的文献也有逐年增加的趋势，但增加幅度不及 SCI，表明这段时间制革及毛皮加工行业废水好氧处理方法越来越得到了广泛的关注。2015～2017 年后文献数量显著降低，但 2018 年开始回升，这与环境保护力度的进一步加强有关。

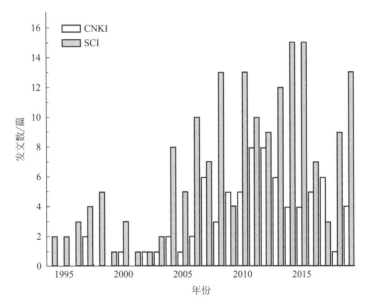

图 1-12　制革及毛皮加工行业废水好氧处理领域 SCI 和 CNKI
论文的年度变化趋势（1994～2019 年）

（2）在制革及毛皮加工行业废水好氧处理领域 SCI 发文数领先的国家/地区

在制革及毛皮加工行业废水好氧处理领域发表 SCI 论文数量最多的国家依次为印度、中国、意大利、韩国、土耳其等。中国发表论文数位居世界第二，发表 22 篇文章，占比 12.0%，篇均被引次数达 25 次/篇，如图 1-13 和图 1-14 所示，表明我国在制革及毛皮加工行业废水好氧处理领域的研究水平具有一定的世界影响力。而意大利、土耳其、英国、法国等发表论文的篇均被引次数较高，达到 41～182 次/篇，可见我国的研究水平与国际领先水平存在一定的差距，尚待进一步提高，不仅要注重发表文章的数量，更要注重发表文章的质量。

（3）在制革及毛皮加工行业废水好氧处理领域 SCI 发文数领先的作者

通过分析制革及毛皮加工行业废水好氧处理领域的发文数前十的主要作者发

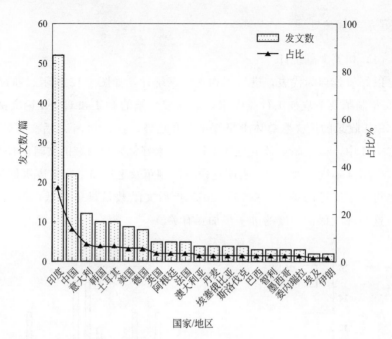

图 1-13 制革及毛皮加工行业废水好氧处理领域
主要国家/地区 SCI 发文数及占比（1994～2019 年）

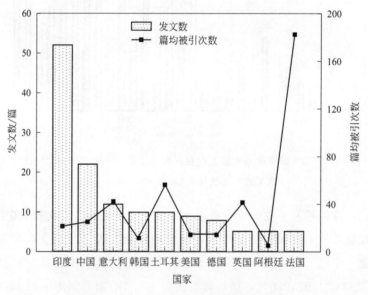

图 1-14 制革及毛皮加工行业废水好氧处理领域主要国家 SCI
发文数及篇均被引次数（1994～2019 年）

现，有 4 位作者来自印度。Jekel M 主要的研究方向是污染物经生物转化后的结构变化、污染物的生物降解效果等；Orhon D 主要的研究方向是评价污染物的毒性及生物降解性等；Mahadevan S 主要研究城市污水处理厂中污染物的生物降解性、不同工艺对污染物的去除率。如表 1-12 所列。

表 1-12　制革及毛皮加工行业废水好氧处理领域 SCI 发文数领先作者分布

序号	主要作者	国家	发文数/篇	机构
1	Jekel M	德国	7	柏林科技大学
2	Orhon D	土耳其	7	伊斯坦布尔技术大学
3	Mahadevan S	印度	6	印度皮革研究中心
4	Sivaprakasam S	印度	6	印度皮革研究中心
5	Agostini E	阿根廷	4	里奥夸尔托国立大学
6	Cokgor E U	土耳其	4	伊斯坦布尔技术大学
7	Diiaconi C	意大利	4	意大利国家研究委员会
8	Gonzalez P S	阿根廷	4	里奥夸尔托国立大学

（4）皮革废水处理以好氧处理为代表，在制革及毛皮加工行业废水好氧处理领域 SCI 论文的主题分析

对 SCI 中制革及毛皮加工行业废水好氧处理领域的 84 篇论文进行关键词分析，筛选最少出现 5 次的 20 个关键词进行分析，得到的可视化网络如图 1-15 所示（图中节点的大小表示出现频次的多少），表 1-13 列出了出现频次大于或等于 5 次的关键词。从关键词共现分析中可以看出，制革及毛皮加工行业废水好氧处理主要采用的是活性污泥法。

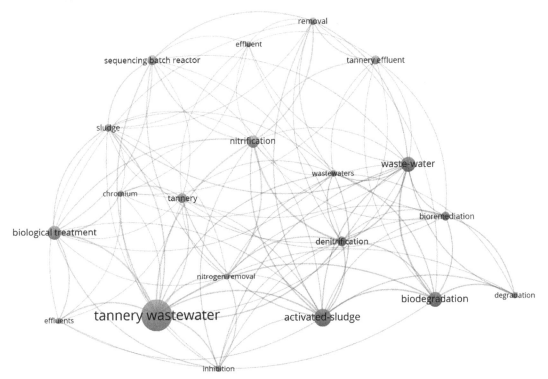

图 1-15　制革及毛皮加工行业废水好氧处理领域关键词共现可视化网络

（5）制革及毛皮加工行业废水好氧处理领域 SCI 论文中发表期刊分析

在制革及毛皮加工行业废水好氧处理领域 SCI 论文的发表期刊分析，如表1-14所列。

表 1-13　制革及毛皮加工行业废水好氧处理领域 SCI 论文中关键词出现频次

序号	关键词	出现频次	序号	关键词	出现频次
1	tannery wastewater	25	10	bioremediation	7
2	activated-sludge	14	11	tannery effluent	7
3	waste-water	12	12	sludge	6
4	biodegradation	12	13	removal	6
5	biological treatment	11	14	nitrogen removal	5
6	nitrification	10	15	wastewaters	5
7	denitrification	8	16	inhibition	5
8	sequencing batch reactor	8	17	chromium	5
9	tannery	8	18	degradation	5

表 1-14　制革及毛皮加工行业废水好氧处理领域 SCI 论文中发表期刊

序号	期刊名称	发表文献数/篇	占比/%
1	Water Science and Technology	16	9.4
2	Water Research	14	8.2
3	Journal of Environmental Science and Health Part A—Toxic/ Hazardous Substances & Environmental Engineering	9	5.3
4	Environmental Science and Pollution Research	8	4.8
5	Bioresource Technology	7	4.1
6	Environmental Technology	5	2.9
7	Journal of the American Leather Chemists Association	4	2.4
8	PLoS One	4	2.4

1.4.5.3　技术发展趋势分析

在 2000～2005 年期间，皮革行业清洁生产技术领域存在的核心问题是怎样减少废水与污染物的排放量，因此在后续技术发展过程中，保毛脱毛、无铬鞣制、废液循环利用等技术全面投入使用。到了后期，各类酶制剂的参与使生产效率与产品质量不断提升，配合更加先进的工艺，为行业节能减排做出了巨大贡献。

图 1-16 所示为我国皮革行业清洁生产技术发展历程。

技术方法	酶助技术在各工序中的广泛应用			
	保毛脱毛、无铬鞣制、废液循环利用等技术全面推广			
	改进工艺，减少废水与污染物排放			
核心问题	减排与废水循环利用		酶助生产的大规模使用	
时间轴	2000年	2005年	2010年	2015年

图 1-16　我国皮革行业清洁生产技术发展历程

在 2000～2005 年间，该技术领域存在的核心问题是含硫和含铬特征污染物，对难以处理的废水应该采取什么手段治理；而在 2005 年后，主要关注综合废水的整体治理及达标排放。

图 1-17 所示为我国皮革行业废水处理技术发展历程。

技术方法			采取厌氧多手段耦合治理	
		物化法与生物法结合处理废水		
	含硫、含铬等废水单独治理			
核心问题	含硫与含铬废水的处理		废水的综合治理	
时间轴	2000年	2005年	2010年	2015年

图 1-17　我国皮革行业废水处理技术发展历程

1.4.5.4　基于文献调研的水专项贡献度分析

皮革行业水污染全过程清洁生产技术和综合废水处理技术自 1994 年至 2019 年期间的中英文文献及"水专项"贡献情况如表 1-15 所列。"水专项"在清洁生产和废水处理两方面的中文论文产出数量及贡献率分别为 16 篇、21.62％和 105 篇、7.48％；英文论文产出数量及贡献率分别为 5 篇、2.99％和 65 篇、3.08％。

表 1-15　皮革行业水污染全过程控制技术系列中英文文献及"水专项"贡献

二级成果	三级成果(成套技术)	论文数/篇		水专项贡献/%	
		中文 (水专项)	英文 (水专项)	中文论文	英文论文
皮革行业水污染全过程控制成套技术	清洁生产技术	74(16)	167(5)	21.62	2.99
	废水处理技术	1404(105)	2112(65)	7.48	3.08

参 考 文 献

[1]　2017 年中国制革行业发展现状及发展趋势分析 [EB/OL]. http://www.chyxx.com/industry/201711/586082.html，2017-11-24.

[2]　2018 我国制革行业概况研究 [DB/OL]. https://wenku.baidu.com/view/05f47883d4bbfd0a79563c1ec5da-50e2524dd122.html.

[3]　"中国毛皮产业报告" 发布 [EB/OL]. https://news.eelly.com/content-87-10798-1.html，2012-05-18.

[4]　高忠柏，苏超英. 制革工业废水处理 [M]. 北京：化学工业出版社，2001：8-9.

[5]　赵庆良，李伟光. 特种废水处理技术 [M]. 哈尔滨：哈尔滨工业大学出版社；2004，118-125.

[6]　马宏瑞. 制革工业清洁生产和污染控制技术 [M]. 北京：化学工业出版社，2004.

[7]　张宗才，殷强锋，戴红，等. 制革排放物中污染物分析 [J]. 皮革科学与工程，2002，12（05）：44-48.

[8]　王科. 水解酸化＋CASS 工艺处理制革废水生产性试验研究 [D]. 哈尔滨：哈尔滨工业大学，2007.

[9]　傅学忠. 含硫脱毛废水的危害及处置 [J]. 皮革与化工，2012，29（2）：27-30.

[10]　HJ 2003—2010.

[11] GB 30486—2013.

[12] HJ 859.1—2017.

[13] 制革行业清洁生产评价指标体系（2017 年第 7 号）［EB/OL］. https://www. ndrc. gov. CN/fggz/hjyzy/hjybh/201707/t20170727 _ 1164386. html，2017-7-24.

[14] HJ 946—2018.

[15] HJ 1065—2019.

[16] 制革、毛皮工业污染防治技术政策（环发［2006］38 号）［EB/OL］. http://www. mee. gov. CN/ywgz/fgbz/bz/bzwb/wrfzjszc/200611/t20061120 _ 96233. shtml，2006-02-21.

[17] 工业和信息化部关于制革行业结构调整的指导意见（工信部消费〔2009〕605 号）［EB/OL］. http://www. miit. gov. CN/newweb/n1146295/n1146592/n3917132/n4061981/n4061997/c4100766/content. html，2009-12-11.

[18] 工业和信息化部公告发布《制革行业规范条件》［EB/OL］. http://www. miit. gov. CN/n1146290/n1146402/n7039597/c7055231/content. html，2014-05-12.

[19] 《轻工业发展规划（2016—2020 年）》正式发布［EB/OL］. http://www. miit. gov. CN/n1146295/n1652858/n1652930/n3757016/c5194666/content. html，2016-08-10.

[20] 《皮革行业发展规划（2016—2020 年）》正式发布［EB/OL］. https://www. sohu. com/a/112985888 _ 157520，2016-08-31.

[21] 产业结构调整指导目录（2019 年本）［EB/OL］. https://www. ndrc. gov. CN/fggz/cyfz/zcyfz/201911/t20191106 _ 1201659. html，2019-10-30.

[22] 邵立军. 引导产业发展方向支撑产业转型升级：聚焦《制革行业节水减排技术路线图》发布［J］. 中国皮革，2015，44（16）：68-71.

[23] 马宏瑞，吴薇，花莉，等. 皮革工业污水治理技术选择与运行管理分析［J］. 中国皮革，2014，43（01）：29-32.

[24] 孙鹏飞. 皮革废水处理方法及清洁化生产［J］. 皮革与化工，2012，29（6）：28-30.

[25] 陈万鹏. 制革废水氨氮处理技术探讨［J］. 环境科学与管理，2009，34（9）：95-98.

[26] Deng Zhiyi, Wei Chaohai, Zhou Xiufeng. Start-up and performance of a novel reactor：Jet biogas inter-loop-anaerobic fluidized bed［J］. Chinese Journal of Chemical Engineering，2008（1）：143-150.

[27] 霍丽萍. 网络环境下的文献计量学［J］. 图书情报工作，2001（11）：40-42，92.

[28] 贺全兵. 可视化技术的发展及应用［J］. 中国西部科技，2008，7（4）：4-7.

第2章
皮革行业水污染源解析

近年来，国家对皮革行业废水污染防治工作愈发重视，对环保工作提出了更高的要求。然而相关污染物基础数据、技术标准及规范、管理规范等的缺少，导致整个行业的环境污染问题难以彻底解决。其中，对生产全过程污染物源解析的匮乏，是企业过多依赖末端处理，难以实现水污染全过程控制及清洁化生产的主要原因。因此，皮革行业亟待对水污染物在全过程的输运、分布及状态进行深入解析，为水污染全过程治理奠定坚实的基础。

2.1 水污染源解析方法

2.1.1 水污染源解析方法的选择

水污染源解析，广义上来看，包含两层意思：一是应用多种技术手段定性识别不同水污染物的不同来源；二是通过建立污染物与来源的因果对应关系定量计算来源的相对贡献[1]。归纳起来常用的水污染源解析方法主要有以下几类。

2.1.1.1 基于污染负荷估算的源解析法

这一类方法把污染源作为解析对象，不关注受纳水体实际污染状况及污染物特征。通过模拟不同来源污染物的输出、转移和转化等进程，估算各个来源污染物输出或进入水体的负荷，经过比较得出各个来源的相对贡献。目前应用较多的是非点源污染模型估算污染负荷，包含输出系数法[2]、机理模型[3]、多元统计模型[4]、等标污染负荷计算[5]等方法。

2.1.1.2 基于污染潜力分析的指数法

此方法综合分析影响污染物输出的首要因子，并按照其重要性赋予不同的权重，用数学关系建立一个污染物输出的多因子函数，对流域不同单元各因子标准化后赋值并分别进行函数计算获得各单元污染输出潜力指数，比较后得到各个单元输出的污染相对贡献。与上述方法不同的是，此方法计算结果是各单元输出的污染负荷相对值。例如，孙涛等[6]把对应分析法和综合污染指数法结合起来应用于水质解析，通过对应分析法选出具备代表性的监测点，结合综合污染指数，更好地反映整个河流的污染状况。Hu 等[7]针对目前单因素评价和常用污染指数法的不足，提出了一种新的水质综合污染指数法用于水质评价，即采用层次分析法和熵值法相结合的方法，利用 S 型函数的动态调整来扩大超标污染物的影响，解决了平均污染指数法过于松散而单因素评价方法过于严格的问题。

2.1.1.3　基于源-受体特征污染物的源解析法

这类方法通常并不关注污染物迁移过程及输出负荷，而是从受纳水体污染物特征出发，建立污染物特征因子与潜在来源中相关因子的关联，以此判断污染物的主要来源或计算各来源对受纳水体污染的贡献比例。其中一种直接以受体污染物特征分析来定性地判断污染的主要来源，另外一种则是建立受体与污染源特征因子的相关性，定量地分析各来源的相对贡献。如陈秀端等[8]选取西安城市居民区土壤为研究对象，通过绝对主成分分数/多元线性回归（APCS/MLR）与统计学相结合的方法解析了土壤中特征金属离子的主要来源、各来源对各元素的贡献量、各来源贡献的空间分布特征。

综合分析上述水污染物解析方法，我们决定采用等标污染负荷法对牛皮制革行业和毛皮加工行业的水污染进行源解析，为污染控制技术的评估和选择提供依据。

2.1.2　皮革行业水污染源解析流程

皮革行业水污染源解析流程如图 2-1 所示。

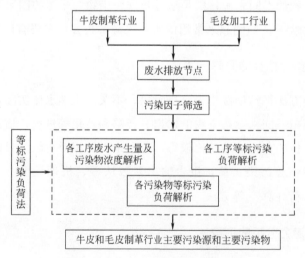

图 2-1　皮革行业水污染源解析流程

2.1.3　等标污染负荷解析法

如 2.1.1 部分中所述的常见污染源解析方法，对工业废水污染源来说，等标污染负荷法能够反映出排放的污染物总量对地表水的影响，为区域内的总量控制提供科学依据。所以本章采用等标污染负荷法的源解析方法，同时结合皮革行业的水污染特征，开展皮革行业水污染源解析。

2.1.3.1　定义

等标污染负荷法是以污染物排放标准或对应的环境质量标准作为评价准则，通过将不同污染源排放的各种污染物测试统计数据进行标准化处理后，计算得到不同污染源和各种污染物的等标污染负荷值及等标污染负荷比，从而获得同一尺度上可以相互比较的量[9-11]。

2.1.3.2　性质

在对一个系统（如一个城市或一个工厂）中的多个污染源及其排放的多种污染物进行评价，以确定主要污染源和主要污染物时，通常采用等标污染负荷作为统一比较的尺度，对各污染源和各污染物的环境影响大小进行比较[12]。

2.1.3.3　计算式

牛皮、毛皮加工过程废水等标污染负荷计算过程如下所述。

1）某一工序中某一污染物的等标污染负荷：

$$P_{ij} = \frac{C_{ij}}{C_{oi}} \times Q_{ij} \tag{2-1}$$

式中　P_{ij}——i 污染物在 j 工序的等标污染负荷，相当于单位原料皮排放的污染物稀释到排放标准所需要的水量，m^3 废水/t 原料皮；

　　　　C_{ij}——i 污染物在 j 工序的实测浓度，mg/L；

　　　　C_{oi}——i 污染物的排放标准，mg/L；

　　　　Q_{ij}——含 i 污染物在 j 工序的排放量，m^3 废水/t 原料皮。

2）某工序所有污染物的等标污染负荷之和，即为该工序的等标污染负荷之和 P_{nj}，按下式计算：

$$P_{nj} = \sum_{i=1}^{n} P_{ij} = \sum_{i=1}^{n} \frac{C_{ij}}{C_{oi}} \times Q_{ij} \tag{2-2}$$

3）某污染物在所有工序的等标污染负荷之和，即为该污染物的等标污染负荷之和 P_{ni}，按下式计算：

$$P_{ni} = \sum_{j=1}^{n} P_{ij} = \sum_{j=1}^{n} \frac{C_{ij}}{C_{oi}} \times Q_{ij} \tag{2-3}$$

4）污染负荷比：

① 某一工序污染物的等标污染负荷之和 P_{nj} 占所有工序等标污染负荷总和 $P_{j总}$ 的百分比称为该工序的等标污染负荷比 K_j，按下式计算：

$$K_j = \frac{P_{nj}}{P_{j总}} \times 100\% \tag{2-4}$$

② 某一污染物的等标污染负荷之和 P_{ni} 与所有污染物的等标污染负荷总和 $P_{i总}$ 的百分比称为该污染物的等标污染负荷比 K_i，按下式计算：

$$K_i = \frac{P_{ni}}{P_{i总}} \times 100\% \tag{2-5}$$

依据等标污染负荷比的大小，根据等标污染负荷法的筛选原则，累积负荷比达到 80% 以上的污染物为主要污染物[13]，因此可以确定主要污染物和主要污染工序。从其计算过程可以看出，该方法简单明了，通用性强，且具有较好的综合性[14,15]。

2.1.3.4 评价标准

使用等标污染负荷法时，首先要查阅评价资料，确定评价标准。本章是对牛皮、毛皮加工行业废水污染源进行解析，所以选用《制革及毛皮加工工业水污染物排放标准》（GB 30486—2013）中规定的水污染物排放限值，如表 2-1 所列。

表 2-1 制革和毛皮加工企业水污染物排放浓度限值及单位产品基准排水量

序号	污染物项目	直接排放限值		间接排放限值	污染物排放监控位置
		制革企业	毛皮加工企业		
1	pH 值	6～9	6～9	6～9	企业废水总排放口
2	色度/倍	30	30	100	
3	悬浮物/(mg/L)	50	50	120	
4	五日生化需氧量(BOD₅)/(mg/L)	30	30	80	
5	化学需氧量(COD_{Cr})/(mg/L)	100	100	300	
6	动植物油/(mg/L)	10	10	30	
7	硫化物/(mg/L)	0.5	0.5	1.0	
8	氨氮/(mg/L)	25	15	70	
9	总氮/(mg/L)	50	30	140	
10	总磷/(mg/L)	1	1	4	
11	氯离子/(mg/L)	3000	4000	4000	
12	总铬/(mg/L)	1.5			车间或生产设施废水排放口
13	六价铬/(mg/L)	0.1			
	单位产品基准排水量/(m³/t 原料皮)	55	70	①	水量与排放监控位置相同

① 制革企业和毛皮加工企业的单位产品基准排水量的间接排放限值与各自的直接排放限值相同。

2.1.4 污染当量数法

在进行毛皮废水污染源解析时，引入一种新的解析方法——污染当量数法，与等标污染负荷法一起进行，对比分析两种方法的解析结果，并与实际生产过程对照，从而反映出两种方法的正确性与合理性。

下面简要介绍污染当量数法的含义、应用和计算方法。

2.1.4.1　污染当量及其应用范围

污染当量指单位质量的污染物 A 和一定质量的污染物 B 都排入相同环境中时，两种污染物对此环境产生的有害程度、对环境中的生物毒性程度以及治理两种污染物需要的经济技术成本相当，则这两种污染物彼此之间的质量就称为污染当量。《环保税法》第二十五条规定，污染当量是指根据污染物或者污染排放活动对环境的有害程度以及处理的技术经济性，衡量不同污染物对环境污染的综合性指标或者计量单位。同一介质相同污染当量的不同污染物，其污染程度基本相当。由此可知，污染当量是有害当量、毒性当量和费用当量的一种综合关系的体现。

污染当量数法主要应用于水污染和大气污染的环保税征收领域，是排污权交易中的重要价值尺度。污染当量数的计算过程原理可以完整应用到制革废水解析中，从而评价其污染的有害性、毒性和治理难易程度。

2.1.4.2　污染当量数的计算

计算某种污染物的污染当量数 A（无量纲），首先要明确其污染当量值。污染当量值用 W 表示，kg。在水污染的污染当量值确定中，以污水中 1kg 最主要污染物 COD 为基准，对其他污染物的有害程度和对生物体的毒性以及处理的费用等进行研究和测算，得出水体中各类主要污染物的污染当量值，例如 0.5g Hg 和 1kg COD 的污染危害和相应处理费用基本相等，则汞的污染当量值是 0.0005kg，其余污染物以此类推，具体每种污染物的污染当量值可查询《应税污染物和当量值表》进行确定。确定了污染当量值，则污染当量数便是排放的污染物质量除以其污染当量值得出的，计算过程简便且直观。具体计算公式如下：

$$A_i = \frac{Q_i}{W_i} \tag{2-6}$$

$$Q_i = C_i \times V_i \times 10^{-3} \tag{2-7}$$

式中　A_i——某种污染物的污染当量数；

　　　Q_i——某种污染物的排放量，kg；

　　　C_i——某种污染物的排放浓度，kg/L；

　　　V_i——某种污染物的排放体积，m³。

根据环保税法中规定的污染当量值，毛皮加工废水中各污染当量值如表 2-2 所列，其中，总氮的当量值沿用氨氮；关于 Cl⁻，根据生产生活经验它不是主要污染物且不应税，未参与评价。

表 2-2   毛皮加工废水中各污染物的污染当量值表

污染物	污染当量值/kg
总铬	0.04
六价铬	0.02
SS	4
COD	1
动植物油	0.16
硫化物	0.125
氨氮	0.8
总氮	0.8

2.2 牛皮加工行业水污染源解析

2.2.1 全工艺流程水污染源解析

牛皮加工过程水污染物主要产生在准备工段、鞣制工段及整饰工段。

（1）准备工段

准备工段指原料皮从浸水到浸酸之前的操作。

它的目的如下：

① 除去制革加工不需要的物质，如头、蹄、耳、尾等废物，以及血污、泥沙和粪便、防腐剂、杀虫剂等；

② 使原料皮恢复到鲜皮状态，以使经过防腐保存而失去水分的原料皮便于制革加工，并有利于化工材料的渗透和结合；

③ 除去表皮层、皮下组织、毛根鞘、纤维间质等物质，适度松散真皮层胶原纤维，为成革的柔软性和丰满性打下良好基础；

④ 使裸皮处于适合鞣制状态，为鞣制工序顺利进行做好准备。

在该工段中，污水主要来源于水洗、浸水、脱脂、脱毛、浸灰、脱灰、软化等。主要污染物为：

① 有机废物，包括污血、泥浆、蛋白质、油脂等；

② 无机废物，包括盐、硫化物、石灰、Na_2CO_3、NH_4^+、$NaOH$ 等；

③ 有机化合物，包括表面活性剂、脱脂剂等。

鞣前准备工段的污水排放量占制革总水量的 70% 以上。污染负荷占总排放量的 60%～70%，是制革污水的最主要来源。

（2）鞣制工段

鞣制工段包括浸酸和鞣制两个工序，它是将裸皮变成革的质变过程。鞣制后的革与原料皮有本质的不同，它在干燥后可以用机械的方法使其柔软，具有较高的收缩温度，不易腐烂，耐化学药品作用，卫生性能好，耐曲折，手感好。

在该工段中，污水主要来自水洗、浸酸、鞣制。主要污染物为无机盐、重金属铬等。其污水排放量约占制革总水量的 8%。

（3）整饰工段

整饰工段包括鞣后湿整饰和干整饰两个部分，铬初鞣后的湿铬鞣革称为蓝湿革。为进一步改善蓝湿革的内在品质和外观，需要进行鞣后湿处理，以增强革的粒面紧实性，提高革的柔软性、丰满性和弹性，并可染成各种颜色，赋予成革某些特殊性能。

在该工段中，污水主要来自水洗、中和、复鞣、染色、加脂等工序。主要污染物为染料、油脂、有机化合物、铬、树脂等。鞣后湿整饰工段的污水排放量约占制革总水量的 20%。

因此，下面对牛皮加工过程中这 3 个工段的各污染工序的水污染物进行源解析。

2.2.1.1　浸水

生皮经过防腐、储存和运输后，水分会有所损失，而且含量各不相同；原料皮常带有各种污物，例如泥沙、粪便、血污等，这些污物在加工前必须除去；在原料皮保存期间，随着水分的减少，会使原料皮纤维组织黏结在一起，原料皮的物理化学性质和空间结构都会发生变化，对制革产生不利影响；大量的防腐剂的存在也会影响制革加工。所以原料皮加工的第一个工序便是浸水，或者水洗。

（1）主要污染物及其来源

原料皮浸水时主要加入渗透剂、防腐剂、杀虫杀菌剂、酶等化料，使皮恢复到鲜皮状态，废水中主要成分有血污、蛋白质、油脂、盐、毛发、泥沙、固体悬浮物、浸水助剂、表面活性剂等，会产生 COD、BOD、悬浮物、硫化物、油脂、氯离子、总氮、氨氮等特征污染物。

对牛皮加工企业调研后，得到浸水工序排放废水量及废水中各污染物浓度数据。浸水工序废水排放量平均为 11.7m³/t 原料皮，各污染物浓度及负荷如表 2-3 所列。按各污染物负荷大小从大到小排序，顺序为氯离子＞COD＞悬浮物＞油脂＞BOD＞总氮＞氨氮＞硫化物。可以看出在浸水工序中氯离子排放量最大，其在废水中浓度达到 10000mg/L 以上，这是因为制革工业中原料皮的防腐保存一般采用盐腌的方式，将皮重 30%～40% 的 NaCl 用于防腐[16]，引入了大量的氯离子，这是浸水工序中氯离子的主要来源。另外，浸水时根据工艺要求还会加入一定量的 NaCl[17]，因此，这也是造成浸水工序氯离子含量高的一个原因。废水中来自原料皮上的血污、水溶性蛋白质、油脂等是 COD、BOD 的主要来源。悬浮物主要来自原料皮上的毛发、泥沙等。废水中的氨氮、总氮主要来自浸水助剂、表面活性剂、脱脂剂以及溶解性蛋白等。

表 2-3 浸水废水污染源解析数据

特征污染物	COD	BOD	悬浮物	硫化物
浓度/(mg/L)	2500～5500	1100～2500	2000～5000	0～100
负荷/(kg/t 皮)	29.25～64.35	12.87～29.25	23.40～58.50	0～1.17
等标污染负荷/(m³水/t 原料皮)	292.5～643.5	429.0～975.0	468.0～1170.0	0.0～2340.0
污染负荷比/%	5.71～11.74	8.65～17.21	10.38～18.78	0～20.77
特征污染物	油脂	氯离子	总氮	氨氮
浓度/(mg/L)	1000～5000	10000～20000	200～500	100～200
负荷/(kg/t 皮)	11.70～58.50	117.00～234.00	2.34～5.85	1.17～2.34
等标污染负荷/(m³水/t 原料皮)	1170.0～5850.0	39.0～78.0	46.8～93.6	46.8～117.0
污染负荷比/%	46.95～51.92	0.49～1.88	0.83～1.88	1.04～1.88

（2）等标污染负荷法解析

采取等标污染负荷法对浸水工序废水进行解析，通过计算得到各污染物的等标污染负荷和污染负荷比，结果如表 2-3 所列。按等标污染负荷的大小排序，从大到小的顺序为油脂＞硫化物＞悬浮物＞BOD＞COD＞总氮＞氨氮＞氯离子。可以看出在浸水工序中等标污染负荷最大的污染物是油脂，其等标污染负荷比达到了46.95%～51.92%；其次是硫化物，它的等标污染负荷比达到 20% 左右；排在第三的是悬浮物，它的等标污染负荷比为 10.38%～18.78%。这三个污染物的累积负荷比达到 80% 以上，依据等标污染负荷法的筛选原则，可以得到油脂、硫化物和悬浮物是浸水工序的主要污染物。反而排放量最大的氯离子的等标污染负荷却是最小的，这是因为氯离子的排放限值较高，进行标准化处理后其数值较小；这也说明氯离子的排放量虽然很大，但是对于水环境恶化的影响不是最强的。但是，含高浓度氯离子的废水易引起管道腐蚀，进入环境中会提高地表水和地下水的盐碱度，容易引起土壤的盐碱化，影响植物生长，危害人类健康[18-20]。因此，在原料皮保存时可以使用少盐保藏[21]、冷冻保藏[22]、鲜皮制革[23]等技术，将有效削减制革废水中氯离子的含量。例如采用少盐保藏技术[16]，皮中的盐含量可以减少 30% 左右，因此，浸水工序中氯化物的等标污染负荷可以降低 30.0%～41.7%，很大程度上削减了废水中氯离子的含量。

2.2.1.2 脱脂

生皮中含有的脂肪将严重影响制革加工及成革的品质，特别是含脂肪量高的绵羊皮和猪皮等原料皮，脂肪含量大的牛皮同样也要进行脱脂。脂肪的存在影响制革加工过程中化学材料向皮内的渗透及与皮纤维上活性基团的反应与作用。这些反应与作用包括皮纤维的分散、鞣剂分子、染料油脂等分子与皮的反应以及纤维间质、表皮、毛根和毛根鞘等物质的除去，从而影响着整个湿操作工段各工序甚至涂饰操作的正常进行，导致产品品质的下降。由此可见脱脂对含脂肪量高的原料皮的作用的重要性。

（1）主要污染物及其来源

脱脂工序主要加入的化料有脱脂剂、表面活性剂、溶剂等，用来去除表面及内部油脂，因此，废水中含有蛋白质、油脂、盐、毛发、表面活性剂、脱脂剂等，主要产生的特征污染物为 COD、BOD、SS、pH 值、油脂、氯离子等。

调研后，得到脱脂工序排放废水量及废水中各污染物浓度数据。脱脂工序平均排放废水量为 2.3m³/t 原料皮，各污染物浓度及负荷如表 2-4 所列。按各污染物负荷大小从大到小排序，顺序为氯离子＞COD＞油脂＞悬浮物＞BOD。脱脂废水中氯离子含量仍然很高，这些氯离子还是主要来源于原料皮防腐时加入的食盐，据实验证明浸水皮进行连续 10 次水洗也不能将皮中的氯离子完全洗脱出来，表明氯离子可能与皮胶原纤维产生了一定的相互作用。脱脂后废液中含有大量的脂肪，有机物含量较高，因此，导致废水中 COD 和 BOD 浓度较高。悬浮物浓度也较高，主要是泥沙、蛋白质、脂类物质等。

表 2-4　脱脂废水污染源解析数据

特征污染物	COD	BOD	悬浮物	油脂	氯离子
浓度/(mg/L)	3000～20000	400～700	3000～5000	1000～8000	10000～18000
负荷/(kg/t 皮)	6.90～46.00	0.92～1.61	6.90～11.50	2.30～18.40	23.00～41.40
等标污染负荷/(m³ 水/t 原料皮)	69.0～460.0	30.7～53.7	138.0～230.0	230.0～1840.0	7.7～13.8
污染负荷比/%	14.52～17.71	2.07～6.45	8.85～29.03	48.39～70.84	0.53～1.61

（2）等标污染负荷解析

采用等标污染负荷法对脱脂工序废水进行解析，计算各污染物的等标污染负荷和污染负荷比，结果如表 2-4 所列。按等标污染负荷的大小排序，从大到小的顺序为油脂＞COD＞悬浮物＞BOD＞氯离子。其中油脂的等标污染负荷比达到了 48.39%～70.84%；其次是 COD，负荷比为 14.52%～17.71%；排在第三位的是悬浮物，负荷比为 8.85%～29.03%；排在后两位的是 BOD 和氯离子，负荷比分别为 2.07%～6.45% 和 0.53%～1.61%。可以得到油脂、COD 和悬浮物是脱脂工序的主要污染物。为了减少油脂的含量，可以在浸水后，先机械去肉，用去肉机去肉，能去除原料皮肉面上的油和肉、皮下脏物，这能使皮上的油脂减少，从而减少脱脂废水中油脂的含量。同时去肉能使全张皮受到一定的挤压、平展、拉伸，使皮张在一定机械力作用下纤维结构得到松动，可以加速原料皮吸水的速度。去肉时还能挤出原料皮中的盐、可溶性蛋白质和其他细菌、污物，这对后续工序废水中污染物的减少很有利。

2.2.1.3 脱毛

脱毛就是从皮上除去毛和表皮。脱毛的主要目的,一方面是为了使毛和表皮与皮分开,达到使皮张的粒面花纹裸露,成革美观、耐用;另一方面进一步除去皮的纤维间质、脂肪等对制革过程没有用的物质,松散胶原纤维,使成革具有符合要求的物理机械性能和感观性能。

脱毛的方法有多种,有灰碱法脱毛、酶脱毛、氧化脱毛、发汗法脱毛、烫退法脱毛等。其中灰碱法脱毛是目前制革厂普遍采用的方法,因为此法脱毛效果好、操作简单、成本低,所以得到制革厂的青睐。

(1) 主要污染物及其来源

采用灰碱法脱毛时会加入 Na_2S、$NaHS$、酶类激活剂或抑制剂、石灰[$Ca(OH)_2$]等化工原料,脱毛完成后,废水中会含有大量的脱下的毛、皮蛋白水解物以及加入的石灰等化料,所以脱毛废水中主要产生 COD、BOD、SS、S^{2-}、油脂、氯离子、总氮、氨氮等特征污染物,这些污染物主要来源于废水中的蛋白质、油脂、盐、毛发、石灰等。

对牛皮加工企业调研后,获得脱毛工序排放废水量及废水中各污染物浓度数据。脱毛工序排放废水量一般为 $8.1m^3/t$ 原料皮,各污染物浓度及负荷如表 2-5 所列。按各污染物负荷大小从大到小排序,顺序为 COD>悬浮物>BOD>氯离子>硫化物>油脂>总氮>氨氮,脱毛废水中有机物含量很高,这些有机物主要来源于溶解的毛以及蛋白质,因此导致废水中 COD 和 BOD 浓度较高,约占制革废水 COD 总量的 30%~40%[24]。悬浮物主要是来自脱毛时加入的一定量的石灰和硫化钠,以及毛被毁掉后形成的毛糊,所以脱毛废水中含有大量的悬浮物。硫化物是因为加入硫化钠的原因,也因此含量较高。其他污染物如油脂、氯离子、总氮和氨氮浓度相对较低。

表 2-5 脱毛废水污染源解析数据

特征污染物	COD	BOD	悬浮物	硫化物	油脂	氯离子	总氮	氨氮
浓度/(mg/L)	20000~30000	5000~10000	12000~16000	2000~2800	300~800	3000~8000	200~300	50~100
负荷/(kg/t 皮)	162.00~243.00	40.5~81.00	97.20~129.60	16.20~22.68	2.43~6.48	24.30~64.80	1.62~2.43	0.41~0.81
等标污染负荷/(m^3水/t 原料皮)	1620.0~2430.0	1350.0~2700.0	1944.0~2592.0	32400.0~45360.0	243.0~648.0	8.1~21.6	32.4~48.6	16.2~32.4
污染负荷比/%	4.31~4.51	3.59~5.02	4.81~5.07	84.26~86.14	0.65~1.20	0.02~0.04	0.04~0.06	0.08~0.09

(2) 等标污染负荷解析

脱毛工序废水采用等标污染负荷法进行解析后,得到各污染物的等标污染负荷和污染负荷比，结果如表 2-5 所列。按等标污染负荷的大小排序，从大到小的顺序为硫化物＞悬浮物＞COD＞BOD＞油脂＞总氮＞氨氮＞氯离子，脱毛工序主要污染物是硫化物，其等标污染负荷比达到了 84％以上，其余污染物累积负荷比在16％左右。这一方面是因为硫化物排放要求很高，排放限值很低，所以导致标准处理后，等标污染负荷很高；另一方面是因为，采用灰碱法脱毛时，一般加入皮重2.0％～4.0％的硫化钠，因此废水中硫化物含量较高。为了减少脱毛工序的污染，可以选用保毛脱毛技术[25]、酶脱毛技术[26]、氧化脱毛技术[27]等，可以有效减少脱毛工序的污染物。如采用保毛脱毛技术[28]，硫化钠用量减少为皮重的 0.5％～1.0％，最后脱毛工序总的等标污染负荷可以下降 70％以上。

2.2.1.4　浸灰

原料皮的胶原纤维如果不经过适当松散就进行鞣制，成革身骨就会僵硬，粒面粗糙，延伸率低，生长痕明显，弯曲时很容易产生裂面现象，这些都是严重的品质问题。所以要想制造出性能优良、手感丰满柔软、不松面、不裂面的成革，必须对胶原纤维结构进行适当的松散。浸灰能使原料皮的胶原纤维结构和胶原蛋白产生适当的转变，可以松散胶原纤维结构，为鞣制和后继操作创造必要的条件，因此浸灰是十分必要的。几乎所有的皮革生产都有浸灰工序，合适的浸灰和合理的鞣制操作间的相互协调平衡是生产所需物理性能的成革的主要途径。皮革行业有句老话说"好皮出在灰缸里"也说明了浸灰的重要性。不过浸灰时用水量大，加入的化料多，污染严重，是制革过程中一个主要的污染工序。

（1）主要污染物及其来源

浸灰工序中为了去除表皮及毛，并松散胶原纤维使皮膨胀，将加入石灰、硫化钠、浸灰助剂等化工材料。因此，会产生 COD、BOD、SS、S^{2-}、pH 值、油脂、氯离子、总氮、氨氮等特征污染物，主要来自废水中的蛋白质、油脂、盐、毛发、浸灰助剂、石灰、硫化物等。

对牛皮加工企业调研后，得到浸灰工序排放废水量及废水中各污染物浓度数据。浸灰工序排放废水量平均为 3.6m³/t 原料皮，各污染物浓度及负荷如表 2-6 所列。按各污染物负荷大小从大到小排序，顺序为 COD＞悬浮物＞氯离子＞BOD＞硫化物＞油脂＞总氮＞氨氮。浸灰废液中 COD 和 BOD 浓度较高，这是因为浸灰时胶原蛋白水解以及去除的纤维间质含有白蛋白、球蛋白、黏蛋白和类黏蛋白等蛋白质，还有毛的水解物，导致废水中含有大量的有机物，所以废水中 COD、BOD浓度较大。悬浮物多是因为采用灰碱法浸灰时加入了硫化钠和石灰，所以灰渣多，悬浮物含量高。氯离子浓度仍然很高，还是主要来自原料皮上的食盐。其余污染物含量相对较少。

表 2-6 浸灰废水污染源解析数据

特征污染物	COD	BOD	悬浮物	硫化物	油脂	氯离子	总氮	氨氮
浓度/(mg/L)	15000~20000	5000~20000	11000~25000	2000~3300	300~800	8000~15000	200~300	50~100
负荷/(kg/t 皮)	54.00~72.00	18.00~72.00	39.60~90.00	7.20~11.88	1.08~2.88	28.80~54.00	0.72~1.08	0.18~0.36
等标污染负荷/(m³水/t 原料皮)	540.0~720.0	600.0~2400.0	792.0~1800.0	14400.0~23760.0	108.0~288.0	9.6~18.0	7.2~14.4	14.4~21.6
污染负荷比/%	2.48~3.28	3.64~8.27	4.81~6.20	81.87~87.43	0.66~0.99	0.05~0.06	0.04~0.05	0.07~0.09

（2）等标污染负荷解析

经过等标污染负荷法的解析，获得浸灰工序各污染物的等标污染负荷和污染负荷比，结果如表 2-6 所列。按等标污染负荷的大小排序，从大到小的顺序为硫化物＞悬浮物＞BOD＞COD＞油脂＞氨氮＞氯离子＞总氮，浸灰工序主要污染物是硫化物，其等标污染负荷比达到了 81% 以上，其余污染物累积负荷比在 19% 左右。废水中硫化物的含量不是最高的，但是其等标污染负荷却是最高的，这是因为硫化物排放要求很高，排放限值很低，所以导致标准处理后，等标污染负荷很高。为了减少浸灰工序的污染，可以采用保毛脱毛浸灰技术[29]，废水可循环使用两次，从而降低浸灰工序等标污染负荷 28% 以上，很大程度上削减浸灰工序的污染。

2.2.1.5 脱灰

浸灰后皮中吸附大量的灰碱，处于膨胀的状况。脱灰就是为了将裸皮中的石灰和碱部分或者全部去除。脱灰：一是为了消除灰皮的膨胀，调节裸皮的 pH 值，为后续工序创造必要条件；二是为了去除灰皮中的灰碱，以利于后工序化工材料的渗入和结合。存在于灰皮中的游离态灰碱总量约占湿裸皮质量的 0.66%~1%（以 CaO 计），脱灰时应将这些碱全部去除。脱灰方法有化学脱灰法、水洗脱灰法、二氧化碳脱灰法等，现今制革厂常用的方法是使用铵盐脱灰剂的化学脱灰法。用铵盐脱灰作用温和，操作安全便利，并且价格低廉。但是用铵盐脱灰剂脱灰后，会增加废水中氨氮的含量，增加废水处理的难度，因此使用逐渐受到限制。

（1）主要污染物及其来源

采用铵盐脱灰时，加入的辅料有铵盐、无机酸等，脱灰主要产生 COD、BOD、SS、S^{2-}、油脂、氯离子、总氮、氨氮等特征污染物，主要是来自蛋白质、盐、石灰、固体悬浮物等。

对牛皮加工企业调研后，得到脱灰工序排放废水量及废水中各污染物浓度数据。脱灰工序平均废水排放量为 8.1m³/t 原料皮，各污染物浓度及负荷如表 2-7 所列。按各污染物负荷大小从大到小排序，顺序为氨氮＞总氮＞悬浮物＞氯离子＝COD＞BOD＞硫化物。脱灰废水中总氮和氨氮含量很高，这是因为脱灰时常用硫酸铵和氯化铵脱灰剂，会带来大量的氨氮，这类脱灰剂来源广，控制简单，价格低，能够满足脱灰的需要，是我国各制革厂普遍使用的一类消耗量最大的主要脱灰材料。然而也由于此类脱灰剂的使用，导致脱灰废水中氨氮含量增加，增大了废水处理难度。废水中的悬浮物主要来源于灰皮上脱下来的灰碱，以及脱灰剂和石灰发生作用生成的难溶物等。COD 和 BOD 主要来源于溶解的皮蛋白等有机物。

表 2-7　脱灰废水污染源解析数据

特征污染物	COD	BOD	悬浮物	硫化物	氯离子	总氮	氨氮
浓度/(mg/L)	2500~7000	1000~4000	2500~10000	500~700	2500~7000	5000~8000	3000~7000
负荷/(kg/t皮)	20.25~56.70	8.10~32.40	20.25~81.00	4.05~5.67	20.25~56.70	24.30~56.70	40.50~64.80
等标污染负荷/(m³水/t原料皮)	202.5~567.0	270.0~1080.0	405.0~1620.0	8100.0~11340.0	6.8~18.9	972.0~2268.0	810.0~1296.0
污染负荷比/%	1.88~3.12	2.51~5.94	3.76~8.91	62.34~75.24	0.06~0.10	9.03~12.07	7.12~7.52

（2）等标污染负荷解析

采取等标污染负荷法对脱灰工序废水进行解析，比较各污染物的等标污染负荷和污染负荷比，结果如表 2-7 所列。按等标污染负荷的大小排序，从大到小的顺序为硫化物＞总氮＞氨氮＞悬浮物＞BOD＞COD＞氯离子，其中硫化物的等标污染负荷比为 62.34%～75.24%，总氮为 9.03%～12.07%，氨氮为 7.12%～7.52%，悬浮物为 3.76%～8.91%，BOD 为 2.51%～5.94%，COD 为 1.88%～3.12%，氯离子为 0.06%～0.10%，几乎为零。硫化物、总氮和氨氮累积负荷比达到 80% 以上，所以脱灰工序主要污染物是硫化物、总氮和氨氮。脱灰时废水中总氮和氨氮污染物的等标污染负荷很高，这是因为使用铵盐的原因，导致氨氮含量增加。可采用清洁脱灰技术，如 CO_2 气体脱灰[30,31]、超临界 CO_2 脱灰[32]、镁盐脱灰[33]、有机酸和有机酸酯类[34-37]等物质都可作为无氨脱灰的材料来代替硫酸铵等铵盐脱灰剂。有研究表明，无氨脱灰与传统铵盐脱灰相比，废水中悬浮物减少 49.83%，化学需氧量减少 58.36%，氨氮减少 99.83%，总氮减少 70.57%，悬浮物减少 49.83%，整个脱灰工序等标污染负荷总和削减 17% 以上，很大程度上减少了污染[29]。

2.2.1.6　软化

软化就是用胰酶或其他蛋白酶处理脱完灰的裸皮。软化使得成革的柔软度、丰满性、透气性、延伸性、粒面的光滑细腻性、手感等方面都有一定的提升。软化是准备工段的一个关键工序，轻革都要进行不同程度的软化，灰碱法脱毛后，软化更是不可或缺的工序。软化能消除皮垢，对裸皮内油脂、弹性蛋白、肌球蛋白等进行水解，而且进一步松散胶原纤维。目前普遍采用的软化方法是酶软化，因此软化废水中含有大量的酶和蛋白质水解物，所以氨氮浓度较高，是制革过程中产生氨氮的主要工序之一。

(1) 主要污染物及其来源

软化工序将加入酶及助剂，主要为了皮身软化，并分散胶原纤维，为后续鞣制做好准备。软化废水特征污染物主要有 COD、BOD、SS、S^{2-}、pH 值、油脂、氯离子、总氮、氨氮等，废水中的蛋白质、盐、酶等是这些污染物的主要来源。

对牛皮加工企业调研后，得到软化工序排放废水量及废水中各污染物浓度数据。软化工序排放废水量平均为 $7.2m^3/t$ 原料皮，各污染物浓度及负荷如表 2-8 所列。按各污染物负荷大小从大到小排序，顺序为总氮＞悬浮物＞COD＞氯离子＞氨氮＞BOD＞硫化物。软化废水中总氮和氨氮含量很高，这是因为软化时常加入铵盐，因为制革工作者研究发现软化时加入铵盐可使浴液 pH 值保持在 7.5～8.5 之间，pH 缓冲性良好，在此 pH 值范围内胰酶活力相对稳定，对软化有一定的促进作用[38]。可是因为铵盐的使用，致使软化废水中的氨氮含量较高。脱灰时形成的难溶性钙盐是废水中的悬浮物主要来源。COD 和 BOD 主要来源于酶软化过程中降解的皮蛋白和油脂等有机物。硫化物的含量相对较低。

表 2-8 软化废水污染源解析数据

特征污染物	COD	BOD	悬浮物	硫化物	氯离子	总氮	氨氮
浓度/(mg/L)	2500～7000	1000～4000	2500～10000	100～200	2000～5000	4000～5500	1000～3000
负荷/(kg/t 皮)	18.00～50.40	7.20～28.80	18.00～72.00	0.72～1.44	14.40～36.00	28.80～39.60	14.40～21.60
等标污染负荷(m³水/t 原料皮)	180.0～504.0	240.0～960.0	360.0～1440.0	1440.0～2880.0	4.8～12.0	576.0～864.0	576.0～792.0
污染负荷比/%	5.33～6.76	7.11～12.88	10.66～19.32	38.65～42.64	0.14～0.16	11.59～17.06	10.63～17.06

(2) 等标污染负荷解析

采取等标污染负荷法对软化工序废水进行解析，各污染物的等标污染负荷和污染负荷比计算结果如表 2-8 所列。按等标污染负荷的大小排序，从大到小的顺序为硫化物＞氨氮＞悬浮物＞总氮＞BOD＞COD＞氯离子，软化工序主要污染物是硫化物、氨氮、总氮和 BOD，它们累积负荷比达到 88% 以上。软化工序硫化物含量不高，但是其等标污染负荷高，主要原因是其排放限值低，所以按等标污染负荷计算后其数值较高。氨氮和总氮的等标污染负荷较高是因为铵盐类软化助剂的使用，导致废水中氨氮含量较高，为了减少氨氮等标污染负荷，可以采用无氨软化技术。基于铵盐在软化中的作用机理，可采用柠檬酸、柠檬酸盐、磷酸盐等钙螯合剂作为铵盐替代材料，发现其脱钙能力强于铵盐，助软化效果也优于铵盐[38-40]。因此，利用钙螯合剂脱钙代替传统铵盐是实施无氨软化的关键所在，钙螯合剂有希望完全替代铵盐进行软化，从源头削减软化工序的氨氮污染。

2.2.1.7　浸酸

浸酸就是用酸和盐的溶液处理经软化后的裸皮的操作，主要是为了调节裸皮的 pH 值，使之适于鞣制操作，或者出于防腐保存的需要；其次是能进一步松散胶原纤维结构，在酸用量大、时间长时这种效果更明显。另外，浸酸时加入有机酸能起蒙囿作用，加入醛、铝盐等预鞣剂起预鞣作用，加入少量加脂剂则起到预加油的作用。

（1）主要污染物及其来源

软化后浸酸主要加入的化料有 NaCl、无机酸、有机酸等，目的是对裸皮酸化，调节 pH 值，达到鞣制的条件。因此浸酸废水中含有蛋白质、无机盐、有机酸、无机酸、悬浮物等，这些会产生 COD、BOD、SS、氯离子、总氮、氨氮等特征污染物。

对牛皮加工企业调研后，得到浸酸工序排放废水量及废水中各污染物浓度数据。浸酸工序平均废水排放量为 2.7m³/t 原料皮，各污染物浓度及负荷如表 2-9 所列。按各污染物负荷大小从大到小排序，顺序为氯离子＞COD＞总氮＞悬浮物＞氨氮＞BOD。浸酸液是由酸、盐按一定的比例溶解于水后形成的，其中的酸通常以硫酸为主、有机酸为辅（如甲酸或乙酸），其盐为工业用氯化钠。硫酸及盐的用量以碱皮重作为基准，其用量一般是：含量在 98% 以上的硫酸用量为碱皮重的 0.8%～1.2%，有机酸用量为碱皮重的 0.2%～0.6%，盐的用量为碱皮重的 5%～8%。浸酸废液中氯离子浓度很高，就是来源于加入的氯化钠，而且该工序排放的盐量占总污水中总盐量的 20% 左右，是产生盐污染的第二大工序，仅次于浸水工序。浸酸工序主要是酸和盐污染，其他的污染物含量相对较低。

表 2-9　浸酸废水污染源解析数据

特征污染物	COD	BOD	悬浮物	氯离子	总氮	氨氮
浓度/(mg/L)	600～800	100～250	380～1400	9000～15000	400～550	270～350
负荷/(kg/t 皮)	1.62～2.16	0.27～0.68	1.03～3.78	24.30～40.50	1.08～1.49	0.73～0.95
等标污染负荷/(m³ 水/t 原料皮)	16.2～21.6	9.0～22.5	20.5～75.6	8.1～13.5	29.2～37.8	21.6～29.7
污染负荷比/%	10.76～15.49	8.61～11.21	19.62～37.67	6.73～7.75	18.83～27.88	14.80～20.65

（2）等标污染负荷解析

采用等标污染负荷法对浸酸工序废水各污染物的等标污染负荷和污染负荷比计算后，结果如表 2-9 所列。按等标污染负荷的大小排序，从大到小的顺序为氨氮＞总氮＞悬浮物＞COD＞BOD＞氯离子，所以由等标污染负荷法计算得出的浸酸工序主要污染物是氨氮、总氮和悬浮物，它们的等标污染负荷比累积达到 86% 以上。

因为氯离子的排放限值较高，导致排放量最大的氯离子的等标污染负荷却是最小的，这也从侧面反映出氯离子的排放量虽然很大，但是对于水环境恶化的影响不是最强的。当然，为了减少浸酸工序氯离子的排放，可以采用清洁的浸酸工艺，例如无盐浸酸技术[41,42]、不浸酸铬鞣技术[43,44]、浸酸液循环利用技术等[45]。以无盐浸酸为例，单志华等[46]采用低分子酚醛合成树脂作为浸酸助剂进行无盐浸酸，使用无盐浸酸剂减少了 12%～14% 的食盐使用量，排放的废液中中性盐比常规有盐浸酸大幅减少，其中牛皮工艺可以减少 86.5%，这大大地削减了氯化钠的排放。

2.2.1.8 鞣制

用鞣剂处理裸皮使之变成革的过程称为鞣制。目前制革厂使用的鞣剂 90% 以上都是铬鞣剂，因此本书解析的鞣制废水也主要以铬鞣废水为主。铬鞣革革色浅淡，粒面细腻，具有很好的染色和涂饰性能；物理性能优良，特别是具备高度的延伸性，柔软、丰满的手感和高的收缩温度，透水、透水汽性好；良好的化学稳定性，对碱稳定性较好，对微生物、酸的抵抗力也较高；好的起绒性和耐水洗性。铬鞣剂因其良好的鞣制性能和铬鞣革优异的成革性能是各制革厂的首选，但是因为铬鞣剂的吸收率只有 65%～75%，因此，铬鞣废水中含有大量的铬离子，有时浓度会达到 3000mg/L 以上，会造成制革废水处理困难，对环境污染严重，影响人体健康。因此，世界各国的皮革化学家针对如何提高铬利用率和减少铬用量的问题，研究清洁化铬鞣技术，在保证皮革产品质量的同时减轻对环境的影响并提高铬资源利用率。

（1）主要污染物及其来源

铬鞣时加入的化料有铬鞣剂及助剂、碳酸氢钠等。铬鞣主要会产生 COD、BOD、SS、氯离子、总氮、氨氮、总铬等特征污染物，蛋白质、无机盐、铬鞣剂、有机酸等是这些特征污染物的主要来源。

对牛皮加工企业调研后，得到鞣制工序排放废水量及废水中各污染物浓度数据。鞣制工序废水排放量为 2.7m³/t 原料皮，各污染物浓度及负荷如表 2-10 所列。按各污染物负荷大小从大到小排序，依次为氯离子＞总铬＞COD＞悬浮物＞总氮＞BOD＞氨氮。铬鞣往往直接在浸酸液中进行，所以铬鞣废液中的氯离子含量也很高，其主要来源于浸酸时加入的氯化钠。铬鞣一般加入碱皮重 6%～8% 的铬鞣剂，而铬的吸收率只有 65%～75%，所以导致铬鞣废液中的铬浓度很高。此外，水解的蛋白等有机物是 COD 和 BOD 主要来源。

表 2-10 鞣制废水污染源解析数据

特征污染物	COD	BOD	悬浮物	氯离子	总氮	氨氮	总铬
浓度/(mg/L)	400～500	100～250	380～1400	5000～12500	130～160	50～70	2000～3000

特征污染物	COD	BOD	悬浮物	氯离子	总氮	氨氮	总铬
负荷/(kg/t 皮)	1.08～ 1.35	0.27～ 0.68	1.03～ 3.78	13.50～ 33.75	0.35～ 0.43	0.14～ 0.19	5.40～ 8.10
等标污染负荷/(m³ 水/t 原料皮)	10.8～ 13.5	9.0～ 22.5	20.5～ 75.6	4.5～ 11.3	5.4～ 7.6	7.0～ 8.6	7200.0～ 9000.0
污染负荷比/%	0.24～ 0.30	0.25～ 0.41	0.56～ 1.36	0.12～ 0.20	0.14～ 0.15	0.16～ 0.19	97.49～ 98.43

（2）等标污染负荷解析

鞣制工序废水的等标污染负荷解析结果如表 2-10 所列。按等标污染负荷的大小排序，顺序为总铬＞悬浮物＞COD＞BOD＞氨氮＞总氮＞氯离子，鞣制工序主要污染物是总铬，它们的等标污染负荷比达到 97% 以上。虽然 Cr^{3+} 的毒性较低，但众所周知，当暴露到一定程度时所有物质都会变得有害甚至危险。因此，不可否认这些排放量大、铬含量高的制革废水依然存在潜在的环境危害，尽量削减或消除铬的排放对制革工业的可持续发展十分必要。目前的鞣制清洁技术有高吸收铬鞣技术[46]、铬鞣废液循环利用技术[47,48]、逆转铬鞣技术[49,50]和无铬鞣制技术[51-53]等。例如采取高吸收铬鞣技术，铬鞣剂吸收利用率可以提高至 80%～98%，从而降低铬鞣废液的铬含量，实现铬的源头削减；同时，由于铬的有效利用率提高，铬鞣剂用量可以减少 30%～60%，这会进一步降低铬鞣废水中的铬含量。从而使总铬的等标污染负荷可以降低 40% 以上，很大程度上降低了铬的危害。

2.2.1.9 复鞣

蓝湿革经过分类挑选、挤水、肉面补伤、剖层、削匀、修边、称重后进行复鞣。复鞣是鞣后湿加工的关键工序，因为复鞣可以改善皮革的观感品质和皮革的特性。因为一次或单一的一种鞣制往往很难满足成革的性能要求，因此，复鞣也几乎成为制革过程中不可或缺的一环。本书针对目前普遍使用的铬复鞣工艺产生的废水进行解析。铬复鞣可以弥补主鞣时的鞣制不足，使整张革含铬量均匀，提高革的丰满度、柔软度、染色均匀性以及耐湿热稳定性。

（1）主要污染物及其来源

蓝湿革铬复鞣时，主要加入的化工材料有铬鞣剂、无机盐等。因此，复鞣工序主要污染物有无机盐、悬浮物、铬等，会产生 COD、BOD、SS、氯离子、总氮、氨氮、总铬等特征污染物。

对牛皮加工企业调研后，得到复鞣工序排放废水量及废水中各污染物浓度数据。复鞣工序排放废水量为 3.6m³/t 原料皮，各污染物浓度及负荷如表 2-11 所列。按各污染物负荷大小排序，顺序为氯离子＞COD＞总铬＝BOD＞悬浮物＞总氮＞氨氮。铬复鞣时一般加入蓝皮重 5% 左右的铬粉，过量的铬鞣剂皮胶原纤维吸收不完全，另外又由于进入皮胶原纤维中的铬有很大一部分没有结合或结合很弱，是以单点结合和游离形式存在于皮胶原纤维中，在物理和化学作用下容易释放进浴液中，所以铬复鞣废液中铬浓度较高[50]。

表 2-11 复鞣废水污染源解析数据

特征污染物	COD	BOD	悬浮物	氯离子	总氮	氨氮	总铬
浓度/(mg/L)	2200~2800	1000~2000	1000~1600	3000~4000	280~400	200~300	1000~2000
负荷/(kg/t 皮)	7.92~10.08	3.60~7.20	3.60~5.76	10.80~14.40	1.01~1.44	0.72~1.08	3.60~7.20
等标污染负荷/(m³水/t 原料皮)	79.2~100.8	120.0~240.0	72.0~115.2	3.6~4.8	20.2~28.8	28.8~43.2	2400.0~4800.0
污染负荷比/%	1.89~2.91	4.41~4.50	2.16~2.64	0.09~0.13	0.81~1.06	0.54~0.74	88.11~90.01

(2) 等标污染负荷解析

采用等标污染负荷法对复鞣工序废水进行解析，各污染物的等标污染负荷和污染负荷比计算结果如表 2-11 所列。按等标污染负荷的大小排序，从大到小的顺序为总铬＞BOD＞悬浮物＞COD＞氨氮＞总氮＞氯离子，复鞣工序主要污染物是总铬，其等标污染负荷比达到 88%以上，其他污染物等标污染负荷比累积 12%左右。一方面是因为铬复鞣时铬吸收率低，废液中铬浓度较高，另一方面是因为制革废水对铬的排放限值较低，所以标准化处理后数值较大。为了降低复鞣工序的铬污染，可以采取非铬复鞣剂复鞣，从而削减铬的排放量。例如，用铝、锆、铁、钛、稀土等非铬金属进行复鞣，还有植物鞣剂、合成鞣剂、树脂鞣剂、醛鞣剂等都可以用来复鞣，赋予成革不同的风格。采用非铬鞣剂复鞣，复鞣废液的铬离子浓度可以降低到 40~200mg/L，与铬复鞣相比，总铬浓度降低了 86%以上，总铬的等标污染负荷也随之降低了 93%以上。

2.2.1.10 中和

铬鞣和铬复鞣后的革是呈酸性的，在酸性条件下，铬鞣革带有很强的正电荷，此时如果用带负电荷的胶体溶液，如染料、植物鞣剂、阴离子加脂剂处理革时，这些阴离子胶体将很快沉积于革的表面，会出现革表面色花、油腻、表面过鞣等问题，因此，必须在复鞣后染色加脂前中和蓝湿革的酸性。一般是先用水洗去除未结合的酸和中性盐，然后用弱酸强碱盐提高革中 pH 值，以削减所带的正电荷，这就是中和操作。中和有多深，染色加脂有多深，中和的好坏和程度对染料、加脂剂的吸收和分布影响都很大，是湿整饰工段一个重要的环节。

(1) 主要污染物及其来源

蓝湿革复鞣后中和工序主要产生 COD、BOD、SS、氯离子、总氮、氨氮、总铬等特征污染物，中和加入的无机盐、表面活性剂以及中和过程中产生的悬浮物，蓝湿革释放出的铬等物质是产生这些特征污染物的主要原因。

对牛皮加工企业调研后，得到中和工序排放废水量及废水中各污染物浓度数据。中和工序排放废水量平均为 $6.3 m^3/t$ 原料皮，各污染物浓度及负荷如表 2-12 所列。按各污染物负荷大小从大到小排序，依次为 COD＞氯离子＞BOD＞悬浮物＞氨氮＞总氮＞总铬。COD 和 BOD 主要来自皮降解产物、有机材料等有机物；氯离子主要来自加入的含氯无机盐以及从皮中渗透出的氯离子；氨氮和总氮来源于皮类蛋白的降解物、无机氨盐等；总铬来自从皮中释放的铬以及革表面水洗掉的铬。

表 2-12　中和废水污染源解析数据

特征污染物	COD	BOD	悬浮物	氯离子	氨氮	总氮	总铬
浓度/(mg/L)	3000～5000	1000～2000	1000～1500	1500～1800	500～800	300～400	40～200
负荷/(kg/t 皮)	18.90～31.50	6.30～12.60	6.30～9.45	9.45～11.34	3.15～5.04	1.89～2.52	0.25～1.26
等标污染负荷/(m³水/t 原料皮)	189.0～315.0	210.0～420.0	126.0～189.0	3.2～3.8	75.6～108.8	63.0～108.8	168.0～840.0
污染负荷比/%	15.99～22.64	21.33～25.16	9.60～15.09	0.19～0.38	5.12～9.06	5.12～7.55	20.13～42.65

（2）等标污染负荷解析

采用等标污染负荷法对中和工序废水进行解析，计算结果如表 2-12 所列。按等标污染负荷的大小排序，从大到小的顺序为总铬＞BOD＞COD＞悬浮物＞氨氮＞总氮＞氯离子。其中总铬、COD 和 BOD 三个污染物的累积等标污染负荷比达到 90％以上，所以中和工序的主要污染物是总铬、COD 和 BOD。中和工序相比其他工序，各污染物的等标污染负荷都较低，说明中和工序对水环境的危害程度相对较小。

2.2.1.11　染色加脂

皮革的染色就是指用染料溶液处理皮革，使皮革上色的过程。染色的目的是使皮革呈现出一定的颜色，皮革经过染色可改善外观，适应流行风格，增加它的商品价值。通常，染色后也会同浴进行加脂，皮革的加脂是用油脂或加脂剂对皮革进行处理，该过程会使皮革吸收一定量的油脂，从而赋予皮革一定的物理、机械性能和使用性能。染色加脂同浴进行，因此染色加脂废水色度高、油脂含量大、污染物成分复杂多样。

（1）主要污染物及其来源

染色、加脂往往是同浴进行，染色加脂废液主要有 COD、BOD、SS、油脂、氯离子、总氮、氨氮、总铬等特征污染物，这些污染物是由加入的染料、油脂、有机酸以及产生的悬浮物、铬等产生的。

对牛皮加工企业调研后，得到染色加脂工序排放废水量及废水中各污染物浓度数据。染色加脂工序一般废水排放量为 4.5m³/t 原料皮，各污染物浓度及负荷如表 2-13 所列。各污染物负荷大小按从大到小排序为油脂＞COD＞氯离子＞BOD＞悬浮物＞总氮＞氨氮＞总铬。皮革染色常用的直接染料和酸性染料多为有机物，还有加脂时加入了一定量的动植物油脂，所以 COD 和 BOD 主要来自有机染料、油脂、皮降解有机物以及固色时加入的有机酸等。皮革加脂时会加入一定量的加脂剂，牛皮一般用量为皮重的 5%～10%[54]，而加脂剂的吸收率不是很高，所以废液中油脂含量较高。因此，染色加脂废液中的油脂主要来源于加入的加脂剂；氯离子主要来自加入的含氯的无机盐以及从皮中渗透出的氯离子；氨氮和总氮来源于皮类蛋白的降解物、无机氨盐等；总铬来自从皮中释放的铬以及革表面水洗掉的铬。

表 2-13　染色加脂废水污染源解析数据

特征污染物	COD	BOD	悬浮物	油脂	氯离子	总氮	氨氮	总铬
浓度/(mg/L)	5000～7000	1500～3000	800～1100	20000～30000	2000～2500	400～500	200～300	10～60
负荷/(kg/t 皮)	22.50～31.50	6.75～13.50	3.60～4.95	90.00～135.00	9.00～11.25	1.80～2.25	0.90～1.35	0.05～0.27
等标污染负荷/(m³ 水/t 原料皮)	225.0～315.0	225.0～450.0	72.0～99.0	9000.0～13500.0	3.0～3.8	36.0～45.0	36.0～54.0	30.0～180.0
污染负荷比/%	2.34～2.15	2.34～3.07	0.68～0.75	92.17～93.49	0.02～0.03	0.31～0.37	0.36～0.37	0.31～1.23

（2）等标污染负荷解析

采用等标污染负荷法分析染色加脂工序废水，计算各污染物的等标污染负荷和污染负荷比，结果如表 2-13 所列。按等标污染负荷的大小排序，从大到小的顺序为油脂＞BOD＞COD＞悬浮物＞总铬＞氨氮＞总氮＞氯离子，染色加脂工序主要污染物是油脂，其等标污染负荷比达到 92% 以上。为了削减染色加脂工序的主要污染物，需要采取清洁的染色加脂技术。例如，高吸收染色加脂技术，王玉路等[55]研究制备了一种新型高吸收染色加脂助剂 NHK，将其应用于染色加脂工序，试验表明：与未使用 NHK 处理的样品相比，使用 NHK 后加脂废液中的 SS、油脂和染料的含量分别降低了约 90%、75% 和 40%，在减少污染的同时成革的感官性能也有所改善。还有将超声波应用到染色加脂工序，Sivakumar 等[56]用超声波助染，与传统染色方式相比可提高染料吸收率 40% 以上，缩短染色时间 55% 左右，而且染色效果优于传统染色方式。同样，超声波也可应用于加脂，Xie 等[57]将超声波应用于加脂乳液的制备以及加脂过程，结果发现，加脂乳液颗粒大小下降15% 以上，坯革中油脂含量和未使用超声波相比增加到 36%，同时油脂的渗透性和分布均匀性都得到改善。目前超声波技术应用于制革过程中多数还停留在实验室探索阶段。

2.2.2　牛皮加工行业水污染源解析结果分析

2.2.2.1　各工序总等标污染负荷及负荷比

在分析计算各工序污染物等标污染负荷后，对牛皮加工全过程中各个工序所排放的污染物的等标污染负荷求和，得出各工序总等标污染负荷值，并计算等标污染负荷比，结果如表 2-14 所列。

表 2-14　各工序污染物总等标污染负荷及负荷比（传统工艺）

工序	各工序等标污染负荷 /(m³水/t 原料皮)	各工序等标污染 负荷比/%	累积负荷比 /%
脱毛	37613.7～53832.6	35.88～42.68	35.88～42.68
浸灰	16471.2～29022.0	18.69～19.34	55.23～61.37
脱灰	10766.3～18189.9	12.12～12.22	67.35～73.58
染色加脂	9627.0～14646.8	9.39～10.23	77.11～84.51
鞣制	3657.2～5539.1	3.69～4.15	80.81～88.66
复鞣	2723.8～5332.8	3.09～3.55	85.77～92.49
软化	3376.8～7452.0	3.83～4.97	89.33～95.58
浸水	2480.4～11243.7	2.81～7.49	96.82～98.39
中和	834.8～1969.4	0.95～1.31	98.13～99.34
脱脂	475.3～2597.5	0.54～1.73	99.87～99.88
浸酸	104.6～200.7	0.12～0.13	100.00

从表 2-14 的统计结果可以看出：各工序等标污染负荷总和从大到小的顺序是脱毛＞浸灰＞脱灰＞染色加脂＞鞣制＞软化＞复鞣＞浸水＞中和＞脱脂＞浸酸，其中脱毛等标污染负荷比为 35.88%～42.68%，浸灰为 18.69%～19.34%，脱灰为 12.12%～12.22%，染色加脂为 9.39%～10.23%，鞣制为 3.69%～4.15%，复鞣为 3.09%～3.55%，软化为 3.83%～4.97%，浸水为 2.81%～7.49%，中和为 0.95%～1.31%，脱脂为 0.54%～1.73%，浸酸为 0.12%～0.13%。可以看出污染主要集中在鞣前准备工段，其中脱毛、浸灰、脱灰、染色加脂和鞣制 5 个工序的污染负荷比累积达到 87% 以上，根据等标污染负荷法筛选原则，这 5 个工序是整个制革过程中的主要污染工序。特别需要指出的是，很多人认为铬是制革过程中的最主要污染物，而解析结果发现，铬鞣及铬复鞣工序的等标污染负荷为 7% 左右，铬的污染仅排在第 5 位。因为这几个工序废水排放量大，而且为了脱毛干净，充分分散胶原纤维，加入了石灰、硫化钠、硫酸铵、有机酸等，这些物质会导致废水中含有大量的悬浮物、硫化物、氨氮、总氮等特征污染物，所以其等标污染负荷较大，是主要的污染工序。为了减少这些工序的污染物，可以采用保毛脱毛技术[58]、

酶脱毛技术[59]、无氨脱灰技术[60]和废液回用技术[61]等。如采用保毛脱毛浸灰清洁生产工艺[29]后废水循环使用 2 次，如表 2-15 所列，可减少浸灰工序等标污染负荷 28％以上；同时，采用无氨脱灰技术，脱灰工序等标污染负荷可减少 17％以上，很大程度上减少了污染物的产生。

表 2-15 清洁生产工艺各工序污染物总等标污染负荷

工序	各工序等标污染负荷 /（m³水/t 原料皮）	与传统工艺相比 降低率/％
脱毛	26386.1～38070.2	29.28～29.85
浸灰	11677.3～20895.9	28.00～29.10
染色加脂	9627.0～14646.8	—
脱灰	8917.0～13911.5	17.18～23.52
鞣制	3657.2～5539.1	—
复鞣	2723.8～5332.8	—
软化	3376.8～7452.0	—
浸水	2480.4～11243.7	—
中和	834.8～1969.4	—
脱脂	475.3～2597.5	—
浸酸	104.6～200.7	—

2.2.2.2 各污染物总等标污染负荷及负荷比

为了确定整个牛皮加工过程中的主要污染物，在分析各工序污染物等标污染负荷的基础上，对某一污染物在制革过程中各个工序的等标污染负荷累计求和，得出其总等标污染负荷，并计算其等标污染负荷比，结果如表 2-16 所列。

表 2-16 各污染物总等标污染负荷及负荷比（常规毁毛法）

特征污染物	各污染物等标污染负荷 /（m³水/t 原料皮）	各等标污染物污染 负荷比/％	累积负荷比 /％
硫化物	56340.0～85680.0	57.11～63.93	—
油脂	10751.0～11220.0	12.20～14.75	71.86～76.13
总铬	6198.0～11220.0	7.03～7.48	79.34～83.16
悬浮物	4418.0～9406.4	5.01～6.27	85.61～88.17
BOD	3492.7～9323.7	3.96～6.21	91.82～92.13
COD	3424.2～6090.4	3.89～4.06	95.88～96.02
氨氮	1793.2～3515.8	2.03～2.34	98.05～98.22
总氮	1627.4～2488.1	1.66～1.85	99.88～99.90
氯离子	98.3～199.4	0.10～0.12	100.00

由表 2-16 中数据可见：各污染物等标污染负荷总和从大到小的顺序是硫化物＞油脂＞总铬＞悬浮物＞BOD＞COD＞氨氮＞总氮＞氯离子，其中硫化物的等标污染负荷比为 57.11％～63.93％，油脂为 12.20％～14.75％，总铬为 7.03％～7.48％，悬浮物为 5.01％～6.27％，BOD 为 3.96％～6.21％，COD 为 3.89％～4.06％，氨氮为 2.03％～2.34％，总氮为 1.66％～1.85％，氯离子为 0.10％～0.12％（几乎为零）。我们发现，氯离子虽然排放量很大，但其等标污染负荷却是最小的，说明氯离子排放量虽然很大，但是对于水环境的影响不是最强的。根据等标污染负荷法筛选原则，累计百分比到 80％的污染物为主要污染物。可以得出，硫化物、油脂和总铬是传统牛皮加工过程中的主要污染物。因此，在处理污水时对硫化物、总铬和油脂要重点给予关注。为了减少铬的排放量可以采用铬鞣废液循环利用技术、逆转铬鞣技术等清洁生产工艺。另外，牛皮加工过程废水中硫化物的等标污染负荷是最大的，它的负荷比达到 54％以上。为了削减硫化物可采用保毛脱毛工艺，以牛皮加工过程采用保毛脱毛工艺为例，由于硫化钠的用量降低，因此，各污染物总污染负荷也发生改变，保毛脱毛工艺等标污染负荷结果如表2-17所列，COD 总等标污染负荷降低了 11.24％～15.00％，BOD 降低了 11.93％～17.88％，悬浮物降低了 12.45％～13.29％，硫化物降低了 17.44％～19.49％；另外，氨氮、总氮、氯离子、油脂都有小幅度的减少，但是硫化物、油脂和总铬仍然是主要污染物。制革过程中虽然会产生大量的污染物，但是制革工业的污染是完全可以削减和治理的，在末端治理的同时从源头削减污染的思路已得到制革行业的广泛认同。采用保毛脱毛技术[25]、无氨脱灰技术[59]、鞣前废液循环利用技术[44]、无氨软化技术、铬鞣废液循环利用技术[62]、逆转铬鞣技术[63,64]和无铬鞣制技术[65]等清洁制革技术将很大程度上减少制革的污染物，从源头上削减制革污染。

表 2-17　保毛脱毛法各污染物总等标污染负荷

特征污染物	各污染物等标污染负荷 /(m³ 水/t 原料皮)	与毁毛法相比 降低率/％
硫化物	52772.1～75965.5	17.44～19.49
油脂	10676.0～21926.0	0.70～0.90
总铬	6198.0～11220.0	—
悬浮物	3868.0～8156.4	12.45～13.29
BOD	3076.0～7657.0	11.93～17.88
COD	2910.6～5405.6	11.24～15.00
氨氮	1788.1～3505.6	0.28～0.29
总氮	1614.3～2468.5	0.78～0.80
氯离子	91.6～186.9	6.27～6.82

2.2.3 典型污染物 Cr^{3+} 的物料衡算

铬盐用于鞣制已经有 100 多年的历史。1858 年，F. L. Knapp 在《鞣制和革的本质》一文中指出：三价铬具有鞣性，这可能是对"铬（Ⅲ）具有鞣性"理解的最早阐述[66]。1884 年美国人 Augustus Schuhz 最早提出了二浴铬鞣法，铬盐作为鞣剂得以实际应用。经过 100 多年的发展，铬鞣已经在制革行业占据了主要位置，形成了一套完整的工艺流程和机械设备，目前 90% 以上的制革厂都采用铬鞣法制革。铬鞣由于其无与伦比的鞣性和鞣制效果，成品革具有优异的性能，在制革行业中是难以替代的。但是，由于铬盐使用量大，而铬的吸收率只有 65%～75%[67]，而且在铬鞣工序后的中和、复鞣及染色加脂等工序还将持续排放入废水中，含铬废水是制约中国皮革行业绿色发展的重要因素之一。因此，研究铬在制革过程的代谢对于提升制革行业对铬的精细化管理具有重要的参考意义。本书针对制革过程中的主要污染物之一——铬，分析了从鞣制工段的铬鞣工序到湿整饰工段的染色加脂工序铬的输入、输出以及分配情况，对铬元素在制革过程中的分布进行了物料衡算，让制革工作者对制革过程中铬的分配情况有一个更清晰的认识，从而为制革废水中铬的处理提供数据支持。

2.2.3.1 铬分配计算主要参数

本书对以牛皮为原料的片灰皮-头层铬鞣-铬复鞣工艺中铬的输入输出情况进行分析，对铬进行物料衡算。由于从生皮到成品革一个完整生产周期中不同生产阶段的理化参数会发生变化，所以确定这些关键的理化参数尤为重要，需要确定的理化参数及定义见表 2-18。

表 2-18 铬物料衡算分析关键参数及定义

参数	参数定义
W	生皮质量(t)
α	鞣制前酸皮与生皮(以盐湿皮重量计)的重量之比(%)
β	削匀修边后蓝湿皮与鞣制前酸皮的重量之比(%)
t_1	鞣制工序加入的铬鞣剂质量与酸皮的质量之比(%)
t_2	铬复鞣工序加入的铬鞣剂质量与削匀修边后蓝湿革质量之比(%)
Z	铬鞣剂中 Cr_2O_3 的平均含量(%)
θ_1	鞣制工序铬的吸收率(%)
θ_2	铬复鞣工序铬的吸收率(%)
C_1、C_2	中和、染色加脂工序废水各自的平均总铬浓度(mg/L)
V_1、V_2	中和、染色加脂工序废水各自的平均体积(m³)

2.2.3.2　含铬工序铬元素总量分析

制革行业铬鞣剂的铬含量通常以 Cr_2O_3 计，Cr_2O_3 中铬元素的质量分数为 68.42%。投加的铬鞣剂含有的铬元素总量＝皮的质量×投加的铬鞣剂占皮质量的百分数×铬鞣剂 Cr_2O_3 含量×Cr_2O_3 中铬元素的质量分数。

（1）铬鞣时加入的铬鞣剂含有的铬元素总量 Q_1，计算式如下：

$$Q_1 = W\alpha t_1 Z \times 68.42\% \tag{2-8}$$

（2）铬复鞣时加入的铬鞣剂含有的铬元素总量 Q_2，计算式如下：

$$Q_2 = W\alpha\beta t_2 Z \times 68.42\% \tag{2-9}$$

（3）铬鞣工序废水中铬的总释放量 I_1，计算式如下：

$$I_1 = Q_1(1-\theta_1) \tag{2-10}$$

（4）铬复鞣工序废水中铬的总释放量 I_2，计算式如下：

$$I_2 = Q_2(1-\theta_2) \tag{2-11}$$

（5）中和工序废水中铬的释放量 I_3，计算式如下：

$$I_3 = C_1 V_1 \tag{2-12}$$

（6）染色加脂工序废水中铬的释放量 I_4，计算式如下：

$$I_4 = C_2 V_2 \tag{2-13}$$

以生皮-成品革铬鞣-铬复鞣工艺牛皮革生产为例，通过文献调研、企业现场调研和专家咨询获得了相关生产参数，进而得到所需各参数的范围，见表 2-19。

表 2-19　制革铬元素物料衡算分析基础数据

参数	范围	数据来源
α	40%～90%	文献和企业调研
β	70%～80%	企业现场调研和专家咨询
t_1	4%～8%	文献和企业调研
t_2	2%～6%	文献和企业调研
Z	20%～26%	企业调研和实测
θ_1	60%～70%	文献和专家咨询
θ_2	60%～85%	文献和专家咨询
C_1	40～200mg/L	企业调研和实验室检测
C_2	10～60mg/L	企业调研和实验室检测
V_1	6.3m³	文献和企业调研
V_2	4.5m³	文献和企业调研

2.2.3.3　铬的物料衡算结果

以生皮-成品革铬鞣-铬复鞣工艺头层牛皮革生产为例，由铬元素在制革生产过程中的分配公式计算，得到制革生产过程的铬元素平衡，如表 2-20 所列。

表 2-20 铬鞣到染色加脂工序过程中铬的物料衡算

工段	Cr$_2$O$_3$ 加入		Cr$_2$O$_3$ 释放	
	量/(kg Cr/t 生皮)	比例/%	量/(kg Cr/t 生皮)	比例/%
铬鞣	2.19~12.81	63.52~73.99	0.66~5.12	22.30~24.99
铬复鞣	0.77~7.68	26.01~37.48	0.12~3.07	1.84~14.99
中和	—	—	0.25~1.26	6.15~8.46
染色加脂	—	—	0.05~0.27	1.29~1.69
总量	2.96~20.49	100	1.06~9.72	31.58~50.13

结果表明，在生皮-成品革的加工过程中，铬鞣工序的铬元素投加量为 2.19~12.81kg Cr/t 生皮，占整个制革过程中铬元素总的加入量的 63.52%~73.99%；同时在铬鞣工序中，铬元素的释放量达到 0.66~5.12kg Cr/t 生皮，占到整个制革过程中铬元素总加入量的 22.30%~24.99%。铬复鞣工序中铬的加入量为 0.77~7.68kg Cr/t 生皮，占到整个制革过程中铬总加入量的 26.01%~37.48%，铬复鞣工序铬元素的释放量为 0.12~3.07kg Cr/t 生皮，占铬总加入量的 1.84%~14.99%。另外，在中和和染色加脂工序，没有铬的加入，但是仍然会因为进入皮胶原纤维中的铬有很大一部分没有结合或结合很弱，将以单点结合和游离形式存在于皮胶原纤维中，在物理和化学作用下容易释放进浴液中，所以中和和染色加脂工序中会有铬元素的释放[50]。中和工序释放的铬元素量为 0.25~1.26kg Cr/t 生皮，占铬总加入量的 6.15%~8.46%；染色加脂工序释放的铬元素量为 0.05~0.27kg Cr/t 生皮，占铬总加入量的 1.29%~1.69%。从结果可以看出，铬元素的利用率不高，铬元素释放到废水中的比例高达 31.58%~50.13%，因此，铬鞣至染色加脂工序中铬的物料衡算进一步证明了铬鞣和铬复鞣工序中过量加入的铬鞣剂以及皮胶原纤维中未充分结合的铬是造成废液中铬浓度偏高的重要原因，所以采用清洁铬鞣剂复鞣工艺，提高铬的吸收率，减少铬的用量，对控制鞣制废水的铬污染问题至关重要。

通过对制革生产全过程中铬的物料衡算结果得出，我们应该加强对湿整饰工段废水的管理和处理处置。湿整饰工段各工序废水应进一步分质分流，湿整饰废水进行单独收集和处理。为减少铬资源的使用和清洁化生产，在降低铬元素的单位总投加量的同时提高铬元素的利用率。一些需要强化的环节包括鞣制工段控制铬鞣剂适当的投加量，提高鞣制工段铬的吸收率，降低鞣制工段铬的释放率，减小蓝湿皮削匀修边比例，进一步提高湿整饰工段铬的吸收和固定，降低湿整饰工段铬的释放等。

2.2.4 牛皮制革废水污染源解析结论

① 通过企业现场调研，采集废水，经过实验室检测以及文献的阅读，得到了制革全过程从浸水到染色加脂各工序废水的污染物种类、浓度、排放量、来源等基

础数据，对制革全过程水污染源有了比较清晰的认识。

② 采用等标污染负荷法对传统牛皮加工过程的废水污染源进行了解析，通过分析结果得出牛皮制革过程中主要工序的主要特征污染物：a. 浸水工序主要污染物是油脂、硫化物和悬浮物；b. 脱脂工序油脂、COD 和悬浮物是主要污染物；c. 脱毛和浸灰工序的主要污染物都是硫化物；d. 脱灰工序主要污染物是硫化物、氨氮和总氮；e. 软化工序主要污染物是硫化物、氨氮、总氮和 BOD；f. 浸酸工序主要污染物是氨氮、总氮和悬浮物；g. 鞣制和复鞣两个工序的主要污染物都是总铬；h. 中和工序主要污染物是总铬、COD 和 BOD；i. 油脂是染色加脂工序主要污染物。

③ 制革废水主要污染源集中在鞣前准备工段，各工序污染物总等标污染负荷排名前三的依次是脱毛、浸灰、脱灰工序，污染负荷比分别达到 42％、19％、12％以上，累积负荷比达到 73％以上，是产生污染物的主要工序；牛皮整个加工过程中主要污染物是硫化物、总铬和油脂，累积负荷比达到了 85％以上。因此，这三种污染物为制革废水污染治理重点，在源头治理时主要关注鞣前准备工段，以减少废水以及污染物的产生量，减轻后续处理压力。

④ 传统的毁毛脱毛工艺与保毛脱毛工艺相比，主要污染物都是硫化物、总铬和油脂，虽然采用保毛脱毛法硫化物的排放量减少，等标污染负荷有所降低，但是硫化物仍然是主要的污染物，这是因为其排放标准限值较高，也说明其对环境的影响是不可忽视的。

2.3　**毛皮加工行业水污染源解析**

2.3.1　**全工艺流程水污染源解析**

毛皮加工过程的准备工段与牛皮加工过程类似，主要包括准备工段、鞣制工段和整饰工段，但又有所区别。例如，毛皮加工过程就没有脱毛工序，鞣制时多采用有机鞣剂等。

2.3.1.1　浸水

为了生皮的保存和运输，往往会进行干燥和盐腌处理。正常加工时，原料皮都需要经过浸水才能保证加工的正常进行。原料皮的浸水使其恢复至鲜皮状态，重新回软。还能除去毛被及皮板上的污物和防腐剂，初步溶解生皮中的可溶性蛋白，为后续各工序化工材料的渗透和作用打好基础。毛皮加工要求最大限度保留毛被优良的天然特性，浸水时要尽量不掉毛、不毁毛。

（1）主要污染物及其来源

原料皮浸水时主要加入浸水助剂、防腐剂、杀虫杀菌剂、酶等化料，废水中主要成分有血污、蛋白质、油脂、盐、毛发、泥沙、固体悬浮物、浸水助剂、表面活性剂等，其特征污染物由 COD、悬浮物、油脂、氯离子、总氮、氨氮来代表。

（2）等标污染负荷解析

对毛皮加工企业调研后，得到浸水工序排放废水量及废水中各污染物浓度数据。浸水工序平均排放废水量为 12m³/t 原料皮，各污染物浓度、等标污染负荷及负荷比如表 2-21 所列。

表 2-21　浸水废水特征污染物浓度、等标污染负荷及负荷比

特征污染物	COD	悬浮物	油脂	氯离子	总氮	氨氮
浓度/(mg/L)	5000～13000	2000～16000	200～400	5700～21000	90～330	30～140
等标污染负荷/(m³水/t原料皮)	600～1560	48～3480	240～480	17.1～63	36～132	24～112
负荷比/%	26.8～42.9	34.4～59.7	8.2～17.2	1.1～1.2	2.6～2.7	1.7～1.9

按各污染物等标污染负荷从大到小排序，顺序为悬浮物＞COD＞油脂＞总氮＞氨氮＞氯离子。由表 2-21 可得，浸水工序中等标污染负荷最大的特征污染物是悬浮物，废水中浓度 2000～16000mg/L，最大时占负荷比近 60%，其最主要成分是毛皮携带的泥沙、血污、皮渣、浮毛等；其次是 COD，废水中浓度 5000～13000mg/L，最大时占负荷比超过 40%。废水中原料皮上的血污、水溶性蛋白质、油脂等是 COD 的主要来源，悬浮物＋COD 至少占据了整个工序中 70%～80% 的污染负荷，是浸水工序最主要的特征污染物。氯离子主要来源是原皮腌制保藏时添加的大量 NaCl；另外，浸水时根据工艺要求还会加入一定量的盐类助剂，这是氯离子的第二个来源。废水中的氨氮、总氮主要来自浸水助剂、表面活性剂、脱脂剂以及溶解性蛋白等。

另外，一项值得关注的特征污染物是氯离子，其在废水中的浓度最高超过 20000mg/L，但等标污染负荷反而是最低的，说明污染物的排放量与其对环境的影响之间不一定具有正相关的关系。但是，过量氯离子对环境的影响是明显的，为了减少废水中氯离子的产生量，可以在原料皮保存时采用少盐保藏、冷冻保藏等技术，将有效减少废水中氯离子的含量。例如，采用少盐保藏技术，按照原料皮中的盐含量减少 30% 计算，浸水工序中氯化物的等标污染负荷可以降低 30%～31.6%，在很大程度上减少了废水中氯离子的含量。

2.3.1.2　脱脂

以绵羊皮为例，真皮中含脂量可达皮重的 30%，毛被中则含毛重 10% 的羊毛脂和 30% 的脂肪酸盐。脱脂可以除去毛被上多余的油脂，使毛被蓬松、洁净、有光泽；可以除去皮板里外的脂肪，为后续化工材料的顺利渗透与作用提供条件；可

以进一步除去纤维间质,适当松散胶原纤维。因此,为保证后续操作的顺利进行和化工原料的均匀渗透,必须除去皮内的油脂,否则会造成鞣制不良、染色不均、加脂不好、成品质量差等后果。

(1) 主要污染物及其来源

脱脂工序主要加入的化料有脱脂剂、表面活性剂、溶剂等,用来去除表面及内部油脂。因此,废水中含有蛋白质、油脂、盐、毛发、表面活性剂、脱脂剂等。以COD、BOD、SS、pH 值、油脂、总氮、氨氮、氯离子等特征污染物为代表。

据调研得到脱脂工序排放废水量及废水中各污染物浓度数据,脱脂工序平均排放废水量为 4.7m³/t 原料皮,各污染物浓度、等标污染负荷及负荷比如表 2-22 所列。

表 2-22　脱脂废水特征污染物浓度、等标污染负荷及负荷比

特征污染物	COD	悬浮物	油脂	氯离子	总氮	氨氮
浓度/(mg/L)	17000~25000	3900~5600	3000~6000	2200~3300	220~330	150~220
等标污染负荷/(m³ 水/t 原料皮)	799~1175	366.6~526.4	1410~2820	2.6~3.9	34.5~51.7	47~68.9
负荷比/%	25.3~30	11.3~13.8	53~60.7	0.08~0.1	1.1~1.3	1.5~1.8

(2) 等标污染负荷解析

按各污染物等标污染负荷从大到小排序,顺序为油脂>COD>悬浮物>氨氮>总氮>氯离子,脱脂后废液中含有大量的脂肪等有机物,因此废水中油脂和COD 浓度较高。油脂以 3000~6000mg/L 的浓度成为等标污染负荷最大的特征污染物,负荷占比超过 50%;其次是 COD,浓度高达 17000~25000mg/L,负荷占比近 30%,主要来自有机物;第三是悬浮物,占负荷比超过 10%,悬浮物主要来自泥沙、蛋白质、脂类物质等。此三种特征污染物是脱脂工序废水污染的主要组成部分,负荷占比超过 90%。剩余的含氮污染物及氯离子污染负荷占比均较小,而在牛皮加工过程中脱脂工序氯离子浓度则较高。

为了减少油脂的含量,可以在浸水后,先通过去肉机、滚筒挤压机等机械去肉,使游离脂肪和脂腺遭受挤压破坏,除去油脂;同时去肉能使毛皮在一定机械力作用下,纤维结构得到松动,加速原料皮吸水的速度,挤出原料皮中的盐、可溶性蛋白质和其他细菌、污物,有利于减少后续工序废水中的污染物。

2.3.1.3　软化

软化是用生物酶制剂处理毛皮,使皮板柔软、可塑性增加的操作。毛皮加工不能像牛皮加工一般进行浸灰处理以防碱性物质损伤毛的鳞片层,破坏毛的光泽,降低毛与皮板的结合牢固度。因此,毛皮加工过程中纤维的分散主要靠软化、浸酸。酶制剂软化毛皮可以进一步溶解纤维间质,使皮柔软多孔,有利于鞣剂均匀地渗透

结合；可以分解皮内油脂，改变弹性纤维、网状纤维和肌肉组织的性质，使皮柔软可塑；还可以进一步改变胶原纤维的结构性质，使其适度松散，成品才能具有弹性、透气性、柔软性。

（1）主要污染物及其来源

软化工序一般需要加入酶及助剂，主要为了皮身软化，并分散胶原纤维，为后续鞣制做好准备。软化废水的主要特征污染物为 COD、BOD、SS、pH 值、油脂、氯离子、总氮、氨氮，废水中的蛋白质、盐、酶等是这些污染物的主要来源。据毛皮企业调研数据，得到软化工序排放废水各项数据。软化工序一般排放废水量为 $0.9m^3/t$ 原料皮，各污染物浓度及负荷如表 2-23 所列。

表 2-23　软化废水特征污染物浓度、等标污染负荷及负荷比

特征污染物	COD	悬浮物	油脂	氯离子	总氮	氨氮
浓度/(mg/L)	15000~22000	1900~2900	200~300	57000~82000	450~650	80~130
等标污染负荷/(m³水/t原料皮)	150~220	38~58	20~30	14.3~20.5	15~21.7	5.3~8.7
负荷比/%	61.3~61.8	15.7~16.2	8.2~8.4	5.7~5.9	6.0~6.2	2.2~2.4

（2）等标污染负荷解析

按各污染物等标污染负荷从大到小排序，顺序为 COD>悬浮物>油脂>总氮>氯离子>氨氮。软化废水中 COD 含量极高，所占负荷比超过 60%，是最主要的特征污染物，其来源为添加的酶助剂等蛋白质降解形成的有机物。此外，悬浮物也是占负荷比稍大的一种特征污染物，超过 10%；剩余几种特征污染物油脂、氯离子、总氮、氨氮污染负荷占比均不超过 10%。氯离子浓度较之前几个工序有了显著的增加，最高浓度超过了 80000mg/L，原因是在软化过程中添加的大量食盐。虽然其等标污染负荷因排放限值的原因仍然较小，但其负荷占比也有了明显提升。此外，氨氮等污染物主要来自软化酶对毛皮的降解。

2.3.1.4　浸酸

用酸和中性盐的溶液来处理毛皮的操作称为浸酸。同时，为了避免酶软化过度进行，终止软化酶继续发挥功能，常用的办法也是降低溶液 pH 值。铬鞣剂溶液呈酸性，与脱脂软化溶液的 pH 值相差很大，如果直接进行鞣制将导致铬盐沉淀、阻碍渗透、毛皮发硬、缺乏柔软性和延展性。因此，必须进行浸酸处理。浸酸还可以改变皮的表面电荷，促进铬在皮中均匀分布；进一步松散胶原纤维，提高成品品质。

（1）主要污染物及其来源

浸酸主要加入的化料有中性盐、无机酸、有机酸等，浸酸废水中含有蛋白质、无机盐、有机酸、无机酸、悬浮物等，这些会产生 COD、SS、pH 值、氯离子、

总氮、氨氮等特征污染物。

据毛皮加工企业调研数据，得到浸酸工序排放废水量及废水中各污染物浓度数据。浸酸工序一般排放废水量为 $3.5 m^3/t$ 原料皮，各污染物浓度、等标污染负荷及负荷比如表 2-24 所列。

表 2-24　浸酸废水污染物浓度、等标污染负荷及负荷比

特征污染物	COD	悬浮物	油脂	氯离子	总氮	氨氮
浓度/(mg/L)	5000~8000	1100~1700	100~300	52000~76000	150~230	40~70
等标污染负荷/(m³水/t原料皮)	175~280	77~119	35~105	45.5~66.5	17.5~26.8	9.3~16.3
负荷比/%	45.6~48.7	19.4~21.4	9.7~17.1	12.7~15.7	4.4~4.9	2.6~2.7

（2）等标污染负荷解析

按等标污染负荷从大到小的顺序为 COD＞悬浮物＞氯离子＞油脂＞总氮＞氨氮。总体看来，污染负荷占比最大的仍是 COD，将近 50%；悬浮物、氯离子、油脂的污染负荷占比都在 10% 以上，也是主要的污染物。氯离子单从浓度来看仍然很高，从等标污染负荷比来看也是本工序的主要污染物之一。

为了减少浸酸工序氯离子的排放，可以采用清洁的浸酸工艺，例如无盐/少盐浸酸技术、浸酸液循环利用技术等。以无盐浸酸为例，使用其他浸酸助剂，替代了盐防止皮酸肿的作用，从而避免了氯化钠的使用，可以大大地减少氯离子的排放。

2.3.1.5　鞣制

生皮经过鞣制，改变了皮胶原的化学和物理性质，使毛皮的耐湿热稳定性、耐微生物及化学品作用的能力增强。毛皮加工过程一般使用非铬鞣剂，如某企业在毛皮加工中采用了一种有机膦鞣剂进行鞣制，废水中不再含有铬。

（1）主要污染物及其来源

鞣制时主要加入的化料有鞣剂及助剂、碳酸氢钠等。鞣制工序的特征污染物主要有 COD、BOD、SS、pH 值、氯离子、总氮、氨氮等特征污染物。蛋白质、无机盐、有机酸等引起这些特征污染物的产生。需要说明的是，为了获得较大的张幅，毛皮鞣制时一般不用铬鞣剂，多采用有机鞣剂，因此 COD 含量较高。

据毛皮加工企业调研数据，鞣制工序一般排放废水量为 $3.5 m^3/t$ 原料皮，各污染物浓度、等标污染负荷及负荷占比如表 2-25 所列。

表 2-25　鞣制废水污染物浓度、等标污染负荷及负荷比

特征污染物	COD	悬浮物	油脂	氯离子	总氮	氨氮
浓度/(mg/L)	8000~12000	1400~2200	100~300	46000~67000	300~450	280~410

特征污染物	COD	悬浮物	油脂	氯离子	总氮	氨氮
等标污染负荷/(m³水/t原料皮)	280～420	98～154	35～105	40.3～58.6	35～52.5	65.3～95.7
负荷比/%	47.4～50.6	17.4～17.7	6.3～11.9	6.6～7.3	5.9～6.3	10.8～11.8

（2）等标污染负荷解析

按等标污染负荷的大小排序，从大到小的顺序为 COD＞悬浮物＞氨氮＞油脂＞氯离子＞总氮，可以得到鞣制工序主要污染物是 COD，等标污染负荷比达约 50％；其次是油脂，污染负荷占比近 20％；剩余污染物的负荷占比都在 10％及以下。其中，含氮污染物的浓度和负荷占比较之前工序有所提升，这是因为鞣制过程中会加入氨水、氯化铵等含氮试剂。此外，鞣制废水中氯离子浓度仍然较高。

2.3.1.6　复鞣

复鞣是对鞣制后的皮坯根据加工成品的需求进行又一次鞣制，主要作用是补充初鞣的不足并满足后续加工要求。复鞣是毛皮湿态整饰中的一个步骤，使毛皮从前期具有一定共同特性的熟皮变为突出特点的产品，是提高其使用性能和附加值的关键步骤。毛皮加工企业大多采用铬复鞣，以提高皮板收缩温度和耐储藏性，增加皮板的丰满性、弹性、强度和耐化学试剂的稳定性。染色前后均可进行复鞣步骤，有些种类的产品可进行不止一次复鞣。

（1）主要污染物及其来源

复鞣剂主要有铬鞣剂、植物鞣剂、合成鞣剂等。复鞣工序的特征污染物主要有 COD、SS、pH 值、氯离子、总氮、氨氮、总铬等，主要是由无机盐、悬浮物、铬鞣剂等引起。通过对毛皮加工企业调研后，得到复鞣工序排放废水量及废水中各污染物浓度数据。复鞣工序一般排放废水量为 1.6m³/t 原料皮，各污染物浓度及负荷如表 2-26 所列。

表 2-26　复鞣废水污染物浓度、等标污染负荷及负荷比

特征污染物	COD	悬浮物	油脂	氯离子	总氮	氨氮	总铬
浓度/(mg/L)	2100～6700	90～830	100～200	110～530	110～170	50～150	350～520
等标污染负荷/(m³水/t原料皮)	33.6～107.2	2.9～26.6	16～32	0.04～0.21	5.9～9.1	5.3～16	373.3～554.7
负荷比/%	6.8～10.8	0.6～3.6	1.6～3.7	0～0.28	0.8～1.3	1.6～2.5	74.4～85.4

（2）等标污染负荷解析

各污染物的等标污染负荷和污染负荷比从大到小的顺序为总铬＞COD＞油脂

＞悬浮物＞氨氮＞总氮＞氯离子，复鞣工序主要污染物是总铬，其等标污染负荷比达到了 80％左右，其余污染物负荷比只有百分之几，甚至不到 1％。复鞣时添加的铬鞣剂被吸收的比例并不高，因此废水中含有不少铬离子。虽然铬污染浓度就数值而言并不突出，但其污染负荷因排放限值很低而一跃占据极大比重。这个结果也表明毛皮加工过程中复鞣工序是铬的主要来源。

为了降低复鞣工序的铬污染，可以采用的方法仍然同牛皮制革过程类似，分为两个大方向：一是从含铬鞣剂本身和工艺本身出发来减少铬排放；二是从源头上代替含铬鞣剂，采用非铬复鞣剂复鞣。例如，用铝、锆、铁、钛、稀土等非铬金属进行复鞣，还有植物鞣剂、合成鞣剂、树脂鞣剂、醛鞣剂等都可以用来复鞣，赋予成革不同的风格。但因为鞣制阶段已经采用了不含铬的鞣剂，再采用不含铬鞣剂复鞣很大可能会导致鞣制不到位，影响成品质量。因此，主要应该对含铬鞣剂本身和工艺本身进行深入研究，提高铬的吸收率。

2.3.1.7　染色加脂

皮毛和皮板都是可染的对象，根据不同的市场需求可随意调整，还可以进行印花等后续操作。染色后也会同浴进行加脂，毛皮的加脂主要是针对皮板而言的，但与制革加脂不同，对皮板加脂可改善毛被的油润光泽感，但不能沾污毛被，引起其发黏、不松散。所以毛皮加脂对加脂剂的选择、加脂控制及其操作要求都更加严格。

（1）主要污染物及其来源

染色、加脂往往是同浴进行，染色加脂废液主要有 COD、SS、pH 值、油脂、氯离子、总氮、氨氮、总铬等特征污染物，这些污染物是由加入的染料、油脂、有机酸以及产生的悬浮物、铬等产生的。对毛皮加工企业调研后，得到染色加脂工序排放废水量及废水中各污染物浓度数据。染色加脂工序一般排放废水量为 $10.6\mathrm{m}^3/\mathrm{t}$ 原料皮，各污染物浓度及负荷如表 2-27 所列。

表 2-27　染色加脂废水污染物浓度、等标污染负荷及负荷比

特征污染物	COD	悬浮物	油脂	氯离子	总氮	氨氮	总铬
浓度/(mg/L)	2500～24000	190～1300	600～2000	60～1100	50～240	40～110	15～60
等标污染负荷/(m^3水/t原料皮)	265～2544	40.3～275.6	636～2120	0.16～2.9	17.7～84.8	28.3～77.7	106～424
负荷比/%	24.2～46	3.7～5	38.3～58.2	0.15～0.5	1.5～1.6	1.4～2.6	7.7～9.7

（2）等标污染负荷解析

按等标污染负荷的大小排序，从大到小的顺序为油脂＞COD＞总铬＞悬浮物＞氨氮＞总氮＞氯离子，染色加脂工序主要污染物是油脂，其等标污染负荷比达到

了 50% 左右；其次是 COD 占比也很高，平均超过 30%。为了减少染色加脂工序的主要污染物，可以使用染色助剂，提高染料的上染率，严格控制加脂操作的条件，使皮板更好吸收脂质，减少油脂排放。

2.3.2 毛皮加工行业水污染源解析结果分析

2.3.2.1 各工序总等标污染负荷及负荷比

在分析各工序污染物等标污染负荷的基础上，对整个毛皮加工过程中各个工序所排放的污染物的等标污染负荷累计求和，得出各工序总等标污染负荷值，并计算负荷比，计算结果如表 2-28 所列。

表 2-28 各工序污染物总等标污染负荷及负荷比

工序	各工序等标污染负荷 /(m³水/t 原料皮)	各工序等标污染 负荷比/%	累积负荷比 /%
脱脂	2659.7~4645.9	25.0~30.4	25.0~30.4
浸水	1397.1~5827.0	20.7~31.3	51.0~56.4
染色加脂	1093.46~5529.0	16.2~29.7	74.0~87.5
鞣制	553.6~885.8	4.8~8.2	87.5~93.0
复鞣	437.04~745.81	4.0~6.5	92.8~95.1
浸酸	359.3~613.6	3.3~5.3	96.4~98.1
软化	242.6~358.9	1.9~3.6	100

从表 2-28 中数据可以看出：各工序等标污染负荷总和从大到小的顺序是脱脂＞浸水＞染色加脂＞鞣制＞复鞣＞浸酸＞软化。污染主要集中在鞣前准备工段，仅仅浸水和脱脂两个工段就占据了超过 50% 的污染负荷。浸水、脱脂、染色加脂三大主要污染工段的污染负荷比累积达到 87.5% 以上，且这 3 个工序在整个毛皮加工过程中废水排放量也占据了前三的位置。因此，依据等标污染负荷法筛选原则，这 3 个工序是整个毛皮加工过程中的主要污染源。

浸水时原料皮中携带的大量泥沙、血污、毛发、盐等极大增加了此工序的污染负荷，脱脂与染色加脂工序的油脂既导致了 COD、悬浮物等含量的上升，又共同为各工序污染负荷做出了"很大贡献"。为了减少这些工序的污染物，可以在原皮保藏时采用冷藏、添加杀菌剂等方法以减少盐的使用，控制好脱脂剂和加脂剂的使用条件提高其利用率，采用中水回用技术等。如在染色加脂工序采用废液循环技术，如果回用 2 次则可减少此工序等标污染负荷 50%。

2.3.2.2 各污染物总等标污染负荷及负荷比

将毛皮加工过程各工序的主要污染物的等标污染负荷相加，计算各污染物的等标污染负荷比以及累积负荷比，结果如表 2-29 所列。

表 2-29　各污染物总等标污染负荷及负荷比

特征污染物	各污染物等标污染负荷 /(m³水/t原料皮)	各污染物等标污染 负荷比/%	累积负荷比/%
COD	2302.6~6306.2	33.9~34.0	33.9~34.0
油脂	2393.0~5692.0	30.6~35.5	66.9~69.5
悬浮物	1102.8~4639.6	16.4~24.9	85.9~90.0
总铬	479.3~978.7	5.3~7.1	93.0~95.1
氨氮	184.5~395.3	2.1~2.7	95.1~97.8
总氮	161.6~378.6	2.0~2.4	97.8~99.0
氯离子	120~215.61	1.2~1.8	100

由表 2-29 中数据可见：各污染物等标污染负荷总和从大到小的顺序是 COD>油脂>悬浮物>总铬>氨氮>总氮>氯离子。

氯离子仍然以其极高的排放量和很低的污染负荷占比引起注意，这说明了氯离子对于水环境恶化造成的影响不是主要的。当然，为了进一步减少制革过程中氯离子的产生量，可以在原料皮保存时采用少盐保藏、冷冻保藏、鲜皮加工等技术，将有效减少制革废水中氯离子的含量。

按照污染物等标污染负荷比由大到小排列，分别计算其累计百分比，规定百分比累计到 80% 的污染物为主要污染物。可见，传统毛皮加工过程中的主要污染物为 COD、油脂、悬浮物，而在社会上引起广泛关注的总铬和氯离子都不是主要污染物。

但是，因为铬受到人们的普遍关注，为了进一步减少铬的排放量，除了已经采用的无铬鞣制技术外，还可以在复鞣时采用铬鞣废液循环利用技术、逆转铬鞣技术等清洁生产工艺。

毛皮加工与牛皮加工过程都会产生一定量的污染物，但这些污染物是完全可以削减和治理的，整个行业广泛认同在末端治理的同时从源头削减污染的思路，并将其应用到生产实践中。酶助浸水、无盐浸酸、铬鞣废液循环利用、逆转铬鞣和无铬鞣制等清洁技术将很大程度从源头上减少污染物的排放。

2.3.3　毛皮加工行业水污染的污染当量数法解析

在表 2-28 的基础上，采用污染当量数法，计算各工序各污染物的污染当量数，所得结果如表 2-30 所列。

表 2-30　各工序污染物污染当量数　　单位：kg/t 原料皮

工序	废水量 /(t/t原料皮)	污染物类型					
		COD	悬浮物	油脂	总氮	氨氮	总铬
浸水	12	60~ 156	6~ 48	15~ 30	1.4~ 5.0	0.45~ 2.1	—

续表

工序	污染物类型						
	废水量 /(t/t 原料皮)	COD	悬浮物	油脂	总氮	氨氮	总铬
脱脂	4.7	79.9~117.5	4.6~6.6	88.1~176.2	1.3~1.9	0.88~1.3	—
软化	0.9	13.5~19.8	0.4~0.7	1.1~1.7	0.5~0.7	0.1~0.15	—
浸酸	3.5	17.5~28	1.0~1.5	2.2~6.6	0.7~1.0	0.2~0.3	—
鞣制	3.5	28~42	1.2~2.0	2.2~6.6	1.3~2.0	1.2~1.8	—
复鞣	1.5	3.2~10	0.03~0.3	0.9~1.9	0.2~0.3	0.1~0.3	13.1~19.5
染色加脂	10.6	26.5~254.4	0.5~3.4	40~132.5	0.7~3.2	0.5~1.5	4~16

由表 2-30 可见，浸水、软化、浸酸、鞣制四个工段的主要污染物是 COD，脱脂与染色加脂工段主要污染物是油脂，复鞣工段为总铬，其计算结果与等标污染负荷法的计算结果是一致的。

进一步计算各工序总污染当量数及占比，如表 2-31 所列。

表 2-31　各工序总污染当量数及占比

工序	浸水	脱脂	软化	浸酸	鞣制	复鞣	染色加脂
各工序污染当量数	82.8~100.6	174.8~303.6	15.6~38.7	21.5~37.4	34.0~54.3	32.3~71.8	71.9~410.9
占比/%	10.4~17.6	31.3~37.0	3.3~4.0	3.9~4.6	5.6~7.2	6.8~7.4	15.2~42.4

表 2-31 表明，各工序污染严重程度由大到小排列为染色加脂＞脱脂＞浸水＞复鞣＞鞣制＞浸酸＞软化。此结果与等标污染负荷法计算出的结果有一定的差异，但从生产实际来分析，染色加脂、脱脂、浸水这三大污染最严重的工序仍然位居前列，鞣制与复鞣两个工段的污染严重程度差距不大，浸酸与软化仍然是所有工段中污染最轻微的。说明此种方法的计算结果仍然是合理且符合实际的，与等标污染负荷法的结果相互印证。

将每种污染物在各工序的污染当量数相加，结果如表 2-32 所列。

表 2-32　各污染物总当量数及占比

污染物	COD	悬浮物	油脂	总氮	氨氮	总铬
总当量数	228.7~627.7	13.7~62.5	149.5~355.5	6.1~14.1	3.4~7.5	17.1~35.5

污染物	COD	悬浮物	油脂	总氮	氨氮	总铬
占比/%	54.6～56.9	3.3～5.7	32.2～35.7	1.3～1.5	0.7～0.8	3.2～4.5

由表 2-32 可见，纵观所有工序，各污染物污染严重程度由大到小排序为：COD＞油脂＞悬浮物＞总铬＞总氮＞氨氮，COD 与油脂占据了所有污染的大部分，总占比超过 87%，但从排名第三的悬浮物开始污染当量数显著下降，平均占比不超过5%。行业重点关注的总铬污染当量数占比不超 5%，表明铬产生的污染很少。

将两种污染源解析方法进行对比，结果如表 2-33～表 2-35 所列。可见，毛皮加工过程中主要污染物的两种源解析方法的解析结果是一致的。

表 2-33　两种污染源解析方法所得各工序主要污染物

工序	等标污染负荷法	污染当量数法
浸水	COD	COD
脱脂	油脂	油脂
软化	COD	COD
浸酸	COD	COD
鞣制	COD	COD
复鞣	总铬	总铬
染色加脂	油脂	油脂

表 2-34　两种污染源解析方法所得各工序污染严重程度排名

工序	等标污染负荷法	污染当量数法
浸水	2	3
脱脂	1	2
软化	7	7
浸酸	6	6
鞣制	4	5
复鞣	5	4
染色加脂	3	1

表 2-35　两种污染源解析方法所得各污染物严重程度排名

污染物	等标污染负荷法	污染当量数法
COD	1	1
悬浮物	2	3
油脂	3	2
总氮	6	5
氨氮	5	6
总铬	4	4

各工序污染严重程度虽有一些排名上的差异，但结合数据与生产实际来看差异较小，结果仍然具有一致性。

在两种源解析方法结果中，COD、悬浮物、油脂是 3 种主要污染物；总铬均排在第 4 位；总氮与氨氮差别很小，排在最后。可见，两种污染源解析方法结果是一致的。

2.3.4 毛皮加工行业废水污染源解析结论

① 采用等标污染负荷法与污染当量数法对比分析了传统毛皮加工过程中的废水污染源，由分析结果可知毛皮加工过程中浸水工序主要污染物为 COD，脱脂和染色加脂工序主要污染物为油脂，复鞣工序主要污染物为总铬，软化、浸酸、鞣制 3 个工序主要污染物都是 COD。

② 毛皮废水主要污染源集中在鞣前准备工段，脱脂、浸水、染色加脂 3 个工序污染物等标污染负荷总和与污染当量数都排名前 3 位，污染负荷比分别达到 27.7%、26%、22.9%，平均污染当量数占比 34.1%、14%、28.8%，累积负荷比达到 87%以上，累计污染当量数占比约 77%，是产生污染物的主要工序。在源头治理时主要关注鞣前准备工段，以减少废水以及污染物的产生量，减轻后续处理压力。

③ 整个毛皮加工过程中的主要污染物是 COD、油脂和悬浮物，累积等标污染负荷比达到了 85%以上，累计污染当量数占比超过 94%，是污水治理的重点关注对象。

2.4 皮革行业水污染源解析结论

通过对牛皮加工和毛皮加工各生产工序进行研究主要得到以下结论：

① 对企业的实地调研以及文献的查阅，确定了皮革行业牛皮和毛皮的典型生产工艺和废水排放环节，厘清了特征水污染物产生的原因，确定了各工序废水量、特征污染物种类和浓度、存在状态；通过物料平衡的手段，定量计算了主要污染物铬的产生及在全工艺过程中的输运及分布，再通过等标污染负荷的源解析法定量建立水污染物与环境影响的因果对应关系，定量计算各来源对环境污染强度的相对贡献，确定了牛皮和毛皮制革过程各工序主要污染物，全过程主要污染工序以及主要污染物。

② 对大家普遍关注的制革过程的铬污染问题，经过污染源解析发现，铬并不是制革及毛皮加工过程的最主要污染物。在牛皮加工过程中铬的污染负荷比最高为 7.48%，而毛皮加工过程中铬的污染负荷比最高为 7.1%，本解析结果有助于人们对制革过程铬污染的重新认识。

③ 牛皮加工过程中最大的污染物来自硫化物的加入，当 pH 值低至一定程度

时会有 H₂S 释放出来，这是制革企业产生臭味的主要原因。随着科学技术的发展，现代制革企业采用少硫少灰及保毛脱毛工艺后，硫的污染已大大降低，现代制革企业已几乎没有臭味了。

④ 在采用等标污染负荷法评价污染源时，由于排放限值的不同，容易造成一些排放量大且在环境中易积累的污染物（如氯化物）的污染负荷比不高，并不能真实地反映该污染物对环境的潜在风险。如氯化物列不到主要污染物中去，然而这些污染物的排放又必须加以控制，因此不能只考虑等标污染负荷法的计算结果，还应考虑污染物本身对环境的影响程度、处理难度等因素，建立更加准确和客观的污染源解析方法，结合其他的数据做全面考虑和分析，最终确定出主要污染工序和主要污染物，为后续制革废水的管理和处理提供更加科学、可靠的理论依据。

参 考 文 献

[1] 周慧平，高燕，尹爱经．水污染源解析技术与应用研究进展［J］．环境保护科学，2014，40（6）：19-24.

[2] 程静，贾天下，欧阳威．基于 STELLA 和输出系数法的流域非点源负荷预测及污染控制措施［J］．水资源保护，2017，33（3）：74-81.

[3] Liu J，Zhang L，Zhang Y，et al. Validation of an agricultural non-point source (AGNPS) pollution model for a catchment in the Jiulong River watershed，China［J］．Journal of Environmental Sciences，2008，20(5)：599-606.

[4] 陈锋，孟凡生，王业耀，等．多元统计模型在水环境污染物源解析中的应用［J］．人民黄河，2016，38（1）：79-84.

[5] 陆珊，代俊峰，周作旺．基于等标污染负荷法的生活和农业污染源分析［J］．节水灌溉，2015（2）：45-46.

[6] 孙涛，张妙仙，李苗苗，等．基于对应分析法和综合污染指数法的水质评价［J］．环境科学与技术，2014，37（4）：185-190.

[7] Hou Z D，Hu L，Cheng H Y，et al. Application of pollution index method based on dynamic combination weight to water quality evaluation［J］．IOP Conference Series：Earth and Environmental Science，2018，153：062008.

[8] 陈秀端，卢新卫．基于受体模型与地统计的城市居民区土壤重金属污染源解析［J］．环境科学，2017，38（6）：2513-2521.

[9] 陆珊，代俊峰，周作旺．基于等标污染负荷法的生活和农业污染源分析［J］．节水灌溉，2015（2）：45-46.

[10] 庄犁，周慧平，常维娜，等．嘉兴市水污染源解析及等标污染负荷评价［J］．环保科技，2015，21（2）：15-18，39.

[11] 于晓菡，李新，文燕，等．基于等标污染负荷法的工业废水污染源分析与评价：以绵阳市为例［J］．绵阳师范学院学报，2015，34（5）：99-103.

[12] 冯秀珍，张杰，张晓凌．技术评估方法与实践［M］．北京：知识产权出版社，2011.

[13] 徐成汉．等标污染负荷法在污染源评价中的应用［J］．长江工程职业技术学院学报，2004（3）：23-50.

[14] Liu Y. Evaluating the refining sewage pollution resources with equal standard pollution load method and

its treatment according to different quality [J] . Safety Health& Environment，2012 (12)：38-41.

[15] Singh K P，Malik A，Sinha S. Water quality assessment and apportionment of pollution sources of Gomtiriver (India) using multivariate statistical techniques－A case study [J] . Analytica Chimica Acta，2005，538：355-374.

[16] 单志华 . 食盐与清洁防腐技术 [J] . 西部皮革，2008，30 (12)：28-33.

[17] 高明明，柴晓苇，曾运航，等 . 制革废水中的氯离子含量及来源分析 [J] . 皮革科学与工程，2013 (5)：46-50.

[18] 伍远辉，罗宿星 . 氯离子含量对黄土壤中碳钢腐蚀行为的影响 [J] . 腐蚀研究，2011，25 (5)：41-45.

[19] 张宝宏 . 金属电化学腐蚀与防腐 [M] . 北京，化学化工出版社，2005：114.

[20] 杜新燕，秦凤，黄淑菊，等 . 氯离子浓度对土壤腐蚀速率的影响 [J] . 广东化工，2011，38 (9)：41-42.

[21] 石碧，王学川 . 皮革清洁生产技术与原理 [M] . 北京：化学工业出版社，2010：1-3.

[22] 王永昌编译 . 用二氧化碳实施超冷却的原皮短期保存法 [J] . 西部皮革，2003，4：57.

[23] 于淑贤 . 现代生皮保藏技术文献综述 [J] . 中国皮革，1999，28 (17)：23-25.

[24] 魏俊飞，马宏瑞，郗引引 . 制革工段废水中 COD、氨氮和总氮的分布与来源分析 [J] . 中国皮革，2008 (17)：35-37，43.

[25] 付强，李国英 . 制革中的保毛脱毛法及其脱毛机理 [J] . 皮革科学与工程，2005，15 (4)：36-37.

[26] Khandelwal H B，More S V，Kalal K M，et al. Eco-friendly enzymatic dehairing of skins and hides by C. brefeldianus protease [J] . Clean Technologies and Environmental Policy，2015，17 (2)：393-405.

[27] 卢行芳 . 过氧化氢脱毛方法及原理研究 [D] . 成都：四川大学，2001.

[28] 张玉红，刘萌，但卫华，等 . 4 种典型脱毛工艺的对比 [J] . 中国皮革，2015，44 (13)：12-13.

[29] 马宏瑞，王颖勃，郗引引 . 清洁生产工艺实施与氮产污量核算 [J] . 皮革科学与工程，2012，22 (4)：56-60.

[30] 邓维钧，陈亮，胡静 . 常态二氧化碳在制革脱灰中的应用进展 [J] . 中国皮革，2013，42 (1)：51-55.

[31] Klaasse M J. CO_2 deliming [J] . Journal of the American Leather Chemists Association，1990，85 (11)：431-441.

[32] 李志强，廖隆理，冯豫川，等 . 皮革的 CO_2 超临界流体脱灰 [J] . 化学研究与应用，2003 (1)：131-132，135.

[33] 强西怀，汤晓进，张辉 . 利用磺化邻苯二甲酸镁盐进行无铵脱灰的技术研究 [J] . 皮革与化工，2012，28 (6)：1-4.

[34] Colak S M，Kilic E. Deliming with weak acids：Effects on leather quality and effluent [J] . Journal of the Society of Leather Technologists and Chemists，2008，92 (3)：120-123.

[35] 卢加洪，曾运航，廖学品，等 . 硼酸、柠檬酸及商品无低铵盐脱灰剂的脱灰效果比较 [J] . 中国皮革，2011，40 (1)：12-15.

[36] 李闻欣，叶宇轩，刘刚 . 一种无铵脱灰剂的应用研究 [J] . 中国皮革，2012，41 (21)：8-10.

[37] Yun J K，Pak J H，Cho D K，等 . 碳酸酯无氮脱灰剂的合成及应用 [C]//国际皮革科技会议论文选编 (2004-2005). 中国皮革协会，2005：183-187.

[38] Wang Y N，Zeng Y H，Liao X P，et al. Removal of calcium from pelt during bating process：An effective approach for non-ammonia bating [J] . Journal of the American Leather Chemists Association，2013，108 (4)：120-127.

[39] 王亚楠，石碧，曾运航，等．无氨软化复合酶制剂及其在皮革软化工艺中的应用：201210392442.6 [P]．2014-06-25.

[40] 曾运航，石碧，王亚楠，等．无氨软化助剂及其在皮革软化工艺中的应用：201210392464.2 [P]．2014-06-25.

[41] 夏福明，黄陈璘琰，彭必雨，等．一种无盐浸酸剂的合成及其在无盐高 pH 值铬鞣中的应用 [J]．皮革科学与工程，2018，28（3）：5-10.

[42] 夏福明，刘晋明，彭必雨，等．基于芳香族磺酸的无盐浸酸和高 pH 值铬鞣技术研究 [J]．皮革科学与工程，2018，28（1）：11-18.

[43] 陈占光，陈武勇，张兆生．不浸酸铬鞣剂在牛皮工艺中的应用研究 [J]．中国皮革，2001（5）：10-12.

[44] 张金伟，孙宏斌，陈武勇，等．不同预处理方法对不浸酸铬鞣革性能的影响 [J]．中国皮革，2017，46（6）：15-21.

[45] 张壮斗．一种从浸水到染色反复循环使用废水的制革生产工艺：201110007829.0 [P]．2011-01-05.

[46] 单志华，王群智，刘旭．制革中无盐浸酸助剂的应用 [J]．皮革化工，2000（5）：36-39.

[47] Zhang C，Lin J，Jia X，et al. A salt-free and chromium discharge minimizing tanning technology：The novel cleaner integrated chrome tanning process [J]．Journal of Cleaner Production，2016，112：1055-1063.

[48] 丁志文，庞晓燕，陈国栋．铬鞣废液全循环利用技术应用实例 [J]．中国皮革，2017，46（10）：43-56.

[49] 张斐斐．铬鞣废液循环利用研究进展 [A]．2016 第十一届全国皮革化学品学术交流会暨中国皮革协会技术委员会第 21 届年会摘要集 [C]．中国皮革协会技术委员会：中国化工学会，2016：1.

[50] Wu C，Zhang W H，Liao X P，et al. Transposition of chrome tanning in leather making [J]．Journal of the American Leather Chemists Association，2014，109（6）：176-183.

[51] Cai S W，Zeng Y H，Zhang W H，et al. Inverse chrome tanning technology based on wet white tanned by Al-Zr complex tanning agent [J]．Journal of the American Leather Chemists Association，2015，110（4）：114-121.

[52] Mutlu M M，Crudu M，Maier S S，et al. Eco-leather properties of chromium-free leathers produced with titanium tanning materials obtained from the wastes of the metal Industry [J]．Ekoloji，2014，23（91）：83-90.

[53] 周建．制革铬鞣工艺过程铬排放规律及减排技术研究 [D]．成都：四川大学，2013.

[54] 单志华．制革化学与工艺学（下册）[M]．北京：科学出版社，2005.

[55] 王玉路，王亚楠，李光维．一种高吸收染色加脂助剂的应用 [J]．中国皮革，2008（23）：50-52.

[56] Sivakumar V，Rao P G. Application of power ultrasound in leather processing：An eco-friendly approach [J]．Journal of Cleaner Production，2001，9（1）：25-33.

[57] Xie J P，Ding J F，Manson T J. Influence of power ultrasound on leather processing Part II：Fatliquoring [J]．Journal of the American Leather Chemists Association，2000，95：85-91.

[58] 何灿，但年华，张玉红，等．几种保毛脱毛法及其作用机理 [J]．西部皮革，2014，36（18）：24-29.

[59] 王学川，李飞虎，任龙芳，等．酶法脱毛技术的研究进展与展望 [J]．中国皮革，2012，41（13）：49-52，55.

[60] 周建飞，许晓红，金华意，等．一种无铵脱灰剂的开发及其应用研究 [J]．皮革科学与工程，2012，22（3）：43-48.

[61] 张壮斗．制革废液循环利用技术介绍 [J]．中国皮革，2017，46（7）：55，62.

［62］ Rao J R，Balasubramanian E，Padmalatha C，et al. Recovery and reuse of chromium from semi chrome liquors ［J］. Journal of the American Leather Chemists Association，2002，97（3）：106-113.

［63］ Wu C，Zhang W H，Liao X P，et al. Transposition of chrome tanning in leather making ［J］. Journal of the American Leather Chemists Association，2014，109（6）：176-183.

［64］ Cai S W，Zeng Y H，Zhang W H，et al. Inverse chrome tanning technology based on wet white tanned by Al-Zr complex tanning agent ［J］. Journal of the American Leather Chemists Association，2015，110（4）：114-121.

［65］ Zhang C X，Lin J，Jia X J，et al. A salt-free and chromium discharge minimizing tanning technology： The novel cleaner integrated chrome tanning process ［J］. Journal of Cleaner Production，2016，112：1055-1063.

［66］ 林炜，穆畅道，张铭让. 铬鞣——一种可持续发展的工艺 ［J］. 中国皮革，2000（7）：27-33.

［67］ 王亚楠，石碧. 制革工业关键清洁技术的研究进展 ［J］. 化工进展，2016，35（6）：1865-1874.

第3章
皮革行业生产过程节水减排技术

　　水污染是皮革行业的主要污染，为了降低皮革加工过程的水污染，皮革行业经过多年来的技术进步和创新发展，特别是近 10 年来随着科技投入的不断增加和环保力度的加强，已经在各生产工序形成了多项节水减排技术。

　　本章主要内容是对皮革行业国内外水污染全过程控制技术进行了梳理归纳，包括源头控制技术和过程控制技术。

3.1　源头控制技术

3.1.1　源头绿色替代技术

　　制革生产过程用到的化学品种类繁多，部分化学品都具有不同程度的侵害性或毒性，对人类和环境将产生不同程度的危害，使用过程中要有安全和劳动保护措施。因此，使用环境友好型化学品替代有害原料可减轻对人类健康和环境的不利影响。

　　环境友好型化学品替代技术见表 3-1。

表 3-1　环境友好型化学品替代技术

相关工序	节能减排技术设计	有害化学品
浸水、浸灰、脱脂、染色等工序	以脂肪醇聚氧乙烯醚或支链脂肪醇聚氧乙烯醚替代 APEO	烷基酚聚氧乙烯醚（APEO），包括壬基酚聚氧乙烯醚、辛基酚聚氧乙烯醚、十二烷基酚聚氧乙烯醚
脱脂工序	(1)使用非卤化溶剂,如线性烷基聚乙二醇醚、羧酸、烷基醚硫酸、烷基硫酸盐,替代卤化溶剂; (2)采用水相脱脂系统; (3)对卤化溶剂采用封闭系统,溶剂回用,减排技术和土壤保护等措施	有机卤化物
鞣后工序	使用不含有机卤化物的加脂剂、染料、防水剂、阻燃剂等	有机卤化物
涂饰工序	使用水基涂饰材料	溶剂涂饰材料
制革及毛皮加工过程全工序	(1)禁用危险杀菌剂、杀虫剂; (2)加强进口原料皮检测	杀菌剂、杀虫剂等

续表

相关工序	节能减排技术设计	有害化学品
湿整饰工序	使用生物降解性好的络合剂	络合剂,如乙二胺四乙酸(EDTA)和次氮基三乙酸(NTA)
鞣制工序	以丙烯醛、改性戊二醛、铝明矾、硫酸铝等无铬鞣剂代替含铬鞣剂	含铬鞣剂

　　欧盟 REACH 法规中对欧洲制革企业及出口到欧盟市场上的皮革和皮革产品进行检测,那些含有受限或受禁物质的皮革或皮革制品不允许在欧盟市场销售。因此,采用环境友好型化工材料替代有毒有害化工材料是目前制革企业的发展趋势。例如,在欧盟国家制革企业中,使用直链脂肪醇聚氧乙烯醚代替烷基酚聚氧乙烯醚;用直链型烷基醇聚氧乙烯醚、羧酸盐、烷基醚磺酸盐、烷基硫酸盐、无 AOX(可吸入有机卤素化物)加脂剂等代替浸水、脱脂、加脂、助剂及染整工序用的卤代有机化合物。目前我国这类产品大部分依赖国外化工企业,在替代型化工材料的研发方面我国和德国、意大利等发达国家还有一定差距。

3.1.2　清洁生产节水技术

　　我国水资源短缺,节水技术是皮革企业整个生产过程中都极为重视的关键技术,要做到每道工序、每时每刻都节约用水,推荐采用以下工艺和设备等。

3.1.2.1　节水工艺优化

　　根据湿加工特点和皮化材料的性能,可采用以下节水措施:
　　① 工艺操作实行"少浴、无浴化";
　　② "删、减、并",实施"紧密型工艺";
　　③ 循环利用;
　　④ 清浊分流,净化回用;
　　⑤ 分隔治理,净化回用。

3.1.2.2　闷水洗技术

　　将流水洗改为闷水洗,不仅用水量可以减少 25%～30%,而且对产品质量有益而无害。目前,在工艺过程中提倡将浴液排放掉以后改流水洗为闷水洗,或闷水、流水交替进行。

3.1.2.3　采用新型节水设备

　　小液比工艺节水省时,化学品用量小。通过改装设备,采用小液比工艺,可将液比由 100%～250%降低至 40%～80%。采用新型节水设备,如倾斜转鼓或星形分隔转鼓等,可有效降低液比,节水分别可达 30%～40%以及 40%～50%。结合闷水洗，可节水 70％以上。

3.1.2.4　工序合并优化

常规工艺完成浸水-脱脂的用水量很大，可以将酶浸水和酶脱脂合并，构建浸水-脱脂节水工艺，经实验验证节水效果明显。用水量大幅下降，仅为常规工艺的 1/3，节水率达到 70％。在传统工艺中复鞣、中和、染色、加脂都是单独进行，完成后要换浴水洗，排出大量的废水和水洗液，为了节约用水，可将上述工段一体化，即复鞣、中和、染色、加脂在同一浴中一次完成，减少水洗次数和工序操作的用水量。统计表明，一体化工艺和传统工艺相比可减少废水排出量 50％左右。

3.1.2.5　废液回用技术

废液回用是节水、节能、减排的有效措施，是一种经济实用的生产技术。它具有以下特点：

① 废液回用可以达到不排或减少排放污染物的目的；

② 废液回用技术的实施费用较低；

③ 废液回用可大幅度减少综合废水治理投资，降低治污成本。例如，将皮革加工过程中湿整饰工序的废水经过滤、收集和处理后再回用到指定工序，各工序产生的废水分开收集并分别处理。在此基础上对各工序废水循环进行系统集成，可大幅减少污水的产生与排放。

循环使用的最后废水进行终水处理。过程废水回用原则上适用于所有新建及已有皮革企业，各工序需要废水收集、处理和调控设备，使用时需考虑额外的投资及运行费用。

3.2　过程控制技术

3.2.1　原皮保藏清洁生产技术

3.2.1.1　少盐原皮保藏技术

采用食盐和其他试剂（如杀虫剂、抑菌剂、脱水剂）结合使用的保藏方法，既可以减少食盐用量，降低盐污染，又能达到中短期保藏的目的[1]。可以使用的杀菌防霉剂及助剂主要有 $NaHSO_4$、H_3BO_3、$NaHCO_3$、$Na_2S_2O_5$ 等，Aracit K、Aracit DA、Aracit KL（TFL 公司）、Ubero800（德国 Carpetex 公司）以及 Cismollan BHO_2 等。

印度的 Kanagaraj[2] 将 2％硼酸加 5％的食盐涂抹在原料皮的肉面用于防腐，经上述处理后保存 2 周的原料皮经浸水后，废液中各种特征污染物均低于传统盐腌法，而且成革的感观和物理性能与传统方法相当。

少盐保藏法能解决大部分盐的污染问题，不过保存时间不长，适用于较短时间保存原料皮。

3.2.1.2　KCl防腐法

该方法的原理与盐腌法类似，主要利用KCl的脱水性、渗透压以及对酶的抑制作用来达到生皮的防腐目的。KCl和NaCl物理性质和化学性质相似，不同的是，制革废水中所含的NaCl很难被除去，直接排放会造成土壤的盐碱化，使农作物无法生长，而KCl却是植物生长所需要的肥料，因此用KCl替代NaCl作为生皮的防腐剂不失为一举多得的好方法。

用KCl保藏原料皮的操作方法与传统的盐水浸泡法基本相同，但KCl溶液的浓度至少在4mol/L以上，而且需要结合适当的机械作用以确保皮内KCl的浓度也达到一定程度。

3.2.1.3　低温原皮保藏技术

低温保存法又可称为冷藏保存法，该方法的原理是利用细菌在低于其生长繁殖的最适温度（一般为30～40℃）的情况下，生皮上大部分细菌的生长和繁殖会受到抑制。一般工厂在0～15℃的温度下保藏盐湿皮，这样细菌生长同样受到抑制，可以减少盐腌皮的用盐量；若保藏温度降至2℃，可以使原皮保存3周以上。低温冷藏有时也会配合使用杀菌剂，并与常规盐腌工艺结合使用。

该技术几乎可以完全消除浸水废水中盐的排放，所得生皮质量较高；但需设置冷藏库，能耗较大，且运输成本增大。当屠宰场与制革厂距离较近、原皮购销渠道固定、原皮能在短期内投入制革生产时适于采用该方法。

3.2.1.4　杀菌防腐剂原皮保藏法

此法是将刚从动物体上开剥下来的鲜皮水洗、降温、清除脏物，再喷洒杀菌剂，或将原料皮浸泡在杀菌剂中，或将皮与杀菌剂一起在转鼓中转动，然后再将皮堆置以保存。杀菌剂主要有硼酸、碳酸钠、氟硅酸钠、亚硫酸盐、次氯酸盐、酚类、噻吩衍生物以及氯化苄烷胺等。

此法的优点是：当杀菌剂使用恰当，可以进行原料皮的短期防腐保藏，操作较为简便，可以避免食盐污染。缺点是：只能短期保藏原料皮，经杀菌剂防腐保藏的原料皮要及时组织投产；此外，杀菌剂大多对环境有一定程度的污染。

3.2.2　浸水清洁生产技术

3.2.2.1　转笼除盐技术

在浸水前，对盐腌皮进行转笼（用纱网做的转鼓），目的是脱落皮张表面的食盐，脱落的食盐可收集后重新使用。该技术用于盐腌皮上多余食盐的去除和回收，方法简单易行，既节约食盐的使用量，又减少了污水中氯化物的排放量。回收盐再利用前需进行处理，而且原皮的品质可能会受到影响。

3.2.2.2　酶助浸水技术

酶助浸水一般以蛋白酶为主浸水助剂，通过间质蛋白和蛋白多糖的酶促降解使原皮快速有效地回水。在酶助浸水作用前，必须使纤维间质润胀到一定程度才有利于酶促间质蛋白的降解。浸水酶制剂在使用时要求一定的温度和 pH 值，并要求与之同浴使用的防腐剂、表面活性剂等其他材料对该酶制剂无抑制作用。由于浸水酶对胶原蛋白也有一定的作用，因此必须严格控制其用量，协调好用量与作用时间之间的关系，对于品质较差、防腐性能差的原料皮要慎重使用[3]。

使用酶浸水，在提高浸水效果的同时会减少酸、碱、盐等浸水助剂的使用。同样，酶助浸水技术也会减少季铵盐类阳离子型表面活性剂的使用，这类浸水助剂会使成革中含有少量有害成分。

浸水工序采用酶助浸水技术，可以减少废水中盐的含量。但是上述技术存在成革丰满度差、紧实的缺点，只适用于部分成革的生产。

3.2.3　脱脂清洁生产技术

脱脂工序的清洁生产主要基于以下几方面考虑：

① 使用可降解表面活性剂（如脂肪醇聚氧乙烯醚等）代替烷基酚聚氧乙烯醚类表面活性剂；

② 使用非卤化溶剂，以减少 AOX 排放；

③ 采用循环闭合工艺，减少有机溶剂排放；

④ 使用酶助脱脂技术，减少表面活性剂的用量。

3.2.3.1　酶助脱脂技术

酶助脱脂是利用脂肪酶水解油脂分子除去生皮中油脂的一种技术，属于水解法脱脂。一般来说，脱脂工序所使用的脂肪酶应当满足以下要求：

① 脂肪酶在 pH 值为 8～10 范围内有较高的活性和稳定性；

② 具有较高的耐热性；

③ 能与表面活性剂兼容；

④ 能与其他蛋白酶兼容。

同皂化法、乳化法和溶剂法等相比，酶助脱脂的优点主要有以下几个方面：

① 脱脂均匀，脱脂废液中的油脂更容易分离回收；

② 在浸水、浸灰等工序中使用脂肪酶，裸皮表面更洁净、平整；

③ 可减少表面活性剂的用量，甚至不使用表面活性剂；

④ 能提高成革质量，尤其是可以改善绒面革的质量，有利于制造防水革和低雾化值汽车坐垫革；

⑤ 对于多脂皮的脱脂，可以避免使用溶剂脱脂，从而降低生产成本。

目前，酶助脱脂在制革工业中的应用还不广泛，主要是因为酶法脱脂成本高、控制难度大。

3.2.3.2 可降解表面活性剂脱脂技术

表面活性剂是一类具有表面活性的化合物，将表面活性剂溶于液体后，溶液的表面张力能显著降低，且溶液的增溶、乳化、分散、渗透、润湿、发泡和洗净等能力得到提高。表面活性剂按其分子构型和基团的类型，可以分为阳离子型、阴离子型、非离子型和两性型四类，各类型表面活性剂在制革工业中都有使用。

脱脂过程中使用的大量表面活性剂排入水体后会消耗溶解氧，并会对水体生物造成轻微毒性，可能造成鱼类畸形。其中所含磷酸盐会造成水体的富营养化，从而对水环境造成不良影响，破坏水生态平衡。脱脂时往往都会大量地使用表面活性剂来进行脱脂，这些表面活性剂可能会对环境造成污染。因此，应尽可能采用可降解的表面活性剂进行脱脂。

目前发现，脂肪醇聚氧乙烯醚、烷基醇醚羧酸盐、酰胺醚羧酸盐、烷基多苷、烯基磺酸盐、脂肪酸甲酯及仲烷基磺酸盐等直链脂肪族表面活性剂生物降解性较好，且性能温和，抗硬水能力强，具有广阔的发展前景；其中脂肪醇聚氧乙烯醚的生化降解率可达 90% 以上，是可优先选用的脱脂剂。

3.2.4 脱毛浸灰清洁生产技术

脱毛与浸灰是制革过程的主要工序，但在毛皮生产加工中鲜少遇见。相比传统毁毛法，更加清洁有效的生产技术主要有以下几种。

3.2.4.1 氧化脱毛技术

氧化脱毛法是用氧化剂破坏毛角蛋白的双硫键使毛溶解的一种方法，其使用的氧化剂主要有亚氯酸钠和过氧化氢。

最早的氧化脱毛法使用的是亚氯酸钠，采用亚氯酸钠脱毛法脱毛后的裸皮可以直接进行鞣制。与传统的硫化钠脱毛法相比，此法能很好地控制废水中的硫离子，此法缺点是氧化操作需格外小心，若氧化作用太快，氯气和二氧化硫气体产生后可能引起转鼓爆炸。产生的气体对大气可能产生严重的污染，对人体的危害也极大，对转鼓的腐蚀也很大。近年来，采用过氧化氢作为氧化剂进行脱毛得到广泛关注，过氧化氢氧化脱毛的优点之一是此反应不会产生有毒有害物质，对环境污染较低。但是值得注意的是，过氧化氢作为氧化剂不只与毛发生反应，还会对木质转鼓造成腐蚀，因此氧化脱毛技术对设备也有一定要求，一般应为不锈钢或塑料转鼓。

3.2.4.2　酶脱毛技术

酶脱毛是酶将毛囊与毛袋、毛球与毛乳头之间黏蛋白及类黏蛋白降解，从而削减毛与皮之间的连接作用，然后在机械作用下将毛脱离表皮从而达到脱毛的目的。

随着环境保护政策的加强和环境压力增大，酶脱毛的研究已成为热点方向。宋勇峰等[4]研究了角蛋白酶 AK、糖化酶 BR 和淀粉酶 AM 协同脱毛，发现经过酶预处理后有助于缩短脱毛时间。王亚楠[5]则利用 pH-中性蛋白酶研究开发出了一种少硫-中性蛋白酶保毛脱毛技术。

酶属于生物制剂，可被生物降解不会造成污染，同时对毛没有强烈的破坏作用；脱落掉的毛可以回收，减少了其对废水的污染，也能减少其他化料的消耗。但酶脱毛对酶的要求高，对温度、时间、pH 值等控制要求高，控制不当会出现松面、扁薄甚至烂皮现象。

3.2.4.3　保毛脱毛技术

保毛脱毛法主要通过控制碱和还原剂对毛的作用条件，使反应条件只作用毛根而留下完整的毛，再使用循环系统将毛回收利用，不随废水排放。这样可以有效地减少废水中的悬浮物和有机物，降低 BOD 和 COD 的含量；此外，还可以减少硫化物的用量。保毛脱毛的主要原理是毛干中的硬角蛋白的双硫键在碱或还原剂的作用下被打断，并重新形成了更多稳定的新共价键，使其耐化学降解能力得到进一步加强，这种作用被称为护毛（保毛）。

常见的保毛脱毛方法有色诺法[6]、布莱尔法（Blair)[7]以及 HS 保毛浸灰法[8]等。

（1）色诺法[6]

步骤如下：首先让惰性脱毛剂硫氢化钠浸透入皮中，使毛根部富集硫氢化钠，由于此时的 pH 值相对较低（8.5），不会对毛产生破坏作用，毛既不会毁掉也不会脱落；然后用氧化性较弱的次氯酸钙除去皮和毛表面残留的硫氢化钠，保护毛不会在强碱中毁掉，毛根部仍有大量硫氢化钠；之后加入石灰提碱使 pH 值升高至 12 以上，激活毛根部硫氢化钠的还原性，破坏含胱氨酸较少的毛根部，并对毛干产生护毛作用，待毛松动后再以机械作用除去毛；最后用少量硫化钠或次氯酸钠去掉残毛，浸灰膨胀。

色诺法参考工艺[6]如下。

① 浸水、去肉。

② 浸渍：液比 30%，硫氢化钠 0.7%（包括循环废水中的硫氢化钠的含量）；转 2h，排水。

③ 水洗：水 40%，转动 5min。

④ 护毛：液比 30%，0.1%Ca(ClO)$_2$（先用总水量的一部分溶解后加入），

转 6min。

⑤ 脱毛：加入石灰 1%，转动约 30min，开始循环过滤分离毛；转动 50min，停止循环。

⑥ 复灰、去除残毛：液比 50%，2% 硫化钠（60%），转动 15min；加入 1% 石灰，液比 80%～100%，转动 1～2h；每小时转动 5min 过夜，次日废液回收静置回用，灰皮经水洗出鼓片皮。

（2）HS 保毛浸灰法

其是一种少硫保毛脱毛技术，既可以配合硫化钠使用也可以不使用硫化钠，分为浸水、潜伏、护毛、激活、脱毛、复灰等阶段。脱毛过程在转鼓中进行，也可以在划槽中完成。循环过程中回收毛的参考工艺如下[8]。

① 原料皮盐腌牛皮。

② 水洗：水 120%，温度 27℃，转动 1h，排液。

③ 浸水：水 120%，温度 27℃，Erhazym S 0.2%，Borron Anv 0.2%；氢氧化钠（50%）0.5%（冷水溶解后加入）；转动 4h，结束后 pH=9.5～10.5，排液。

④ 脱毛：水 80%，温度 27℃，Erhavit HS 1%；转动 30min，停转 30min；加石灰粉 1%，转 1h；加硫氢化钠（72%）0.7%，转动 75～90min；当毛开始松动时，循环浴液，过滤分离毛。

⑤ 浸灰：加水 50%，温度 27℃，石灰粉 2%，硫氢化钠（72%）0.2%，转动 30min；加氢氧化钠（50%）0.5%（冷水溶解后加入），转动 30min；每小时转动 1min，共 12h。

⑥ 排液、水洗。

（3）布莱尔法

布莱尔法的主要特点是毛干经过适当的石灰处理而产生护毛作用，然后加入硫氢化钠，毛根因为没有得到保护而受到破坏，使毛松动，再借助机械作用将毛除去。脱完毛后，将毛过滤分离，废液循环利用。随后的复灰过程中使用石灰、硫氢化钠以及浸灰助剂 FR62（一种脂肪族胺类材料，帮助脱除残毛，并通过提高 pH 值防止护毛过度以及硫化氢的产生）。《皮革工业手册（制革分册）》中介绍了相似的黄牛鞋面革脱毛的参考工艺。

① 组批、称重。

② 预浸水：水 200%，温度 28℃，润湿剂 0.1%，杀菌剂 0.01%；转动 60min，pH=7.5 左右。

③ 浸水：水 200%，温度 28℃，润湿剂 0.5%，纯碱 0.5%，转动 4h；加杀菌剂 0.01%，停转结合，每小时转动 5min，过夜。

④ 护毛：水 80%，温度 28℃，浸灰剂 1%，转动 45min；加石灰 1%，转动 15min，停 25min，转动 15min。

⑤ 脱毛：加硫化钠（60%）0.9%，乳化剂 0.3%，转动 30min；加水 120%，

石灰 2%；停转结合，每小时转动 5～10min，过夜，次日转动 20min。

保毛脱毛技术能有效减少废水中各种污染物的排放，减少污泥产生量，从而降低后期污水处理成本，固废的总固体量降低 10% 甚至 30% 以上，SS 降低 40% 甚至 70% 以上，BOD_5、COD_{Cr} 以及有机氮降低 30% 以上，氨氮降低 20% 以上，硫化物减少 40%～60%。毛回收量：30～50kg/t 牛皮，>100kg/t 羊皮。当然，这也是有代价的，保毛脱毛法通常在设备、管理、劳动力、化工材料等方面的费用要明显高于毁毛脱毛法。不过从长远来看，保毛脱毛法还是更有优势。在联合国环境规划署（UNEP）的有关报告中[9]比较了色诺法与传统毁毛脱毛法的成本和收益：以日产 40t 原皮的制革厂为例，采用色诺法材料方面每年节约 87789 美元，而添置带循环和过滤装置的转鼓（10t 原皮的生产能力，共 4 台），每台也约需 87789 美元，这样生产 4 年就可以收回设备投资，而环境效益则很突出。

3.2.4.4　低硫低灰脱毛技术

用含硫有机物，如硫乙醇酸盐、硫脲衍生物特别是巯基乙醇，或同时用酶制剂代替或部分代替无机硫化物进行脱毛。

低硫低灰脱毛技术可用于保毛脱毛工艺，也可用于毁毛脱毛工艺，具体硫化物用量与采用的脱毛工艺有关。同传统技术相比，该技术可以节约 5%～10% 的化料费用，减少 50% 以上的硫化物排放，减少 50% 以上的氨氮排放，减少 40% 以上的 COD_{Cr} 排放。

3.2.4.5　浸灰废液循环利用技术

将浸灰废水置于密闭容器中，加入酸性材料使硫化物转化为硫化氢气体逸出，并用碱性材料吸收生成硫化物，回用于保毛脱毛的浸灰阶段；同时使废水中的蛋白质达到等电点而沉淀出来，并进行回收利用；将废水回用于制革的预浸水工序，将回收的硫化钠回用于脱毛工序，并将回收的蛋白质经过纯化和改性制备成蛋白填料后回用于制革的复鞣工序，或制作成肥料原料，从而使浸灰废水完全得到回收利用，且可实现无限次循环[10]。

该技术适用于以硫化物为脱毛剂的浸灰废水再利用，投资小，运行成本低，占地面积小，可减少污水处理成本，节约原材料成本。采用该技术，浸灰废水中悬浮物含量降低了 40% 以上，Na_2S 回收率达到 95% 以上，COD_{Cr} 的去除率达到 80% 以上，氨氮的脱除率达到 70% 以上。此外，将去除硫化钠、蛋白质和氨氮后的清液回用于预浸水工序，该技术可以实现浸灰液的无限次循环，从而降低浸灰工序等标污染负荷 28% 以上，很大程度上减少了浸灰工序的污染。

3.2.5　脱灰清洁生产技术

脱灰是产生氨氮污染的主要工序，如何降低或消除氨氮污染是脱灰工序的关键，其节能减排技术主要推荐以下几种。

3.2.5.1 CO_2 脱灰技术

利用 CO_2 与溶液中的碱性物质产生化学反应而脱除皮中的 Ca^{2+}，当溶液中的 pH 值为 8.3 时生成不溶性碳酸钙；但当有充足的 CO_2 气体及水存在，溶液的 pH 值低于 8.3 时，生成可溶的 $Ca(HCO_3)_2$，从而达到脱灰的目的[11]。

该技术适用于新建及已有制革企业裸皮的脱灰处理，主要用于牛皮和少量绵羊皮脱灰处理。该技术易于实现自动化控制，但需要 CO_2 加压储罐，并对运行系统定期检查。运行成本与处理时间及 CO_2 价格有关，可能会略高于传统铵盐脱灰。

总的来说，CO_2 脱灰投资少，成本低（超临界 CO_2 流体脱灰投资较高），可以有效降低废水中氨氮及 BOD 含量，BOD 降低 50％以上，减少生产车间的 NH_3 污染，控制方便，皮革质量较好，是一项值得推广的清洁化技术。

3.2.5.2 镁盐脱灰技术

采用其他无污染脱灰剂替代铵盐脱灰，其中镁盐被认为是最有希望取代铵盐的脱灰剂，如乳酸镁、硫酸镁、氯化镁单独或配合酸使用可以达到较好的脱灰效果[12]。

该技术操作简便，可有效地去除皮坯中的 Ca^{2+}，脱灰废液中的氨氮含量仅为常规铵盐脱灰法的 10％，废水处理费用降低，其实际成本并没有增加太多；同时不会产生灰斑，且成革的粒纹好于常规硫酸铵脱灰法。

3.2.5.3 有机酸/有机酸酯脱灰技术

利用有机酸（乳酸、甲酸、乙酸等）和有机酸酯（酚磺酸、磺基邻苯二甲酸等）代替铵盐用于脱灰工序。有机酸和有机酸酯分子具有偶极或潜在偶极，可与胶原分子上的多个基团发生作用，降低裸皮 pH 值，而不会使裸皮有明显膨胀，且与石灰反应后的产物溶于水，易水洗除去。有机酸酯脱灰时在溶液中逐渐水解，产生弱的有机酸，能缓慢均匀地脱灰。但要说明的是，使用弱的有机酸或有机酸酯脱灰，虽然能降低废水中铵盐的污染，但废水中 COD_{Cr} 和 BOD_5 含量会增加[13]。

弱酸渗透性好，脱灰时能较快地进入皮内，皮坯质量有所提高，废液的总氮含量明显低于铵盐脱灰废液。废水中氨氮减少 99.83％，总氮减少 70.57％，悬浮物减少 49.83％。该技术适用于新建及已有制革企业裸皮的脱灰处理。

综上所述，且根据第 5 章"皮革行业全过程水污染控制技术评估"的综合量化评估结果，从上述技术中优先推荐使用镁盐脱灰技术和有机酸/有机酸酯脱灰技术，其次是 CO_2 脱灰技术。

3.2.6 浸酸清洁生产工艺

浸酸是牛皮制革和毛皮加工不可或缺的工序，浸酸工序的主要污染物是酸和无机盐。一般推荐企业采取以下方法进行清洁生产。

3.2.6.1　不浸酸铬鞣技术

不浸酸铬鞣技术主要原理是合成新的铬鞣剂，使其在高 pH 值条件下也可以顺利渗透，并利用鞣剂自身的酸性将浴液的 pH 值调至适合铬鞣的范围内，从而实现不浸酸铬鞣。

有许多的制革工作者进行了这方面的研究，如四川大学陈武勇等[14]合成出一种不浸酸铬鞣剂 C-2000，应用于牛皮的鞣制，结果表明不浸酸铬鞣技术可以改善胶原纤维的松散程度，提高铬的吸收率，简化工艺，显著降低铬盐的污染。强西怀等[15]合成了一种醇醚封端型阳离子聚氨酯助鞣剂，并将其用于不浸酸铬鞣中后期，与常规浸酸铬鞣相比，铬鞣剂吸收率提高，铬分布更均匀，收缩温度更高。

不浸酸铬鞣技术所鞣制的猪皮、牛皮和羊皮，铬吸收率都较常规浸酸铬鞣方法高，其中牛皮和羊皮的铬吸收率超过 90%，而一般的浸酸铬鞣方法中铬吸收率为70% 左右。废液中的铬含量也明显减少，降低了铬污染。由于直接对脱灰软化后的裸皮进行鞣制，省去了浸酸工序，而且鞣制后期不需要提碱，因此不仅节约了用水，还大大减少了鞣制残留液中的总溶解物（TDS）和氯离子含量。从鞣制过程的总废液来看，TDS 和氯离子排放量分别较常规铬鞣减少了 80% 和 99%，COD 排放量也有不同程度的降低。但需要注意的是，采用不浸酸铬鞣剂 C-2000 制得的蓝湿革在柔软度方面不及常规浸酸铬鞣革。

3.2.6.2　无盐/少盐浸酸技术

无盐/少盐浸酸技术主要是采用非膨胀酸或酸性辅助性合成鞣剂替代或部分替代浸酸，在将裸皮 pH 值降至铬鞣所需 pH 值的同时不会引起裸皮的膨胀，不需要加入食盐。

夏福明等[16]等合成了一种无盐浸酸助剂 PCH（以萘二磺酸为主要成分），用于无盐浸酸，铬的吸收率显著提高，废液中铬含量降低，蓝湿革中的铬分布均匀，收缩温度高，并且成革的感官性能和物理机械强度都有所提高。

采用无盐/少盐浸酸技术，浸酸后裸皮粒面平滑细致，有利于对酸皮进行削匀和剖层，铬鞣时有利于铬的渗透和吸收。有效减小盐对环境的影响，适用于已有和新建浸酸工序。采用无盐/少盐浸酸技术，食盐用量减少了 12%～14%，排放废酸液中的中性盐比常规有盐浸酸大幅减少，可以大大地削减氯化钠的排放。

3.2.6.3　浸酸废液循环利用技术

浸酸结束后，先将浸酸废液排入储存池，过滤，滤去纤维、肉渣等固体物；然后，用耐酸泵将废液抽入储液槽中；最后，按比例加入甲酸和硫酸，将浸酸废液的 pH 值调至浸酸开始时的 pH 值，备用，如此循环往复[17]。采用此法，可减少食盐用量 80%～90%，减少酸的用量约 25%。浸酸废液循环利用，很大程度上减少了浸酸工序废水以及盐等污染物的排放。

综上所述，且根据本书第 5 章"皮革行业全过程水污染控制技术评估"的综合量化评估结果，从上述技术中优先推荐使用不浸酸铬鞣技术；其次是浸酸废液循环利用技术；最后是无盐浸酸技术。

3.2.7 鞣制清洁生产工艺

3.2.7.1 高吸收铬鞣技术

传统铬鞣工艺中铬的吸收率只能达到 65%～75%，即剩余的 25%～35% 的铬残留在废鞣液中不能被生皮吸收和固定，废液中铬的浓度达到 3～8g/L（以 Cr_2O_3 计），造成严重的环境污染和资源浪费。如果能在不增加设备投资和鞣制工序复杂性的情况下，并能保证皮革质量的前提下，在鞣制过程中大幅度提高铬的吸收率，将废液中铬含量降低至能直接排放的水平，则有望缓解甚至解决铬污染问题。因此采用高吸收铬鞣技术，消除生产过程中的铬污染，实现清洁生产，是一条较理想的途径。高吸收铬鞣技术主要包括高吸收铬鞣助剂和高 pH 鞣制工艺。

添加高吸收铬鞣助剂，一方面可以改善铬配合物的性能，同时也可以改变胶原蛋白与金属离子的结合模式，进而起到提高铬吸收的作用。使用铬鞣助剂来促进铬的吸收仍是一项从材料角度减少铬污染的有效技术手段。从助剂分子量的大小可以简单分为小分子铬鞣助剂（如乙醛酸）和高分子铬鞣助剂（如含多元羧基、氨基和羟基的高分子化合物，即 PCPA 铬鞣助剂)[18,19]。

高 pH 铬鞣法是一种能有效提高铬与胶原结合量的新鞣制方法。高 pH 铬鞣法有利于阴中性电荷组分的水解配聚，在较高 pH 值下组分逐渐由阴中性小分子转变为高阳电性大分子，随着水解的进行鞣液中的 H^+ 逐渐增多，鞣液的 pH 值降低，而组分的鞣性也逐渐增强，铬的吸收也因此得到提高。在常规铬鞣工艺的 pH 值范围内胶原羧基的离解量低于 60%，而在高 pH 值范围内（4.0～6.0）胶原羧基几乎能达到 100% 的离解，从而使胶原羧基的活性大大增强，更易与铬鞣剂发生交联结合作用[20,21]。

该技术不需引入新的工艺及设备，只需要通过优化物理化学参数就可将铬鞣剂吸收利用率提高至 80%～98%，从而降低铬鞣废液的铬含量，实现铬的源头削减。同时，由于铬的有效利用率提高，铬鞣剂用量可以减少 30%～60%，这会进一步促使铬鞣废水中的铬含量的降低。总铬的等标污染负荷可以降低 40% 以上，很大程度上降低了铬的危害。

3.2.7.2 铬鞣废液循环利用技术

鞣制、复鞣工段在鞣制结束后，将废铬液单独全部收集，滤去肉渣等粗大的固体，调节组成后循环利用。目前，高吸收铬鞣废水的循环途径主要有 2 种：a. 铬鞣废水回用于浸酸工序；b. 铬鞣废水回用于鞣制工序[22,23]。

该工艺存在以下几个方面的技术关键：a. 建立封闭式的铬液循环体系，其他废水不得混入；b. 要有完善的过滤体系；c. 严格控制工艺条件；d. 控制中性盐的含量，提高鞣液的蒙囿功能等。根据调查，鞣制液循环一段后为了保证皮毛鞣制质量必须排放，循环可达 10 次以上。

该技术适用于皮革及毛皮加工企业铬鞣废水循环回收利用。该技术简便、灵活，适用于各类皮革，但皮革品质可能会有所降低。如蓝湿皮的颜色可能会变深，影响后续的染色效果。此外，杂质（蛋白、油脂）、表面活性剂和其他化学品会在循环中累积，因此回用次数有限；而且该工艺不能解决鞣制后清洗废水中铬的问题。

铬鞣废液直接循环利用，不仅可以大幅度减少含铬废水的排放量（减少 85% 以上），同时可回收、节约 20%～30% 的铬盐，节约 60% 以上的工业盐。

3.2.7.3　白湿皮技术

白湿皮技术是指用无铬的金属鞣剂（如铝、钛盐等）、有机鞣剂（如醛、多酚类及合成鞣剂）或含硅化合物等对裸皮进行预处理，使皮张能承受一定的机械操作，如片皮、削匀等。片削后的白湿皮可以根据不同革品种的需要选择合适的工艺进行鞣制、复鞣等工序处理。包括白湿皮预鞣，即在铬鞣前先用铝、钛、硅、醛等非铬鞣剂进行预鞣，使皮纤维初步定型并适当提高收缩温度，然后剖层削匀后再进行铬盐鞣制；或者完全用非铬鞣剂代替铬鞣。

但该技术增加了额外的处理工序，处理时间较长，且需要额外化学品的投入，从而导致生产成本增加。该技术适用于新建和现有皮革及毛皮加工企业，但后续的鞣制、染色、干燥、剖层等工艺必须做某些修改。该技术降低了铬污染，若采用白湿皮预鞣，可将铬粉用量从灰皮重的 8% 降至 5%。此外，剖层、削匀、修边等操作产生的固体废物不含铬，易于回收利用。

3.2.7.4　植鞣技术

完全用植物鞣剂（栲胶）或与少量其他鞣剂结合鞣制，如植-无机鞣剂结合、植-有机溶剂结合、植物鞣剂复鞣填充等[24]。

完全的植鞣工艺在产品性能方面很难达到铬鞣皮革的品质，植鞣可以在脱灰后直接进行，或浸酸、预鞣（通常使用替代的合成鞣剂或者多聚磷酸盐）后进行，但鞣制前皮的 pH 值应调节到适宜值（4.5～5.5）。鞣制可在池中、转鼓，或者池和转鼓结合中进行。

使用植鞣技术可以完全消除铬的污染，但其只适用于箱包革、底革、鞋面革、汽车坐垫革等的生产，不适用于轻革的生产。

3.2.7.5 有机物鞣剂鞣制技术

有机鞣剂中有机物易被分解及去除，可在鞣制过程中和胶原的氨基或羧基结合，释放出氢离子，使浴液的 pH 值自动降低，简化了制革的生产工序。

该技术可在裸皮软化后直接鞣制，前期不浸酸，后期不提碱，并在鞣制过程中不使用铬鞣剂，避免了浸酸、提碱、鞣制过程中性盐及铬的污染。但是现在市售有机鞣剂鞣革的收缩温度在 80℃ 左右，和铬鞣革收缩温度相比还有一定差距。

3.2.7.6 逆转铬鞣技术

传统的铬鞣技术，铬鞣及其之后的所有水相操作工序都会排放铬，还会产生含铬皮革固体废物，这使得完全消除制革过程的铬排放几乎不可能实现。针对这一问题，四川大学石碧教授提出了逆转铬鞣技术[25]，从而大大降低了铬的排放。该技术将铬鞣过程置于整个制革过程的最末端，形成了"无铬预鞣单元—染整单元—末端铬鞣单元—含铬废水处理单元"为主的新制革工艺体系。

该技术与常规铬鞣技术相比，含铬废液量可以降低 70%～80%，废液铬排放总量减少 60% 以上，而且含铬废水更易于全部收集、处理和回收利用。该逆转铬鞣技术在保留铬鞣革优良品质特点的同时大幅削减了含铬污染物的产生，而且使铬的完全回收利用变得简单可行，为彻底解决制革工业的铬排放问题提供了新的技术方案。

从上述技术中优先推荐使用高吸收铬鞣技术，其次是无铬鞣技术，最后是铬鞣废液循环利用技术。

3.2.8 鞣后工序清洁生产技术

复鞣、染色、加脂工序是皮革企业生产出高质量产品的关键一环，也是产生水污染物较多、较难处理的工序，鞣后工序的清洁化生产技术对整个制革过程的废水处理具有重要影响。

3.2.8.1 清洁化料的使用

在复鞣、加脂、染色过程中使用清洁的化学品。

① 使用与铬具有高亲和及高吸收的复鞣剂以减少向污水的排放量；
② 使用氮含量及盐含量低的复鞣剂；
③ 使用高吸收加脂材料（如乳液加脂剂）；
④ 采用低盐配方、易吸收、液态的染料，停止使用含致癌芳香胺基团的染料。

3.2.8.2 超声波助染技术

超声波在液相中的传播，随其功率的增加，对液体中物质的分散、助溶作用也增强，同时加速液体中的分散物向固体的扩散和渗透过程，这就是超声波的助染原理。

研究表明，使用超声波助染可提高染料渗透程度 50%～120%，缩短染色时间 40%～70%，减少染料用量 30%，且可在低温下染色。这有利于节约能源和资源，降低成本[26]。

3.2.8.3　超声波辅助加脂技术

利用超声波处理加脂剂或者在加脂过程中使用超声波，由于超声波的空化效应和分散作用，能改善加脂剂在水中的乳化、分散效果，促进加脂剂的渗透和在革内的均匀分布，有助于油脂的吸收与结合，尤其是对植物油的效果更佳[27]。

3.2.8.4　连续复鞣和染色技术

在半连续式装置中实现复鞣、染色、填充等工序的连续运行，具有耗水量低、排污量少的优点。连续复鞣及染色装置由如下 3 个不同构件组成。

① 用于复鞣/填充的滚轧机。由于其独特设计，该设备有助于皮革化工材料渗透进入皮革，还能将过量的化学物质挤压出来用于后续的复鞣。另外，由于存在两个浸渍水槽，提高了鞣制及染色效率。

② 用于控制压力、湿度和温度的稳定室。稳定室可调节控制整个复鞣和染色工艺处于最佳状态，有助于化学物质的分散。

③ 能使皮革在短时间内（数秒）完成染色的浸染系统。

该技术的滚轧机和浸染系统均以短时间水洗模式运行，耗水量少，废水排放量低，而且挤出来的多余化学品可以循环利用，但废水中化学物质浓度较高。此外，还需配备传感器用于监测主要运行参数（温度、pH 值和电导率）以维持设备稳定运行。

3.3　皮革行业"水专项"形成的清洁生产成套技术

3.3.1　脱毛浸灰工序清洁生产技术

3.3.1.1　保毛脱毛技术

依托课题：沙颍河下游重污染行业污染治理关键技术研究与示范（2009ZX07210003）。

承担单位：安徽省环境科学研究院。

本节以下内容主要来自该课题的技术验收报告。

（1）技术简介

该技术主要通过控制石灰和硫化钠的添加比例，在一定程度上达到松动毛根并保毛的效果，待毛脱除干净后再进行下一步补加水和石灰，促进皮的进一步膨胀和纤维疏松。

（2）适用范围

适用于新建和已有制革企业脱毛处理。

（3）技术就绪度评价等级

目前就绪度9级。

（4）主要技术指标和参数

1）基本原理

毛干中的硬角蛋白的双硫键在碱或还原剂的作用下被打断，并重新形成了更多稳定的新共价键，使其耐化学降解能力得到进一步加强，这种作用被称为护毛。

2）工艺流程

保毛脱毛技术是在传统的碱法脱毛基础上分为两个阶段：第一阶段，利用石灰对毛干进行护毛处理后，再用少量的硫化碱、硫氢化碱或蛋白酶破坏毛根而使毛脱落；待毛掉干净后，第二阶段补加水和石灰，促进碱膨胀及纤维疏松。该工艺在第一阶段通过调节硫化钠和石灰的比例，达到一定程度上保毛又可以松动毛根的效果，使硫化钠只作用于毛根，靠转鼓的机械作用或机器很容易地将毛从皮上连根拔出。待毛掉干净后，再进行下一步补加水和石灰，促进进一步膨胀和纤维疏松。各废液均回收、沉降、过滤再循环使用。工艺中主要检测指标为pH值，并随时观察毛根松动情况来调整化料投加量及转鼓转动时间，其工艺流程示意见图3-1。

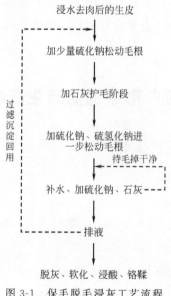

图 3-1　保毛脱毛浸灰工艺流程

① 皮样的准备：选取浸水完成后的皮样去肉后进行浸灰工艺，由于浸水程度的不同而直接影响浸灰工序的进行，通过测定浸灰前皮样含水率衡量浸水工序的程度。通过对皮样不同部位——脊部、腹部、臀部和颈部取样测定含水量。

② 浸灰废液的预处理：收集水样分析检测后对水样进行预处理，由于该工序水样悬浮物比较多，预处理采用 18 目的筛网过滤沉淀后取上清液回用于下一批次该工序工艺中；同时，分析预处理后水样中硫化钠与氧化钙的含量，确定下一批次工序化料投加量。

③ 灰皮的检测：浸灰工艺过程中检查脱毛、膨胀及粒面状况，工序完成后仔细观察粒面，对感官指标进行衡量。

3）主要技术创新点及技术经济指标

传统毁毛法中是将原料皮中的毛全部降解并进入水体中，因此导致废水中悬浮物、化学需氧量和总氮浓度都比较高。对比保毛脱毛和传统毁毛法中氨氮和总氮的值，可以发现保毛脱毛技术产生的废水中氨氮只占了其中一小部分，也说明了毛中的有机氮对总氮的贡献比较大。因此，采用保毛脱毛技术可以有效地减少悬浮物、总氮及化学需氧量。

保毛脱毛技术同样适用于牛皮制革，试验结果表明，保毛脱毛法的脱毛速率快，脱毛效果好，毛型比较完整，毛回收率达到 90% 以上，并且裸皮粒面洁净。与传统毁毛法进行对比发现，保毛脱毛法废水中 COD_{Cr}、总氮以及全盐量有明显降低，可减少废水中总氮 91.32%、氨氮 71.00%、COD_{Cr} 95.41% 的排放，很大程度上降低了后续废水处理中 N 的负荷以及对环境的污染。

4）工程应用及第三方评价

详见 3.3.3 部分"铬鞣废水直接循环利用技术"中"工程应用及第三方评价"的内容。

3.3.1.2　浸灰废液直接循环利用技术

依托课题：沙颍河下游重污染行业污染治理关键技术研究与示范(2009ZX07210003)
承担单位：安徽省环境科学研究院
本节以下内容主要来自该课题的技术验收报告。

（1）技术简介

将浸灰废液静置后取上清液回用于下一批次的浸灰工序，该方法可有效节约耗水量和节省化料硫化钠，并减少废水中总氮、氨氮、COD_{Cr} 和硫化物等污染物的排放。

（2）适用范围

适用于所有新建和已有制革企业中以硫化物为脱毛剂的浸灰废水再利用。

（3）技术就绪度评价等级

目前就绪度 9 级。

（4）主要技术指标和参数

1）基本原理

浸灰废液经预处理后悬浮物、盐含量及 COD_{Cr} 有明显的降低，而有效成分 Na_2S 与 CaO 消减不多，因此取浸灰废液的上清液回用于下一批次浸灰工序中可以有效利用废液中存在的 Na_2S 与 CaO。

2）工艺流程

由于浸灰废液中含有大量毛发，对浸灰废液过滤后静置发现上清液水质较澄清，取上清液回用于下一批次浸灰工序中。废液循环利用后采用感官指标和厚度膨胀度对浸灰后皮样进行效果表征。实验结果表明，循环两次后的水质与不循环的水质基本相同，只是循环后的 pH 值增加到 12 以上，但是不影响正常脱毛工序的进行。其他指标如氨氮、总氮和 COD_{Cr} 基本稳定，变化幅度不大，而其中有效成分 Na_2S 与 CaO 的含量也维持在一定的水平。总体来说，到第二次循环时各项指标都有增大的趋势，这是由于污染物中如悬浮物、无机盐及有机物累积的结果。通过以上研究结果，采用过滤与静置的方式对浸灰废液进行回用，回用次数为两次对工艺和皮质基本不产生影响，如果要增加回用次数，需要对废液中有机物、盐及悬浮物进行进一步的处理。

3）主要技术创新点及技术经济指标

将浸灰废液经过适当预处理回用于本工序，该预处理方法简单，循环两次对脱毛及浸灰没有影响，在一定程度上节约了耗水量并节省了化工原料 Na_2S，减少了废水中总氮、氨氮、COD_{Cr} 和硫化物等污染物的排放。若循环使用一次，可减少污染物排放量分别为废水排放量 45.00%，总氮 40.66%，氨氮 40.85%，COD_{Cr} 38.08%；循环两次，可减少废水排放量 56.00%，降低总氮 45.65%，氨氮 52.09%，COD_{Cr} 45.22%。该方法操作简单，不仅可以减少化料的使用量，更在很大程度上减少了污染物的排放，具有很好的推广应用价值。

4）工程应用及第三方评价

详见 3.3.3.1 部分"铬鞣废水直接循环利用技术"中"工程应用及第三方评价"的内容。

3.3.2　脱灰清洁生产技术

3.3.2.1　无铵脱灰技术

依托课题：沙颍河下游重污染行业污染治理关键技术研究与示范（2009ZX07210003）
承担单位：安徽省环境科学研究院
本节以下内容主要来自该课题的技术验收报告。

（1）技术简介
硼酸、有机酸（如乳酸、甲酸、乙酸等）都能代替铵盐脱灰。

（2）适用范围

适用于新建及已有制革企业裸皮的脱灰处理。

（3）技术就绪度评价等级

目前就绪度 9 级。

（4）主要技术指标和参数

1）基本原理

市场上应用较多的无铵脱灰剂都属于有机酸类，也是通过化学脱灰方法-酸碱中和反应中和了皮中的碱，以达到脱灰的目的。脱灰时一般不用强酸，因为强酸将裸皮表面层碱中和后多余的酸立即引起表面层酸膨胀，此时皮中层仍处于碱膨胀状态，两种不同膨胀间还有一部分接近等电点而处于基本不膨胀状态；裸皮各层间不同的膨胀度产生的机械扭变作用可能使纤维受到损害，使粒面细致度受损。

该工艺采用无铵脱灰剂-特卡图 N 进行工艺试验，该脱灰剂为一种复合型脱灰剂，也可作为浸酸剂。芳香酸属于不使生皮膨胀的酸，与金属盐能够生成稳定的配物，所以它能溶解裸皮上的灰斑，脱去与皮胶原结合的钙盐，使裸皮洁净；并且它还具有隐匿（蒙囿）铬盐或其他无机鞣剂的作用，可以与强酸结合作为铬鞣前的浸酸剂，以增进蓝皮粒面的平细。该无铵脱灰剂的 pH 值（1∶10 溶液）为 2.5～3.5；可用于各种灰皮的脱灰剂，例如作为鞋面革或其他轻革的脱灰剂，该脱灰剂用量为灰皮重的 1%～2%；同时也可作为浸酸剂，用于鞋面革的浸酸，用量为裸皮重的 0.8% 和硫酸的 0.4%～0.6%。

2）工艺流程

无铵脱灰工艺与传统铵盐脱灰工艺进行对照，工艺路线及工艺条件基本相同，脱灰剂使用量也相同。虽然无铵脱灰剂成本较铵盐脱灰剂高，但是其废水中基本不产生氨氮，减轻了后续废水氨氮的负担，降低了废水处理的难度并节约了成本，弥补了其化料成本增加的缺点。同时，工艺操作与传统铵盐脱灰基本相同，无需改变操作条件和进行专门培训，方法简单，可以为皮革厂所接受。

无铵脱灰过程中除了检查浴液中的 pH 值外，还要用酚酞试剂检查皮的切口，若发现有红心则说明浴液中的脱灰剂还没有完全渗透作用到皮中，还需要时间或者补加脱灰剂以使脱灰充分。脱灰工艺要求的浴液 pH 值应达到 8.2，温度为 32℃，在这样的温度下才能使脱灰剂与皮之间的作用发挥较好。

3）主要技术创新点及技术经济指标

采用无铵脱灰剂"特卡图 N"进行工艺试验，与传统铵盐脱灰效果相当；与传统铵盐脱灰水质进行对比，可减少总氮 70.57%、氨氮 99.83%、COD$_{Cr}$ 58.36%。在无铵脱灰废水预处理中最佳工艺条件为：APAM 投加量 0.01g/L，PAC 1.2g/L，沉降时间 30min，处理后水回用于本工序，可回用 2 次；经核算，循环使用 1 次，可减少该工序污染物排放量分别为总氮 39.10%，氨氮 36.48%，COD$_{Cr}$ 39.43%；循环使用 2 次，可以降低总氮 48.49%，氨氮 41.27%，COD$_{Cr}$ 48.91% 并可节省一部分工艺用水量。

4）工程应用及第三方评价

详见 3.3.3.1 部分"铬鞣废水直接循环利用技术"中"工程应用及第三方评价"的内容。

3.3.2.2　脱灰废液循环利用技术

依托课题：沙颍河下游重污染行业污染治理关键技术研究与示范（2009ZX07210003）

承担单位：安徽省环境科学研究院

本节以下内容主要来自该课题的技术验收报告。

（1）技术简介

对脱灰废液加入混凝剂后静置沉淀，适当补加化工原料，取上清液回用于脱灰工序。

（2）适用范围

适用于新建及已有制革企业裸皮的脱灰废液循环处理。

（3）技术就绪度评价等级

目前就绪度 9 级。

（4）主要技术指标和参数

1）基本原理

采用无铵脱灰剂脱灰后的废液中加入混凝剂后静置沉淀，根据工艺需求适当补加化工原料，取上清液回用于脱灰工序。

2）工艺流程

脱灰软化工序废水中含有大量脱下来的钙盐和有机物，水质浑浊，pH 值较高，经 PAC、APAM、C7009-08、CPAM、VN750H 型非离子和 $Al_2(SO_4)_3$ 混凝剂进行筛选和组合使用发现，PAC 与 APAM 复配投加量分别为 1.2g/L 和 0.01g/L，沉降时间为 30min，沉降比为 12%，混凝效果最好，水质达到澄清，取其上清液可用于该工序废水循环。

由于预脱灰与脱灰软化 pH 值相差较大，经预处理后的废水可完全用于回用，因考虑到工艺的要求，使脱灰完全，回用水量采用工艺液比的 50%，其余部分按工艺液比补加一定量的新鲜水以弥补工艺及水处理的损耗，回用后发现对皮质影响均较小，所以对预脱灰废液采用静置后回用，脱灰软化废液采用絮凝后回用。

由于工艺过程以及废水预处理中有水的损耗，所以工艺过程中按液比补加一定量的新鲜水，以弥补水的不足。回用后对 Ca^{2+} 脱离速率和效果以及对软化的影响进行测定，实验结果发现回用次数在两次以内对皮质影响较小，回用到第三次后发现 Ca^{2+} 脱除效率明显变慢，并且对同浴软化阶段影响较大，难以达到软化的程度和要求。这可能是由于随着循环次数的增加，浴液中 Ca^{2+} 浓度随之增加，进而导致脱除 Ca^{2+} 速率减慢；又由于脱灰的不干净就会直接导致软化酶难以渗透到达皮子内部，使软化较难进行，并且残留在皮内部的 Ca^{2+} 可能会影响后续如涂饰、染色的效果，造成染色不均、难以着色等问题。所以确定该工序废水循环次数为两次。

3）主要技术创新点及技术经济指标

将无铵脱灰废液加入混凝剂静置沉淀后回用于本工序，回用次数可达到两次，对脱灰及后续工艺的进行基本无影响并在一定程度上进一步降低了总氮、氨氮和 COD_{Cr} 的排放，循环使用一次，可减少污染物排放量分别为总氮 39.12%，氨氮 36.48%，COD_{Cr} 39.43%；循环使用两次，可以降低总氮 48.50%，氨氮 41.27%，COD_{Cr} 48.91%，并可节省一部分工艺用水量。

4）工程应用及第三方评价

详见 3.3.3.1 部分"铬鞣废液直接循环利用技术"中"工程应用及第三方评价"的内容。

3.3.3　铬鞣废水直接循环利用技术

依托课题：沙颍河下游重污染行业污染治理关键技术研究与示范（2009ZX07210003）

承担单位：安徽省环境科学研究院

本节以下内容主要来自该课题的技术验收报告。

（1）技术简介

将传统铬鞣产生的废液采用静置补加化料后回用于浸酸工序，不仅可以减少含铬废水的排放，并可减少一部分盐的使用量。

（2）适用范围

该技术适用于制革及毛皮加工企业铬鞣废水循环回收利用。

（3）技术就绪度评价等级

目前就绪度 9 级。

（4）主要技术指标和参数

1）基本原理

从铬鞣废液的组成来看，它含有多种无机和有机离子，如 SO_4^{2-}、Cl^-、Na^+、K^+、Cr^{3+} 等，与浸酸液相比，中性盐含量和密度均相同，只要去掉不溶物，并调节 pH 值及温度，达到与浸酸液一致，便可作为浸酸液直接循环。如果兑加浓铬液或补加铬粉，调节含铬量和碱度后废鞣液可重新用于鞣制。

2）工艺流程

在传统铬鞣的基础上，将铬鞣液进行适当预处理后回用于浸酸工序，不仅可以减少含铬废水的排放，并可减少一部分盐的使用量。由于浸酸时一般需要先加入 8% 左右的盐，防止酸膨胀，但是铬鞣时盐和铬鞣剂不可能全部被皮吸收，造成了铬液为酸性并且高含盐含铬的废水，如果不采用清洁生产技术，该工序废水直接排放到综合废水中，将造成含铬量超标，给后续废水处理造成很大的负担。

① 铬鞣废水的预处理：根据废水水质确定预处理方法，主要采用静置后补加化料直接回用于浸酸工序。

② 浸酸铬鞣工艺的检测：浸酸铬鞣工艺过程中，为了确定铬鞣的效果，待该工艺完成后检查粒面并取样测定皮样的收缩温度；同时，为了确定循环工艺中酸的补加量与铬粉的补加量，测定浸酸液的 pH 值与铬鞣液中总铬的含量。

③ 循环次数对铬鞣革质量的影响：主要根据粒面状况、丰满性、弹性、柔软性及不松面情况来对铬鞣革进行评价，方法采用打分法。

3）主要技术创新点及技术经济指标

在传统铬鞣的基础上，将铬鞣液回用于浸酸，铬鞣液回用量约为 57%。该方法技术可行，并且可以回用两次，不会对皮质造成明显的影响；回用到第三次时对皮质有较大影响，收缩温度明显下降且粒面粗糙，在鞣制过程中发现铬鞣渗透速率明显减慢，难以渗透完全，这可能是由于浴液中有机物质及悬浮物质的积累，如果要继续回用，需要对这部分物质进行进一步去除。通过该工艺废液循环两次，不仅可以减少部分化工原料的使用，还可减少污染物的排放，回用一次可节约用水量 28.57%，减少总铬排放 23.54%，总氮 14.29%，氨氮 11.26%，COD_{Cr} 28.04%；回用两次节约用水量 38.10%，减少总铬排放 27.42%，总氮 13.38%，氨氮 12.64%，COD_{Cr} 36.00%。预处理方法简单，可操作性强，具有推广价值。

4）工程应用及第三方评价

① 应用单位：安徽鑫皖制革公司。

② 企业生产规模：通过对企业的实际调查，了解企业现有生产、污水排放以及废水处理的情况，在不影响企业正常生产的前提下，根据实验室牛皮清洁生产工艺中一批次以 12d 为一个周期，一个工艺流程平均排水量 25m³/t 原料皮，原料皮 25kg/张，研究所需生皮共 120 张。

③ 工艺流程：中试工艺循环方案流程如图 3-2 所示。

④ 示范效果：本研究结合示范企业生产实际，以控氮和节水为目标，第一次全面系统地分析了蓝湿革加工过程中可实行的清洁生产技术并对其进行集成，为制革行业污染物的源头控制及清洁生产的推广应用提供了参考依据；首次探索性地研究了无铵脱灰工序废水循环使用的可行性。本技术已在示范企业通过了规模化生产性实验。建成日投皮 100 张的中试加工设备；完成了保毛脱毛、无铵脱灰、高吸收铬鞣、工艺节水集成的中试研究；成革质量优于现企业产品质量，污染物削减率完成项目指标。该制革清洁技术集成与传统工艺相比，可减少废水排放量 35.3%，总氮 68.2%，氨氮 75.6%；COD_{Cr} 60.76%，总铬 50% 以上；并且具有经济优势。该技术体系在制革关键污染工段主要污染物削减、清洁生产技术集成、技术与经济可行性方面达到国内先进水平。

自 2011 年 8 月完成生产性试验，示范企业对保毛脱毛设备进行了更换，新增设备投入 100 余万元，在以上 4 个关键工序进行了工程示范，取得了较好的效果。

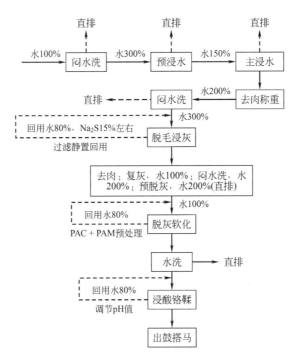

图 3-2　中试工艺循环方案流程

自 2011 年 8 月完成生产性试验,示范企业安徽鑫皖制革公司于 2011 年 9 月开始建设保毛脱毛车间,先后投入企业配套资金和部分专项资金建设了配有 2 台捞毛机配套 4 台 4.5m 直径的新型转鼓,实现了保毛脱毛的设备改造,并于 2012 年建成申报验收并进行了试运行。同时,根据企业生产蓝皮外加工的客户要求,分阶段实施了无铵脱灰和高吸收铬鞣工艺,无铬脱灰工艺的使用,使脱灰废水中氨氮浓度由原来的 1500mg/L 以上降低至 200mg/L 以下,部分时段氨氮浓度降低至 100mg/L 以下,降低氨氮负荷与生产性试验效果完全一致。

高吸收铬鞣技术自 2012 年 6 月开始大生产示范,排放铬废液中铬浓度由原来的 2500mg/L 降低至 1500mg/L 以下,与生产实验效果相比,铬排放浓度未达到 1000mg/L 以下,主要原因在于外加工客户对蓝皮的颜色有表观的要求而非通过收缩温度来判断,使铬粉投加量仍按皮重的 6.5% 投加。但与之前相比,铬排放量降低了 1/3,随着用户对皮质量的认同,可望使铬粉用量得到降低并使铬排放浓度达到 1000mg/L 以下。

经济效益分析:项目实施后,生产企业每加工 1 张牛皮,清洁生产增加费用为每英尺成品皮 0.1 元,每张皮以 25 英尺(ft,1ft=0.3048m,下同)计,增加成本 2.5 元。通过工艺提升,每张牛皮得革率可提高 1~1.5 英尺,同时提高成品等级,至少增加赢利 12 元;经过清洁工艺后,可降用水量 25%~30%,减少一般污泥量 30%,减少铬污泥量 30%,降低污染负荷 50% 以上,可减少吨污水处理费用 2 元,污泥处置费 2.5 元,以每张皮排放 1t 水计,较现有水处理费用节约 2.5 元。

经上下游协同，可实现每张皮经济效益 6 元，以企业年产 30 万张皮计，年产生经济效益 180 万元。

参 考 文 献

[1] Wu J，Zhao L，Liu X，et al. Recent progress in cleaner preservation of hides and skins [J]. Journal of Cleaner Production，2017，148（Apr. 1）：158-173.

[2] Kanagaraj J，Sundar V J，Muralidharan C，et al. Alternatives to sodium chloride in prevention of skin protein degradation—A case study [J]. Journal of Cleaner Production，2005，13（8）：825-831.

[3] 马建中，吕斌，薛宗明. CMI 系列酶制剂在浸水中的应用研究 [J]. 皮革科学与工程，2006，16（6）：20-26.

[4] 宋勇峰，杨艳锋，叶永彬，等. 角蛋白酶、糖化酶与淀粉酶的协同脱毛工艺研究 [J]. 中国皮革，2019，48（2）：33-35.

[5] 王亚楠. 基于酶作用的制革准备工段清洁集成技术 [A]//2016 第十一届全国皮革化学品学术交流会暨中国皮革协会技术委员会第 21 届年会摘要集. 中国皮革协会技术委员会，2016.

[6] Cranston R W，Davis M H，Scroggie J G. Practical considerations on the Sirolime process [J]. Journal of the Society of Leather Technologists and Chemists，1986，70：50-55.

[7] Blair T G. The blair system [J]. Leather Manufacture，1986，18（12）：104.

[8] Christner J. Pros and cons of a hair-save process in the beamhouse [J]. Journal of the American Leather Chemists Association，1988，83：183-192.

[9] UNEP. Cleaner Production in Leather Tanning. A Training Resource Package [M]. Paris：Preliminary Edition，1995.

[10] 丁志文，陈国栋，庞晓燕. 浸灰废液全循环利用技术应用实例 [J]. 中国皮革，2017，46（8）：66-67.

[11] 陈定国. 保毛浸灰. CO_2 脱灰在牛皮上的生产型试验 [J]. 皮革科学与工程，1994，4（4）：18-23.

[12] Kolomaznik K，Blaha A，Dedrle T，et al. Non-ammonia deliming of cattle hides with magnesium lactate [J]. Journal of the American Leather Chemists Association，1996，91（1）：18-20.

[13] Sui Z H，Zhang L，Song J. Properties of environment friendly nitrogen-free materials for leather deliming [J]. Advanced Materials Research，2012（532-533）：126-130.

[14] 陈占光，陈武勇，张兆生. 不浸酸铬鞣剂在牛皮工艺中的应用研究 [J]. 中国皮革，2001，30（05）：10-12.

[15] 强西怀，刘爱珍，许伟，等. 聚氨酯型不浸酸铬鞣助剂的合成及应用性能 [J]. 陕西科技大学学报（自然科学版），2016，34（6）：33-37.

[16] 夏福明，黄陈璘琰，虞德胜，等. 一种无盐浸酸剂的合成及其在无盐高 pH 值铬鞣中的应用 [J]. 皮革科学与工程，2018，28（3）：5-10.

[17] 但卫华，王坤余. 生态制革原理与技术 [M]. 北京：中国环境科学出版社，2010.

[18] 强西怀，李闻欣，俞从正，等. 乙醛酸助铬鞣应用工艺的研究 [J]. 中国皮革，2002（7）：28-32.

[19] 栾世方. 高吸收铬鞣助剂的合成及应用研究 [D]. 成都：四川大学，2003.

[20] 李国英，罗怡，张铭让. 高吸收铬鞣机理及其工艺技术（Ⅳ）高吸收铬鞣新工艺在猪服装革上的应用 [J]. 中国皮革，2001（3）：16-17，23.

[21] 李国英，罗怡，张铭让. 高吸收铬鞣机理及其工艺技术（Ⅰ）高吸收铬鞣机理探讨 [J]. 中国皮革，2000（1）：19-21，29.

［22］ 丁志文，庞晓燕，陈国栋 . 铬鞣废液全循环利用技术应用实例 ［J］. 中国皮革，2017，46（10）：43，56.

［23］ 丁志文，谢少达，谢胜虎，等 . 一种铬鞣废液的循环利用方法：201110321853.1 ［P］. 2013-10-16.

［24］ 杨萌，李瑞，李伟，等 . 常用无铬结合鞣法的应用 ［J］. 皮革科学与工程，2015，25（2）：27-31.

［25］ 王亚楠，石碧 . 逆转铬鞣工艺技术的研究进展 ［J］. 化工进展，2019，38（1）：639-648.

［26］ Xie J P，Ding J F，Manson T J. Influence of power ultrasound on leather processing Part 1：Dyeing ［J］. Journal of the American Leather Chemists Association，1999，94：146-157.

［27］ Sivakumar V，Rao P G. Application of power ultrasound in leather processing：An eco-friendly approach ［J］. Journal of Cleaner Production，2001，9（1）：25-33.

第4章
皮革行业综合废水处理技术

制革及毛皮加工过程是利用天然原料皮进行物理化学加工的过程，产生的废水属于高浓度的工业有机废水，具有良好的生物降解性，其处理技术同常规的有机废水一样，以生物法为主体，物化法为辅助。因行业特点，将会产生含特征污染物的废水，主要为脱脂工序产生的脱脂废水、脱毛浸灰工序产生的含硫废水及鞣制或复鞣工序产生的含铬废水；综合废水是指将含特征污染物的废水单独处理后的废水与其他废水混合后形成的废水。

4.1 皮革行业综合废水处理的工艺流程

制革及毛皮加工过程因涉及原料皮及成品不同，其产生的废水有较大差异，为此，针对皮革加工废水处理应贯彻"分质分流、单项与综合处理相结合"的原则。主要依据《制革及毛皮加工废水治理工程技术规范》（HJ 2003—2010）中规定的制革及毛皮加工废水治理工程设计、施工、验收和运行管理的技术要求。根据废水中常见污染物的形态和可生化性的差异，皮革行业综合废水处理程度可以划分一级处理、二级处理和三级处理（深度处理）。废水处理技术可分为物理法、化学法、物化法和生化法等几种类型。

废水处理一般工艺流程如图 4-1 所示。

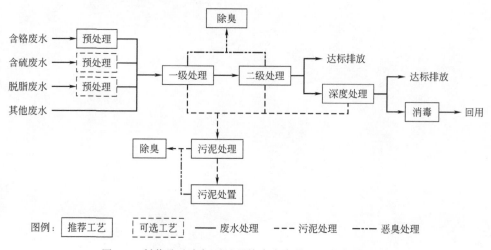

图 4-1 制革及毛皮加工过程综合废水处理工艺流程示意

4.2 特征污染物预处理技术

4.2.1 脱脂废水

脱脂废水是制革与毛皮加工生产过程中含污染物比较多的废水。但一般情况下企业并未将其单独处理，如若需要单独处理，则推荐采用酸提取法和气浮法等工艺[1]。脱脂废水在处理前应采用专用管道收集，采取格栅拦截和隔油措施。

4.2.1.1 气浮法

油脂废水通过底部沉式堰与上部聚集漂浮的油脂相分离，如果油珠粒径过小，可辅以气浮法。压缩空气通入收集池底部，上浮气泡使油脂浮至表面，然后以人工或机械方法清除。对收集的脂肪和油脂聚集物，通过加入硫酸调节 pH 值，并结合蒸汽混凝，将收集到的油脂转换为粗脂肪。气浮法除了可用于脱脂废水预处理外，还可在综合废水处理中应用。

气浮法可去除脱脂废水中的脂肪、油脂和动物脂，油脂去除率和 COD_{Cr} 去除率在 85% 左右，总氮去除率 15% 以上。处理后废水合并入综合废水进行后续处理。该技术操作简单，处理效果较好，适用于制革企业脱脂废水预处理及油脂回收。

图 4-2 是含油废水溶气气浮装置，图 4-3 是含油废水浅层气浮装置。

图 4-2　含油废水溶气气浮装置

4.2.1.2 酸提取法

含油脂的废水在酸性条件下破乳，使油水分离、分层，将分离后的油脂层回收，经加碱皂化后再经酸化水洗，最后回收得到混合脂肪酸。

图 4-3 含油废水浅层气浮装置

该工艺一般进水油脂的质量浓度为 8～10g/L，出水油脂的质量浓度小于 0.1g/L。回收油脂可达 95%，COD_{Cr} 去除率 90% 以上，处理后废水合并入综合废水进行后续处理。酸提取法主要用于含油脂废水的预处理，是目前制革厂最广泛接受的油脂回收方法，处理后废水应合并入综合废水进行后续处理。

酸提取法主要工艺参数如表 4-1 所列。

表 4-1 酸提取法主要工艺参数

工序	pH 值	温度/℃	操作时间/h	备注
破乳	4	60	2.5～3	pH 值为反应终点控制值
皂化	11～12	沸腾	1	pH 值为反应终点控制值
酸化	4	—	2～3	pH 值为反应终点控制值
水洗	6～7	40～60	—	洗 3 次

4.2.2 含硫废水

制革生产过程中会产生大量的硫化物，但毛皮加工过程一般不会产生含硫废水。因此，此类清洁生产技术只针对普通制革企业。

4.2.2.1 化学混凝法[2,3]

该方法用于制革企业灰碱脱毛废水的预处理，主要处理目标是硫化物，处理后废水合并入综合废水进行后续处理。具体工艺流程如图 4-4 所示，即：向脱毛废液中加入可溶性化学药剂，使其与废水中的 S^{2-} 起化学反应，并形成难溶解的固体产物；然后进行固液分离，从而除去废水中的 S^{2-}。处理硫化物常用的沉淀剂有亚铁盐、铁盐等。化学混凝法的工艺操作条件如下：脱毛废水经格栅过滤掉毛和灰渣后，调节废液的 pH 值到 8～9；再加入沉淀剂，絮凝反应终点控制 pH 值在 7 左右。沉淀剂的投加量按废水中硫化物的量计算，一般为污水量的 0.2%。

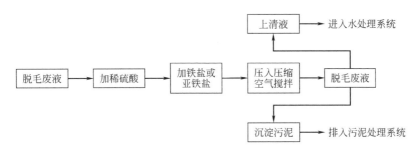

图 4-4 化学混凝法工艺流程

经该方法处理后污水中硫化物去除率在 95% 以上，处理后废水合并入综合废水进行后续处理。该技术操作简单，处理彻底，但会生产大量黑色污泥，易造成二次污染；同时，对于高浓度含硫废水药剂消耗量大，费用高。

4.2.2.2 催化氧化法[2]

该方法主要用于制革企业灰碱脱毛废水预处理，主要处理目标是硫化物，处理后废水合并入综合废水进行后续处理。该技术的原理是借助空气中的氧，在碱性条件下将 S^{2-} 氧化成无毒的存在方式，如硫酸根离子、硫代硫酸根离子或单质硫。为提高氧化效果，在实际操作中大多添加锰盐作为催化剂。具体工艺流程和工艺条件为：脱毛废水经格栅过滤掉毛和灰渣后，输入反应器，加入催化剂，开启循环水泵，通过曝气装置强制循环。常用的催化剂有氯化锰、硫酸锰、高锰酸钾等，其中以硫酸锰最为常用。催化剂用量根据废水中硫化物的含量而定，一般来说硫酸锰用量为硫化物量的 5% 较为合适。可采用鼓风曝气或机械曝气，曝气时间 3.5～8h。废水 pH 值应控制在碱性范围。

采用催化氧化预处理，硫化物去除率在 90% 以上，处理后废水合并入综合废水进行后续处理。该技术成熟度高，投资费用低，处理后污泥量小。

4.2.2.3 酸化吸收法[2]

脱毛废液中的硫化物在酸性条件下会产生极易挥发的硫化氢气体，再用碱液吸收硫化氢气体，生成硫化碱回用。具体工艺流程和工艺参数如下：将含 Na_2S 的脱毛废液由高位槽放入反应釜中，至有效液位后即关闭阀门；然后从储酸高位槽往反应釜内加入适量硫酸，将反应体系的 pH 值调至 4～4.5，再用空压机把空气从反应釜底部送入釜中，将所产生的硫化氢气体带入吸收塔，用真空泵连续抽出吸收塔尾部的气体，经检测达标后排空，整个过程约需要 6h 才可完成。酸化吸收法处理灰碱脱毛废液工艺流程如图 4-5 所示。采用酸化吸收法处理脱毛废液，硫化物去除率可达 90% 以上，COD 去除率可达 80% 以上。

4.2.3 含铬废水

含铬废水的处理是所有皮革企业末端污水处理的重点，各企业必须使含铬废水

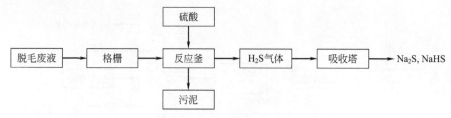

图 4-5 酸化吸收法工艺流程

达标排放。虽然制革行业使用的是毒性很小的 Cr^{3+}，但由于环境保护对其要求很高，必须高度重视。

对于含铬废水的预处理主要有碱沉淀法和铬鞣废水全循环利用技术等。

4.2.3.1 碱沉淀法[3,4]

废铬液中铬的主要存在形式是碱式硫酸铬，pH 值为 4 左右。将铬鞣废水单独收集，加碱沉淀，控制终点 pH 值为 8.0～8.5；将含铬污泥压滤成铬饼，循环利用或单独存放，铬回收率达 99％以上。例如，将沉淀分离出来的铬泥加硫酸酸化，重新变成碱式硫酸铬，有一定鞣性，可用于铬复鞣。

该技术成熟，操作简便，铬回收彻底，用于皮革企业含铬废水预处理，处理后废水一般合并入综合废水进行后续处理。

4.2.3.2 铬鞣废水全循环利用技术

该技术使用氧化方法除去与铬盐牢固结合的有机小分子，得到纯度较高、鞣制性能良好的铬鞣剂。将回收的铬鞣剂回用于制革生产的鞣制工序中，不仅可以消除铬鞣废水对环境的污染，而且可以变废为宝，增加企业的经济效益和环境效益。

该技术可减排总铬 99％以上，减排含铬污泥 100％，铬鞣废水循环利用率为 97％以上，可实现无限次循环。经过该技术再生处理后得到的铬鞣剂与未经再生处理直接回用（碱沉淀法回收的铬泥加酸后回用）相比，具有收缩温度高（即鞣性强）、蓝湿革外观浅淡等优点。该技术适用于所有制革、毛皮加工企业。

4.3 综合废水一级处理技术

综合废水一级处理主要采用物理法，如格栅、筛网等固液分离的手段去除污水中的 TSS；同时也采用化学法，如中和、加药混凝、加碱沉淀、气浮等方法，使 TSS 及易生成沉淀的溶解性污染物从水中分离。

4.3.1 机械处理法

机械法主要是通过筛滤去除大颗粒悬浮物，如皮屑、毛发、肉渣等，从而保证后处理工序能够稳定、正常运转。机械设备包括格栅和旋转式筛网，其中旋转式筛网孔径一般为 1～2mm，并具备自动清理功能及挤水功能。利用此类筛网可替代预沉池，减少预沉时恶臭及排泥时的动力消耗。皮革废水预处理中常见的格栅和筛网如图 4-6 所示。

图 4-6　皮革废水预处理中常见的格栅和筛网

该处理工序是制革废水的首要处理单元。通常情况下，TSS 去除率为 30%～70%，分离出的固体需要进一步处理。COD_{Cr} 去除率 30% 以上，可节省后续处理中絮凝剂等化学品的用量，降低污泥产生量。

4.3.2　化学中和法

用化学方法消除废水中过量的酸或碱，使其达到中性左右的过程称为中和。处理碱性废水以酸为中和剂，处理酸性废水以碱为中和剂，酸碱均指无机酸或无机碱。中和处理还应考虑"以废治废"的原则。中和处理可以连续进行，也可以间歇进行。

中和法一般分为酸性废水与碱性废水互相中和法、药剂中和法、过滤中和法，其中以 HCl 和 NaOH 为中和剂的药剂中和法最为常用，因为其操作方便、高效且易控制。

4.3.3　混凝-气浮法

制革废水调节 pH 值后，加入硫酸铝、硫酸亚铁、高分子絮凝剂等发生絮凝沉淀。如果含铬废水或含硫废水未经过前处理，也会在这个过程中发生絮凝，然后用浮选法对废水进行净化。混凝剂最佳剂量和最佳条件需通过现场实验确定。

目前压力溶气气浮法应用最广。先将空气加压使其溶于废水中形成空气过饱和溶液，然后减至常压，释放出微小气泡，这些微小气泡将悬浮固体携带至液面。技术特点及适用性：设备简单、管理方便，适合间歇操作；用于制革企业排放废水的预处理，大大削减了 COD_{Cr}、BOD_5、SS 等，减轻了后续生化处理的负荷。

4.3.4 内电解法

内电解法[5]又称微电解法，通常是以颗粒料炭、煤矿渣或其他导电惰性物质为阴极，铁屑为阳极，废水中的电解质起导电作用，形成原电池。在酸性条件下发生电化学反应产生的新生态［H］可使部分有机物断链，改变有机官能团；同时，产生的 Fe^{2+} 是一种很好的絮凝剂，通过微电解产生的不溶物被其吸附凝聚，从而达到去除污染物的目的。

该技术占地面积小，投资小，运行费用低；可以采用工业废铁屑，以废治废，不消耗能源。该技术适合中小型制革厂废水预处理，COD_{Cr}、BOD_5、SS 等去除率均可达 70% 以上，同时提高了难降解物的可生化性，利于后续生化处理；但处理过程污泥产出量大。

4.4 综合废水二级处理技术

综合废水的二级处理主要是通过生化法如好氧或厌氧-好氧相结合的方法去除（降低）综合废水中的 COD_{Cr}、BOD_5、氨氮、总氮、S^{2-} 及色度等污染物（污染指标）。依靠单一的某个生化工艺是无法满足要求的，往往采用不同组合式的生物处理系统。

4.4.1 好氧生物处理技术

4.4.1.1 氧化沟工艺

氧化沟工艺是活性污泥法的一种改良型，曝气池呈封闭的沟渠型，废水和活性污泥的混合液在其中进行不断的循环流动，兼具 COD_{Cr} 去除和脱氮功能。传统氧化沟采用表面曝气，池深较浅，占地面积大，已不适宜对皮革废水中 COD_{Cr}、氨氮和总氮去除的高排放标准要求，应用此工艺时需采用改良型氧化沟，即通过预设水解酸化段、底部曝气结合水下推流器，达到生化处理目标。表面转碟曝气的氧化沟工艺如图 4-7 所示。

单独采用此工艺，要同步实现 COD_{Cr} 和氨氮的去除目标时，要求进水 COD_{Cr} 浓度低于 2000mg/L，在 HRT>40h 的基础上可削减 COD_{Cr} 达 85% 以上，削减氨氮 60% 以上。单独使用该工艺只能达到间接排放标准的要求，一般还需与厌氧池

 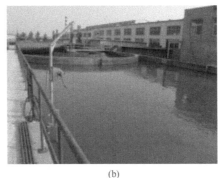

(a)   (b)

图 4-7 表面转碟曝气的氧化沟工艺

相配合，强化制革废水生物脱氮的功能。

4.4.1.2 A/O 工艺[6]

A/O 工艺法称为缺氧-好氧生物法，是将厌氧过程与好氧过程结合起来的一种废水处理方法。该工艺中 A 段为厌氧/兼氧型处理，O 段则相当于传统活性污泥法。硝化反应器内的已进行充分反应的硝化液的一部分回流至反硝化反应器，而反硝化反应器的脱氮菌以原污水中的有机物为碳源，以回流液硝酸盐中的氧为受电体，将硝态氮还原为气态氮（N_2）。

典型的 A/O 处理装置如图 4-8 所示，图 4-9 是以底部曝气式氧化沟为构型的 A/O 生化处理装置。

图 4-8 A/O 生化池

在制革废水处理中的 A/O 法的改进工艺有分段进水 A/O 接触氧化技术、二级 A/O 法和 A^2/O 工艺等。

(a)   (b)

图 4-9 以底部曝气式氧化沟为构型的 A/O 生化处理装置

4.4.1.3 序批式活性污泥法（SBR 工艺）[7]

SBR 法是序批式活性污泥法的简称，又名间歇曝气。该工艺具有均化、初沉、生物降解、中沉等多种功能，无污泥回流系统。工艺运行时，废水分批进入反应池中，在活性污泥的作用下进行降解和净化。SBR 工艺的整个运行过程分为进水期、反应期、沉降期、排水期和闲置期，各个运行阶段在时间上是按序进行的，整个运行流程称为一个运行周期。SBR 工艺集曝气反应和沉淀泥水分离于一体，在有机物的生物降解机理方面与普通活性污泥法相同；同时又具有自己独特的特点和优势。SBR 工艺在时间上属于推流式，流态上属于完全混合式，因此该工艺结合了推流和完全混合的优点，有机质降解较为彻底，废水中 COD_{Cr}、BOD_5 和硫化物的去除率都很高。该工艺技术可有效降解有机物，具有良好的脱氮功能。该工艺对水适应性强、操作灵活，尤其适用于中小型制革及毛皮加工企业综合废水处理，处理水量一般在 $1000m^3/d$ 以下较适宜。

典型的 SBR 工艺及其滗水装置如图 4-10 所示。

图 4-10 SBR 工艺及其滗水装置

4.4.1.4 生物接触氧化法[8]

生物接触氧化法是生物膜法的一种。接触氧化池是生物膜法处理工段的核心部分，它的主要功能是利用池内好氧微生物快速吸附污水中的污染物，然后微生物利用这些污染物作为营养物质，在新陈代谢过程中分解和去除污染物，从而达到净化废水的目的。

但是在制革废水处理中，由于大量钙盐的存在，使填料上负载的生物膜容易钙化，导致污泥浓度的活性不足，一般将该工艺用于制革企业的二级生化处理中。该工艺在进水 COD_{Cr} 低于 500mg/L 时脱氮效果良好，并使 COD_{Cr} 去除率达到 60% 以上。此工艺较适宜在毛皮加工废水中应用，在 HRT>20h 的基础上可削减 COD_{Cr} 达 90% 以上，削减氨氮 80% 以上。

好氧生化处理单元的主要设计参数如表 4-2 所列。

表 4-2 好氧生化处理单元主要设计参数

好氧单元类型	污泥质量浓度/(g/L)	污泥负荷(BOD₅/MLSS)/(kg/kg)	水力停留时间/h	污泥回流比/%	运行周期/h	充水比/%
氧化沟	2.0~4.0	0.15~0.20	10~15①	25~100	—	—
A/O	3.5~4.0	≤0.08	30~50①	50~100	—	—
SBR	—	0.1~0.4	30~60	—	—	—
	1.5~5	0.02~0.10				
接触氧化	—	—	16~36①			

① 水力停留时间为废水在好氧区和缺氧区内的总停留时间。

4.4.2 厌氧-好氧生物处理技术

4.4.2.1 水解酸化+好氧工艺

水解酸化是完全厌氧生物处理的一部分。水解酸化过程的结束点通常控制在厌氧过程第一阶段末或第二阶段的开始，因此水解酸化是一种不彻底的有机物厌氧转化过程，其作用在于使结构复杂的不溶性或溶解性的高分子有机物经过水解和产酸，转化为简单的低分子有机物[9]。

毛皮废水中采用的内循环（IC）厌氧反应器如图 4-11 所示。

经水解酸化工艺后的 COD_{Cr} 去除率较低（30%~40%），出水需进一步好氧处理。水解酸化工艺可大幅度地去除废水中悬浮物或有机物，有效减少后续好氧处理工艺的污泥量，可对进水负荷的变化起缓冲作用，为后续好氧处理创造更稳定的进水条件，提高废水的可生化性，从而提高好氧处理能力。该工艺具有停留时间短、占地面积小、运行成本低等特点，且其对废水中有机物的去除亦可节省好氧段的需氧量，从而节省整体工艺的运行成本。

图 4-11　毛皮废水中采用的内循环（IC）厌氧反应器

好氧段可为 4.4.1 部分中的任一好氧工艺，最终将残留的还原性有机物氧化。

该技术广泛适用于制革及毛皮加工各类废水，相比单独的好氧工艺可使 COD_{Cr} 去除率更高，在进水 COD_{Cr} 浓度低于 1000mg/L、氨氮浓度在 80mg/L 以下时，单独采用此工艺可使 COD_{Cr}、氨氮去除率达到 90% 以上。

4.4.2.2　上流式厌氧污泥床（UASB）+ 好氧工艺

UASB 由污泥反应区、气液固三相分离器（含沉淀区）和气室三部分组成。在底部反应区内含有大量的厌氧污泥，在底部形成污泥层，废水从厌氧污泥床底部流入，与污泥层中的污泥进行混合接触，污泥中的微生物分解废水中的有机物转化为沼气，沼气以微小气泡形式不断逸出，微小气泡在上升过程中不断合并，逐渐形成较大的气泡；在污泥床上部，由于沼气的搅动形成一个污泥浓度较稀薄的污泥和水的混合物，混合物一起上升，进入三相分离器，当沼气接触到分离器下部的反射板时会折向反射板的四周，然后穿过水层进入气室；集中在气室的沼气用导管导出，固液混合液经过反射，进入三相分离器的沉淀区，污水中的污泥在重力作用下絮凝沉降。沉淀至斜壁上的污泥从斜壁滑向厌氧反应区内，使反应区内积累大量的污泥，与污泥分离后的出水从沉淀区溢流堰上部溢出，排出污泥床[10]。

采用 UASB 可以降低后续处理过程的污染负荷，而且可以减少运行成本和减少污泥的产生量。此外，该技术可以作为一种资源化处理系统进行设计，并可回收废水中有用的资源，如沼气和各种化工原料，降低运行成本。该技术应用于制革企业废水处理后的水中还存在大量的还原性物质，后续还需进行好氧处理[1]。

好氧段可为 4.4.1 部分中的任一好氧工艺，最终将残留的还原性有机物氧化。

但该组合工艺不太适用于制革废水的处理，因为制革废水中存在大量的硫化物，会增加设备的投资成本和操作的难度。相对而言，此技术在毛皮加工废水中更容易实施，因为毛皮加工废水中的硫化物极少，且油脂含量较高，更适宜厌氧微生物所需要的营养条件。

4.5　脱氮技术

4.5.1　物理法

脱灰软化废水进行单独处理，该废水 pH 值为 8～9，氨氮浓度高达 2000～3000mg/L，通过调节 pH 值至 10～11，采用空气吹脱，氨氮去除率可达到 70%～80%。

4.5.2　两段好氧工艺

4.5.2.1　分段进水 A/O 接触氧化技术[11,12]

分段进水 A/O 接触氧化工艺的基本原理是部分进水与回流污泥进入第 1 段缺氧区，其余进水则分别进入各段缺氧区，让废水在反应器中形成一个浓度梯度。废水中的混合液悬浮固体（MLSS）的质量浓度梯度的变化随污泥停留时间 SRT 的增加而增大。与传统的推流式 A/O 生物脱氮工艺相比，分段进水 A/O 工艺的 SRT 要长，因此分段进水系统在不增加反应池出水 MLSS 质量浓度的情况下，反应器平均污泥浓度增加，二沉池的水力负荷与固体负荷没有变化。另外，由于采用分段进水，系统中每一段好氧区产生的硝化液直接进入下一段的反硝化区进行反硝化，这样就不需要硝化液内回流设施，且在反硝化区又可以利用废水中的有机物作为碳源，在不外加碳源的条件下达到较高的反硝化效率。

活性污泥法生物处理后的二沉池出水直接进入多段进水 A/O 接触氧化工艺，经过处理后的废水，其有机物和氨氮都得到很好的去除，出水经过混凝沉淀后排放。

4.5.2.2　二级 A/O 工艺[12]

制革废水中的有机物和氨氮浓度较高，若仅采用一级生物脱氮工艺不可能同时达到有机物降解和氨氮去除的目的，因此必须增加二级生物脱氮工艺，其中第一级的功能以去除有机物为主要目的，第二级以去除氨氮为主要目的。二级生物处理工艺中，如果在第一级中有机物去除程度高，则进入二级处理的废水 C/N 值较低，硝化菌在活性微生物中所占比例也相对较高，因此氨氮氧化速率也较高。但由于进入二级处理的废水有机物浓度相对较低，异养菌数量相应减少，会导致活性污泥絮凝性变差，给固液分离带来困难。因此，第二级生物处理宜采用生物膜法工艺。在膜法工艺中，由于削弱了异养菌对附着表面的竞争，从而有利于硝化菌的附着生长，提高氨氮的去除效果。

4.5.2.3　A²/O工艺[12]

A²/O工艺亦称A-A-O工艺，按实质意义来说，本工艺应为厌氧-缺氧-好氧法，是生物脱氮除磷工艺的简称。该工艺的主要特点是：A1段为完全厌氧或不完全厌氧（水解酸化），是一个相当多样化的兼性和专性厌氧菌组成的生物系统，可将复杂有机物转化为简单有机物和低分子有机酸，并最终转化为甲烷，使有机物浓度降低，A1段的作用是使废水的可生化性显著提高，其COD_{Cr}去除率随甲烷的产生量提高而提高，从而大幅度降低进入后续A/O系统的有机物浓度；第二段A/O采用活性污泥工艺，由于进水可生化性得到提高，有机物浓度低，较容易同时实现有机物降解和氨氮硝化反硝化过程。

4.5.3　AB工艺

AB法即吸附-生物降解法，是在传统两段活性污泥法和高负荷活性污泥法基础上开发出来的一种新型污水处理工艺，属超高负荷活性污泥法[1,13]。AB法工艺流程分A、B两段处理系统：A段由A段曝气池和中沉池构成，B段由B段曝气池和终沉池构成；AB段各自设置污泥回流系统，污水先进入满负荷的A段，然后再进入低负荷的B段，其中A段中去除大量有机污染物，起关键作用，B段去除废水中低浓度污染物。

该工艺A段与B段采用不同的微生物群体，运行灵活。B段可以采用不同的工艺组合，如BAF、A/O、A²/O、氧化沟、SBR等；同时具有一定的除磷脱氮功能，对P、N去除率分别为60%～70%和35%～40%。

4.5.4　其他生化辅助处理技术

（1）固定化细胞技术

通过化学或物理手段，将筛选分离出的适于降解特定废水的高效菌株固定化，使其保持活性，以便重复利用。

（2）高效脱氮菌株的生物强化技术

采用适合制革污水处理的脱氮功能微生物菌剂，在降解COD_{Cr}后增加一级脱氮处理工艺，用硝化菌和填料，停留时间7～8h，出水氨氮浓度可达到35mg/L。

（3）生物酶技术

在曝气池投加生物酶来提高活性污泥的活性和污泥浓度，从而提高现有装置的处理能力。

（4）粉状活性炭技术

利用粉状活性炭的吸附作用固定高效菌株，形成大的絮体，延长有机物在处理系统的停留时间，强化处理效果。

以上几种方法运行成本低，工艺简单，操作方便，可作为生化处理技术的辅助措施, 多用于制革废水的现有生化处理工艺的改进。

4.6 **综合废水深度处理及回用技术**

4.6.1 膜处理技术

4.6.1.1 膜生物反应器 (MBR) 强化废水生化处理技术[14,15]

MBR 是高效膜分离技术与活性污泥法相结合的新型废水处理技术。内置中空纤维膜, 利用固液分离原理取代常规的沉淀、过滤技术, 有效去除固体悬浮颗粒和有机颗粒以及难降解物质。

该技术用于皮革及毛皮加工企业综合废水处理时, 主要用于二级生化段, 进水 COD_{Cr} 需控制在 500mg/L 以下、对氨氮和总氮浓度较高的废水具有更好的作用效果。此技术可使活性污泥中混合液悬浮固体浓度 (MLSS) 达到 6000mg/L 以上, 利于硝化菌截留并通过控制 DO 实现硝化反硝化。本技术可使出水 TSS 达到 20mg/L 以下, 如果废水生化性良好, 通过此技术可使出水 COD_{Cr} 达到 100mg/L 以下, 氨氮达到 10mg/L 以下。

MBR 技术与比常规工艺相比, 投资成本较大, 需要定期清洗膜系统及更换膜材料, 处理成本相对较高。

4.6.1.2 微滤-超滤-反渗透技术

"微滤-超滤-反渗透" 是皮革及毛皮加工综合废水深度处理技术, 是目前主要用于中水回用的处理手段; 同时, 可根据不同出水目标采用微滤、微滤-超滤等不同形式进行处理。

(1) 微滤

在静压差作用下, 小于微滤膜孔径的物质通过微滤膜, 而大于微滤膜孔径的物质则被截留到微滤膜上, 使大小不同的组分得以分离。微滤膜孔径为 $0.2\mu m$ 或 $0.2\mu m$ 以下。

该技术适用于皮革及毛皮加工企业二级处理后废水回用的深度处理, 微滤主要消除 SS, 处理后废水可直接回用于鞣前工序。该技术能耗低、效率高、工艺简单、操作方便, 但要考虑更换膜材料的成本。

(2) 超滤

以超滤膜为过滤介质, 只允许水、无机盐及小分子物质透过膜, 截留水中悬浮物、胶体、蛋白质和微生物等大分子物质。截留分子量为 500~500000 物质, 相应的膜孔径为 $0.002~0.1\mu m$。

该技术主要与微滤联用, 出水 COD_{Cr} 浓度可以达到 50mg/L 以下, 适用于皮革及毛皮加工企业综合废水回用, 处理后废水可回用多种工序; 对于废水直接排放企业也可做排放前的深度处理。

（3）反渗透

在高压下，借助反渗透膜的选择截留作用来除去水中的无机离子、胶体物质和大分子溶质。由于反渗透只允许水分子通过，而不允许钾、钠、钙、锌、病毒、细菌通过。该技术与微滤、超滤联用，实现水质较为彻底的净化，中性盐去除率可达98％以上，适用于皮革及毛皮加工企业处理后废水排放或回用前的脱盐处理。

由于经"微滤-超滤-反渗透"技术处理后的残余废水中含有大量的中性盐及难降解有机物，使其无法达到直接排放标准要求，且回用性较差，这部分水的水量约占总处理水量的30％以上，需进行进一步处理。

4.6.2 生物技术

4.6.2.1 曝气生物滤池[12]

曝气生物滤池主要是在生物反应器内装填高比表面积的颗粒填料，为微生物膜的生长提供载体，废水自下向上或自上向下流经过滤层，滤池下设鼓风曝气系统，使空气与废水同向或逆向接触。废水流经曝气生物滤池时，通过生物膜的生物氧化降解、生物絮凝、物理过滤和生物膜与滤料的物理吸附作用，以及反应器内食物链的分级捕食作用等方式去除污染物。通过生物膜中所发生的生物氧化和硝化作用，可有效去除污水中的有机物、氨氮和 SS 等污染物。

图 4-12 是采用滗水器的生物接触氧化池及其悬挂式填料。

图 4-12　采用滗水器的生物接触氧化池及其悬挂式填料

该工艺在制革废水深度处理中已开始应用，如河南某皮革城氧化沟工艺出水再经二级曝气生物滤池工艺处理，设计停留时间为 4h，设计容积负荷为 0.6kg NH_4^+-N/$(m^3 \cdot d)$，出水 COD_{Cr} 和 NH_4^+-N 浓度基本达到了排放标准。

4.6.2.2　人工湿地-生态植物塘[16]

人工湿地是利用基质—微生物—植物—动物复合生态系统的物理、化学和生物的三重协调作用，通过过滤、吸附、共沉淀、离子交换、植物吸附和微生物分解等多种功能，实现废水的高效净化，同时通过营养物质和水分的循环，促进绿色植物生长。大量微生物在人工湿地填料表面和植物根系生长而形成生物膜。废水流经湿地时，部分污染物被植物根系阻挡截留，有机污染物则通过生物膜的吸附、同化及异化作用而被去除。在湿地系统中，由于植物根系对氧的传递释放，因此周围的环境中依次呈现出好氧、缺氧和厌氧的状态，保证了废水中的 NH_4^+-N 不仅能被植物和微生物作为营养成分而直接吸收，也可以通过硝化、反硝化作用将其从废水中去除。

该技术主要适用于生物处理效果好，COD_{Cr} 浓度低于 100mg/L、NH_4^+-N 浓度低于 20mg/L 的皮革加工废水，经过 3d 以上的停留时间，出水 COD_{Cr}、TN 和 NH_4^+-N 浓度可分别降到 30mg/L、20mg/L、5mg/L 以下。人工湿地对 TN、BOD_5 和 COD_{Cr} 的去除率分别可达到 60%、85% 和 80% 以上。该技术主要适用于生物处理效果好、出水 NH_4^+-N 在每升几十毫克左右的企业，例如浙江某制革厂氧化沟工艺出水再经人工湿地处理系统处理，可进一步去除 NH_4^+-N 和 COD_{Cr}。

利用人工湿地生态系统的协调作用，在氧化沟工艺的基础上可以实现制革废水深度处理和水质稳定。但是，人工湿地技术的局限性在于占地面积大，系统运行受气候影响较大，仅适合在我国南方地区应用，而且水生植物要注意选择能满足不同季节生长且耐盐的物种。

4.6.3　深度物化处理技术

4.6.3.1　臭氧氧化技术[17]

臭氧氧化作为一种催化氧化技术，主要指在碱性条件下发生间接氧化调节废水生化性和削减出水还原性污染物。臭氧处理单元为催化氧化法，包括碱催化氧化、光催化氧化和多相催化氧化。碱催化氧化是通过 OH^- 催化，先生成羟基自由基（·OH），再氧化分解有机物。光催化氧化是以紫外线为能源，以臭氧为氧化剂，利用臭氧在紫外线照射下生成的活泼次生氧化剂来氧化有机物，一般认为臭氧光解先生成 H_2O_2，H_2O_2 在紫外线的照射下又生成·OH。多相催化利用金属催化剂促进 O_3 的分解，以产生活泼的·OH 强化其氧化作用。常用的催化剂有 CuO、Fe_2O_3、NiO、TiO_2、Mn 等。

该技术适用于皮革及毛皮加工企业排放废水生物处理前的预处理，以及二级处理后的深度处理。特别对色度有较好的去除率，出水色度最低可达 5 倍以下（稀释倍数），同时兼具杀菌功能，对于中水回用比其他催化氧化技术更具优势。该技术毒性低，无污泥产生，处理时间短，所需空间小，操作简单，用于废水预氧化，可提高好氧生物处理的能力，可大幅度降低废水色度。

4.6.3.2　芬顿氧化技术[18]

利用 Fe^{2+} 作为过氧化氢分解的催化剂，反应过程中产生氧化能力极强的羟基自由基（·OH），这些·OH 进攻有机质分子，从而破坏有机质分子并使其矿化直至转化为 CO_2 等无机物。在酸性条件下，H_2O_2 被 Fe^{2+} 催化分解，产生反应活性很高的强氧化性物质——·OH，引发和传播自由基链反应，强氧化性物质进攻有机物分子，加快有机物和还原性物质的氧化和分解。当氧化作用完成后，调节溶液 pH 使其呈中性或微碱性，铁离子在中性或微碱性的溶液中形成铁盐絮状沉淀，吸附沉淀溶液中残留的有机物和重金属，因此芬顿试剂实际是氧化和吸附混凝的共同作用。

该技术适用于皮革及毛皮加工企业生化处理后的深度处理，主要用于削减排水中难降解 COD_{Cr}，对于生化段后 COD_{Cr} 浓度为 $100 \sim 200mg/L$ 的出水，经此处理可削减 COD_{Cr} 浓度到 $50 \sim 100mg/L$。该技术操作过程简单，投资及运行成本较低，但废水处理过程产生大量物化污泥，且出水有一定的色度，因其中含有 Fe^{3+}，不适宜回用。

4.7　皮革行业"水专项"形成的废水治理成套技术

4.7.1　无机絮凝和生物絮凝的耦合预处理+优选硝化菌种的 A/O 串联脱氨处理联控技术

依托课题：沙颍河上中游重污染行业污染治理关键技术研究与示范（2009ZX07210002）

承担单位：郑州大学

本书以下内容主要来自该课题的技术验收报告。

（1）技术简介

针对制革废水中含有铬、硫等有毒污染离子对后续生物处理的毒害和抑制作用，以及制革过程中各色染料难生物去除的特点，成功开发出经济高效、集脱铬、脱硫、脱色、除 SS 多功能于一体的预处理絮凝剂。开发的 A/O 复配脱氮处理技术，前端采用 O 池，削减有毒硫化物含量，为自养硝化菌创造有利的生态环境，后续多个 A/O 池串联使废水处于厌氧和好氧的交替状态，并根据进水水质特点调整不同区位进水量和污泥的回流量分配，为生物脱氮创造有利条件。通过特定筛选、扩大培养方式使筛选的硝化菌种能适应高盐废水的环境，确保接种硝化菌在废水生物菌群的优势地位，保证了系统对氨氮的稳定去除。

（2）适用范围

适用于制革综合废水末端处理。

（3）技术就绪度评价等级

目前就绪度 7 级。

（4）主要技术指标和参数

1）基本原理

① 无机絮凝和生物絮凝的耦合技术。为了降低加药量和运行成本，该技术引入活性污泥，活性污泥中含有大量的繁殖的细菌、微生物与无机悬浮物，胶体物质等聚集形成具有很强吸附和分解有机污染物能力且沉降性能良好的絮凝体，这些絮凝体是由菌胶团细菌构成骨架，丝状菌交织穿插其中，形成具有巨大的比表面积和较高的吸附能力的聚胶团。在工艺上将活性污泥和高分子硅酸絮凝剂结合，降低用药量，提高处理效果。无机絮凝剂结构稳定，可以作为生物聚胶团的载体和聚集核心，加速生物聚胶团的形成并可以稳定其结构，而且无机絮凝中引入 Fe^{3+}、Mg^{2+}、Mn^{2+} 等离子，形成了很多功能基团，对废水中 S^{2-}、NH_4^+、Cr^{6+} 都有吸附去除作用，因此扩大了吸附范围。

② 外加硝化菌种的 A/O 串联脱氮处理技术。针对高氨氮皮革废水，采用 MBBR-A/O 复合脱氮处理技术。MBBR-A/O 复合是活性污泥法和生物接触氧化法相结合的 A/O 工艺。和传统先缺氧后好氧不同，本设计先采用 O 池，削减有毒硫化物含量，为自养硝化菌创造有利的生态环境；后续采用多个 MBBR-A/O 串联池串连使废水处于厌氧和好氧的交替状态，并根据进水水质特点调整不同区位进水量和污泥的回流量分配，为生物脱氮创造有利条件。同时选用特定的筛选、扩大培养方式使筛选的硝化菌种能适应高盐废水的生境，确保接种硝化菌在废水生物菌群的优势地位，保证了系统对氨氮的稳定去除。

2）工艺流程

如图 4-13 所示，首先综合废水经过引水管网，自流进入预处理单元，预处理单元包括曝气调节池和初沉池。曝气调节池的功能主要是调节水质和水量，稳定水中 pH 值，并防止废水腐化产生臭气，废水流入初沉池后进行泥水分离，将废水中的可沉降的 SS 尽可能地去除。出水进入一级生化反应池，先进行水解酸化，后进行好氧；同时在生化池中投加多功能高效絮凝剂，絮凝剂一方面可为悬浮微生物提供载体，另一方面也可以控制 S^{2-} 和 NH_4^+-N 在一定浓度范围内，为后续的厌氧生化处理创造条件。废水经过一级好氧生化处理后进入上流式水解系统，经过上流式水解系统中的污泥层过滤，能够截取 SS，同时降低 COD，并使含苯环的色素得到破解，以提高可生化性并降低色度。厌氧系统出水进入 A/O 复配反应池。针对制革废水经过厌氧处理后的出水有机质含量高的特点，先采用 O 池，削减有机质含量并进一步降低硫化物的毒害作用，为自养硝化菌创造有利的生态环境，后续 A/O 或多个 A/O 串联池串联使废水处于厌氧和好氧的交替状态，并根据进水水质特

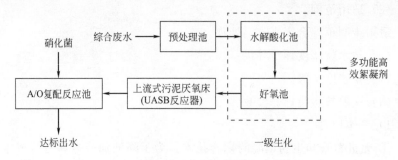

图 4-13　制革综合废水脱氨技术工艺流程

点调整不同区位进水流量分配，为生物脱氮创造有利条件。为了使高氨氮废水顺利硝化，添加特制硝化细菌，将氨氮浓度控制在设定范围内。

3）主要技术先进性创新点及技术经济指标

① 技术先进性：本工艺采用无机絮凝和生物絮凝的耦合技术，回流多余的剩余污泥，利用微生物形成的具有巨大比表面积的聚胶团，增强污染物的吸附能力，降低用药量，提高处理效果。而且聚合硅酸作絮凝剂对微生物的毒性较小，因此产生较小的副作用，有利于后续的生化处理；并且絮凝剂兼脱色、脱硫、脱氨氮于一体，适于皮革废水治理。针对皮革废水的特殊性，好氧采用 MBBR-A/O 串联复合脱氮，将活性污泥法和生物接触氧化法相结合，设计先采用 O 池，削减有毒硫化物含量，为自养硝化菌创造有利的生态环境，后续采用多个 MBBR-A/O 串联池串连使废水处于厌氧和好氧的交替状态，同时选用特定的筛选、扩大培养方式使筛选的硝化菌种能适应高盐废水的生境，确保接种硝化菌在废水生物菌群的优势地位，保证了系统对氨氮的稳定去除。

② 技术经济性：由于使用生物絮凝技术和投加特制高效硝化细菌，使运行费用从原来的 6～8 元/吨（处理达到二级标准）降低到 2.6～2.9 元/吨（处理达到一级标准），具有明显的环境效益和经济效益。

4）工程应用及第三方评价

① 应用单位：河南博奥皮业有限公司。

② 示范工程简介：河南博奥皮业有限公司成立于 1989 年 10 月，被周口市委、市政府评为"重大突出贡献企业"和"中国制革工业龙头企业"。皮革加工也是沙颍河上中游流域的支柱产业，也是氨氮排放大户，皮革业在流域中星罗棋布，仅周口市全市共有皮革企业 24 家。该市是沙河、颍河、贾鲁河的交汇处，下游不远即为省界纸店国控断面，因此选取该公司产生的皮革废水作为脱氮试点，从地理位置和水质特点来说都有明显的示范意义。

③ 示范的关键技术

ⅰ.无机絮凝和生物絮凝的耦合：无机絮凝和微生物相结合，无机絮凝剂结构稳定，可以作为生物聚胶团的载体，而且无机絮凝中引入 Fe^{3+}、Mg^{2+} 等离子，形成了很多功能基团，对废水中 S^{2-}、NH_4^+、Cr^{6+} 都有吸附去除作用，因此扩大了吸附范围。同时微生物能加大 COD 和氨氮去除效果，减少无机絮凝剂的药量，使污泥减量化，运行成本降低。

ⅱ. 低能耗厌氧生化处理技术：针对皮革废水的特殊性，对于厌氧应该采用低浓度厌氧回流均匀布水技术，通过内循环回流，降低毒性，加大反应器对有毒物质的耐受性，提高厌氧反应器中厌氧污泥湍流度和反应效率，加速厌氧优势菌种颗粒化形成，形成有效的厌氧反应系统，用厌氧处理可以降低能耗，增加后续可生化性，对提高出水品质都有较大的意义。

ⅲ. 外加硝化菌种的 A/O 串联脱氨处理技术：本设计先采用 O 池，削减有毒硫化物含量，为自养硝化菌创造有利的生态环境，后续采用多个 A/O 串联池串连使废水处于厌氧和好氧的交替状态，并根据进水水质特点调整不同区位进水量和污泥的回流量分配，为生物脱氮创造有利条件。同时选用特定的筛选、扩大培养方式使筛选的硝化菌种能适应高盐废水的生境，向废水处理系统定期投加硝化菌，确保接种硝化菌在废水生物菌群的优势地位，保证了系统对氨氮的稳定去除。

④ 示范效果：示范工程在河南博奥皮业有限公司的大力支持下，顺利地按照预定设计工艺流程和设计参数完成，并通过 3 个月的调试工作，各出水指标已经达到或超过预期的水质指标。在工程调试中由于使用生物絮凝技术和投加特制高效硝化细菌，使运行费用从原来的 6~8 元/吨（处理达到二级标准）降低到 2.6~2.9 元/吨（处理达到一级标准），具有明显的环境效益和经济效益。同时相关市环保部门对废水处理进行了 1 个月的跟踪测试，COD 和氨氮浓度分别平均为 70mg/L 和 8mg/L。示范工程的成功，为周围皮革业的废水处理提供了可参考的依据，也为下一步技术推广奠定了基础。

示范工程实施后出水 COD<100mg/L，氨氮<15mg/L，达到国家皮革行业一级排放标准。同时在工程调试中由于使用生物絮凝技术和投加特制高效硝化细菌，使运行费用从原来的 6~8 元/吨（处理达到二级标准）降低到 2.6~2.9 元/吨（处理达到一级标准），具有明显的环境效益和经济效益。削减废水排放量 $16 \times 10^4 m^3/a$，COD、氨氮排放量分别削减 56t/a、18t/a。

4.7.2　两段厌氧+硫化物化学吸收+生物脱氮与泥炭吸附协同技术

依托课题：沙颍河下游重污染行业污染治理关键技术研究与示范（2009ZX07210003）

承担单位：安徽省环境科学研究院

本书以下内容主要来自该课题的技术验收报告。

（1）技术简介

以两段厌氧工艺替代原有混凝沉淀物化处理工艺，利用大分子水解酸化形成的酸性环境和气体内循环方式去除硫化物，不仅大幅减少了污泥产量，而且利用碱液吸收硫化氢得到硫氢化钠回用于制革生产的脱毛浸灰工序，第二段厌氧工序为射流循环厌氧生物滤池工艺，利用射流技术实现了无烟煤填料的循环、老化生物膜剥落、重力分选排泥、大比例回流以及借助无烟煤循环防止滤池堵塞。针对毒害物质和难降解物质对生化效果的影响，研发了缺氧腐殖填料滤池与好氧生化 SBR 工艺协同生物脱氮及泥炭腐殖填料吸附深度处理的关键技术，新型缺氧腐殖填料采用上向流，好氧出水与厌氧出水按比例混合后小阻力配水，利用压缩空气实现过滤阻力相对均衡，同时由气动隔膜泵投加新鲜泥炭浆填料，排出部分老化填料进入好氧 SBR 单元，利用泥炭填料与活性污泥的絮凝作用以及剩余污泥的排放过程，将吸附难降解物质的泥炭浆填料与剩余污泥一起排放，通过投加泥炭浆填料量的调控实现生物脱氮过程及难降解物质去除的强化，解决出水稳定达标的问题。

（2）适用范围

适用于制革企业末端综合废水治理。

（3）技术就绪度评价等级

目前就绪度 7 级。

（4）主要技术指标和参数

1）基本原理

① 两段厌氧联用技术体系研发思路。厌氧工艺具有有机负荷高、运行稳定、维护管理方便、排泥量小、运行费用低等优点，同时厌氧过程生成的沼气可回用，产生一定的经济效益。将厌氧工艺应用于制革污水处理的重要价值在于：一方面在厌氧条件下难降解有机物被转化为挥发性有机酸并最终形成甲烷，提高 COD_{Cr} 去除率，增强了污水的可生化性，为后续好氧工艺打下基础；另一方面，厌氧条件适宜硫酸盐还原菌（SRB）生长，SRB 可将制革废水中的硫酸盐转化为二价硫并进一步吹脱去除，降低了污水中的硫酸盐浓度，解决了长期以来制革企业出水中硫酸盐浓度偏高的问题。

但在实际制革废水处理中，厌氧工艺应用范围较少，目前仍以实验室研究开发为主。主要原因在于在厌氧环境下，制革污水中的高浓度硫酸盐还原生成的 H_2S 对产甲烷菌具有强烈生物毒性，影响了生化系统的正常运行，因此厌氧工艺在制革废水处理领域难以得到广泛应用。"水解酸化＋水力射流循环厌氧生物滤池＋硫化物化学吸收"两段联用技术体系正好克服了传统厌氧工艺应用于制革废水处理时存在的弊端。

第一段厌氧为水解酸化段，通过 pH 值、污泥龄等工艺参数的控制，促进 SRB 的增殖，实现 SO_4^{2-} 的还原和 COD_{Cr} 的去除，并通过风机的内循环作用将还原生成及原有的 S^{2-} 及时吹脱入液碱吸收塔与 NaOH 反应，有效避免了 S^{2-} 蓄积对微生物构成毒害的问题，同时反应生成的 NaHS 可回用于制革生产的浸灰脱毛工序。S^{2-} 的吹脱吸收也避免了采用混凝沉淀法处理 S^{2-} 时产生的大量污泥。此外，在水解酸化条件下制革废水中的氨氮和 Cr^{3+} 也得到一定量的去除。

氨氮去除原理如下：$SO_4^{2-} + 2NH_4^+ \longrightarrow S + N_2 + 4H_2O$，$\Delta G = -47.8 kJ/mol$。

制革废水中含有一定浓度的重金属 Cr^{3+}，Cr^{3+} 可以与 SO_4^{2-} 还原生成的 S^{2-} 反应形成难溶于水的硫化铬沉淀（$2Cr^{3+} + 3S^{2-} \longrightarrow Cr_2S_3 \downarrow$），再利用活性污泥的絮凝作用使硫化铬得以快速沉降，从而降低制革废水中的 Cr^{3+} 浓度。

第二段厌氧工序为射流循环厌氧生物滤池工艺，通过对厌氧滤池内产甲烷菌的培养，进一步去除制革废水中的 COD_{Cr} 和 SO_4^{2-}，提高废水可生化性。此外，根据射流泵原理研发的水力射流装置可实现无烟煤填料的循环、老化生物膜剥落、重力分选排泥、大比例回流以及借助无烟煤循环防止滤池堵塞。通过两段厌氧体系的综合作用，降低了制革废水中的 SO_4^{2-}、S^{2-} 和 COD 含量，提高了废水的可生化性，并可实现 NaHS 的回收利用。

② 生物脱氮与泥炭吸附协同技术研发思路。生物脱氮及泥炭腐殖填料吸附深度处理的关键技术采用了缺氧腐殖填料滤池 UHF 与好氧生化 SBR 工艺的协同作用。该工艺主要用于对厌氧出水中 COD_{Cr} 和 NH_3 的高效去除。UHF 工艺单元和 SBR 工艺单元组合，既是缺氧段与好氧段的组合又是生物膜工艺与活性污泥工艺的组合。这种工艺组合能发挥各自处理工艺单元的优点，即利用生物膜法生物量大，附着生长微生物抗冲击负荷能力强的特点，而且好氧活性污泥微生物活性高，污泥龄控制比较灵活，处理效果好的特点；UHF 罐内布置有泥炭填料，泥炭价格低廉，来源广泛，并具有优良的氨氮吸附性能。同时 UHF 罐内的缺氧环境利于反硝化菌的增长，可以还原从 SBR 系统回流至 UHF 罐中的硝酸盐。

新型缺氧腐殖填料采用上向流，好氧出水与厌氧出水按比例混合后小阻力配水，利用压缩空气实现过滤阻力相对均衡，同时由气动隔膜泵投加新鲜泥炭浆填料，排出部分老化填料进入好氧 SBR 单元，利用泥炭填料与活性污泥的絮凝作用以及剩余污泥的排放过程，将吸附难降解物质的泥炭浆填料与剩余污泥一起排放，并通过投加泥炭浆填料量的调控实现生物脱氮过程及难降解物质去除的强化。生物脱氮与泥炭吸附协同技术实现了对前段两段厌氧工艺出水中的 COD_{Cr} 和 NH_3 的高效去除，解决了常规制革废水处理工艺最终出水 COD_{Cr} 和 NH_3 难达标的问题。

综上，通过"水解酸化＋水力射流循环厌氧生物滤池＋硫化物化学吸收"两段厌氧联用技术体系与"生物脱氮与泥炭吸附协同技术"协同作用，能够成功解决常规工艺处理制革综合废水时 COD_{Cr} 和 NH_3 难达标、硫酸盐难以处理的问题，同时可回收 NaHS 用于制革浸灰工序，甲烷作为燃料，实现了资源的循环利用与污水的达标排放。

2）主要设备及工艺流程

① 水解酸化罐。在水解酸化罐中，制革综合废水通过自吸泵从调节沉淀池中提升进入完全混合酸化反应器内，进水与回流污泥通过管道混合后经喇叭口释放，从池底进入反应器。影响水解酸化罐处理效果的主要工艺参数有 pH 值、温度、污泥龄、容积负荷、污泥回流比、风机曝气量等。

② 液碱吸收塔。在硫化氢吸收塔，硫化氢气体从吸收塔底部进入，碱洗涤液

经洗涤液储槽底部流出经吸收塔顶部流入与气体接触，硫化氢被液碱吸收转化为硫氢化钠溶液，返回洗涤液储槽中。剩余的气体从吸收塔顶部被风机送入酸化反应器底部。积累的硫氢化钠溶液可以回用到制革生产的浸灰脱毛工序中。

③ 酸化沉淀罐。酸化反应器出水进入竖流式沉淀池，在重力作用下实现泥水分离，上层清液从沉淀池顶部流出，经磁力泵提升后进入上流式厌氧生物膜反应器；残余气体从顶部气管经洗涤器洗涤后释放；底部沉淀污泥经螺杆泵部分回流至酸化反应器，部分排放处理。

④ 上流式厌氧生物滤池。酸化沉淀池出水从底部进入厌氧生物膜反应器，与负载于无烟煤上的生物膜作用，废水中的有机物被产甲烷菌 MPB 转化为甲烷，剩余的硫酸盐进一步还原为硫化氢气体。水力射流厌氧生物滤池相比水解酸化罐可调节的工艺参数较少，在实际工程运行过程中主要通过控制水力射流泵的开停时间来实现出水回流比的调节。厌氧滤池出水具有碱度，一定比例的出水回流可以防止酸败现象，增强滤池的抗负荷能力和缓冲性。但出水回流比过高时也会增大生物膜负荷，对滤池的正常运行构成冲击。在调试过程中，主要研究不同比例的出水回流比对滤池降解 COD_{Cr} 和硫酸盐效率的影响。

⑤ 上流式缺氧腐殖床（UHF）。厌氧阶段的出水与 SBR 的回流液，经过转子泵的混合，通过滤池中朝下的喇叭进入滤池底部，在连续的水力作用下和填料混合，向上流动。影响缺氧滤池处理效果的主要工艺参数有 pH 值、温度、污泥龄、污泥回流比、溶解氧含量等。

⑥ 序批式活性污泥法（SBR）。水流通过滤池上部溢流管进入滤池中，进水的同时开启离心曝气机。影响 SBR 处理效果的主要工艺参数有 pH 值、温度、污泥龄、溶解氧等。

技术总结：水解酸化段工艺参数调控为 pH 6.3～6.6、温度 25～35℃、水力停留时间 6.1h、污泥回流比 50%、风机气量 4.8～6.4$m^3/(m^3 \cdot h)$，水力射流厌氧滤池 pH 值调控在 7.2～7.5，射流装置每 2h 启动 10min 时，中试工程对制革综合废水中的 COD_{Cr}、SO_4^{2-} 有着最佳的去除效果。UHF（腐殖填料床）＋SBR 段工艺在春夏两季 15～30℃，进水 pH 7.0～7.5，曝气时间 8h 以及回流比为 100% 运行时对水中 COD、NH_4^+-N 和 TN 的去除率最好，出水水质分别低于 100mg/L、25mg/L、100mg/L，达到预期目标。

3）主要技术创新点及技术经济指标

① 两段厌氧技术总结。通过试验工艺参数调试和实验分析可以看出，合适的工艺参数是两段厌氧工艺的高效运行的重要保证。水解酸化段工艺参数调控为 pH 6.3～6.6、温度 25～35℃、水力停留时间 6.1h、污泥回流比 50%、风机气量 4.8～6.4$m^3/(m^3 \cdot h)$，水力射流厌氧滤池 pH 值调控为 7.2～7.5，射流装置每 2h 启动 10min 时，对制革综合废水中的 COD、SO_4^{2-} 有着最佳的去除效果。水解酸化段 COD、SO_4^{2-} 平均去除率分别可达 45%、65%，厌氧滤池段 COD、SO_4^{2-} 平

均去除率分别可达 65% 和 40%，中试工程 COD、SO_4^{2-} 总体去除率达 70%～80%。在进水 COD 浓度为 3000～4000mg/L、SO_4^{2-} 浓度为 1000～1500mg/L 的条件下，出水 COD 浓度稳定在 1000mg/L 以下，SO_4^{2-} 浓度稳定在 200～300mg/L，S^{2-} 浓度维持在 100mg/L 以下，BOD_5/COD_{Cr} 值也提高至近 0.5，中试工程两段厌氧工艺的稳定运行保证了制革综合废水中 SO_4^{2-} 的高效去除及 COD_{Cr} 的最终达标排放。

② 生物脱氮与泥炭吸附协同技术总结。联合 UHF 和 SBR 工艺，该组合工艺抗冲击负荷能力强，污泥龄控制比较灵活，处理效果好；该工艺在春夏两季 15～30℃，进水 pH 7.0～7.5，曝气时间 8h 以及回流比为 100% 运行时对水中 COD、氨氮和总氮的去除率最好。UHF＋SBR 段进出水水质如表 4-3 所列。

表 4-3 UHF＋SBR 段进出水水质情况 单位：mg/L

项目	COD	NH_4^+-N	TN
进水水质	<1000	200～300	<500
出水水质	<100	<25	<100

由于温度不可控，在冬季气温较低情况下运行时使用保温材料对反应器和管道进行保温处理，尽可能减少热量的散失，从而改善处理效果，同时在冬季适当减少进水负荷同样可以保证处理效果，但每天的处理水量只有夏季的 1/2，这是有待解决的问题。

4）工程应用及第三方评价

① 应用单位：安徽鑫皖制革有限公司。

② 单位原有污水处理设施现状简介：鑫皖制革有限公司原有一套 1500m³/d 的制革综合废水末端处理系统，采用混凝气浮与接触氧化组合工艺。原有各生产工序产生的废水没有实现彻底的分质分流，综合废水有毒害污染物浓度高，成分复杂，出水中氨氮含量难以稳定达标排放。

③ 废水处理设施改造总体思路：依托清洁生产改造，实现化料循环使用，废水分质预处理后再排入综合废水收集系统，大幅度削减了有毒害污染物负荷；保留原处理系统混凝气浮处理单元，去除大部分剩余的 S^{2-}、胶体物质及悬浮物；由于原处理系统不考虑氨氮降解，经核算生化处理单元池容不足以对氨氮有效降解，因此对好氧生化处理单元进行扩容改造，并将接触氧化工艺改造成推流式活性污泥工艺；将闲置流化床处理设备改造成缺氧腐殖填料滤池处理单元并置于好氧生化单元之前，利用泥炭对难降解有机物及氨氮的吸附作用，提高二者的去除效率。

改造后示范工程综合废水处理工艺流程如图 4-14 所示。

示范工程运行效果：经过示范工程改造后，缺氧滤池段对 COD、NH_4^+-N 的去除率稳定在 50% 以上，最终出水 COD 维持在 60mg/L 以下，NH_4^+-N 在 10mg/L 以下，总去除率稳定在 90% 以上，同时对色度具有显著的去除效果（表 4-4）。

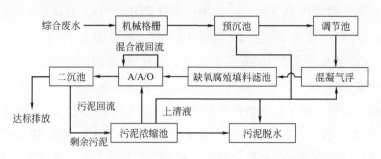

图 4-14 改造后示范工程综合废水处理工艺流程

表 4-4 示范工程运行效果

污染物	改造缺氧滤池的 去除率/%	原有后续好氧段 的去除率/%	总去除率/%
COD	51.9～80.3	65.1～91.7	94.7～98.3
氨氮	52.4～73.4	79.5～93.3	90.4～99.2
色度	50～70	10～20	55～73

① 缺氧腐殖填料床-脱氮效果提高。缺氧滤池段对 COD、氨氮的去除率稳定在 50% 以上，总氮的去除率能达到 50%，而原有工程没有总氮的去除工艺。

② 生化单元扩容改造-出水水质改善，稳定达标扩容和改造后好氧池对 COD、氨氮去除率稳定在 65% 以上；最终出水 COD 浓度维持在 60mg/L 以下，氨氮浓度在 10mg/L 以下。总体去除率稳定在 90% 以上，同时具有显著的脱色效果。

③ 工程改造运行成本分析。以二沉池出水中 COD 为 200mg/L 计算，泥炭投加量为 1000mg/L，按照泥炭价格 500 元/吨计算，废水处理成本因泥炭投加增加费用为 0.5 元/吨水，总体经济性上所受影响不大。

4.7.3 预处理控毒+ 厌氧降成本+ COD 分配后置反硝化+ 残留难降解 COD 深度处理技术

依托课题：海河南系子牙河流域（河北段）水污染控制与水质改善集成技术与综合示范（2012ZX07203-003）。

承担单位：河北省环境科学研究院。

本书以下内容主要来自该课题的技术验收报告。

（1）技术简介

本技术是一种制革综合废水的处理系统及处理方法，属于工业废水处理技术领域，该处理系统包括调节池、厌氧池、初沉池、一级反硝化池、好氧池、二沉池、二级反硝化池、混凝沉淀池、Fenton 氧化池、曝气生物滤池；废水处理方法采用生化处理和深度处理两部分相结合处理制革综合废水，废水处理效率高，出水水质稳定，可直接排放；而且废水处理成本显著降低适宜大规模推广应用，具有广阔的应用前景。

（2）适用范围

适用于制革综合废水末端处理。

（3）技术就绪度评价等级

目前就绪度 7 级。

（4）主要技术指标和参数

1）基本原理

本技术主要采用生化处理和深度处理相结合处理制革综合废水。生化处理的原理是使废水与微生物混合接触，利用微生物体内的生物化学作用分解废水中的有机物或某些无机毒物，使不稳定的有机物和无机毒物转化为无毒物质。按照反应过程中有无氧气可分为好氧生物处理和厌氧生物处理。深度处理是废水在生化处理以后所进行的进一步处理，以满足更高的排水目标或回用要求。

2）工艺流程[19]

工艺流程如图 4-15 所示。

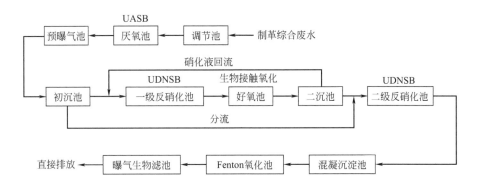

图 4-15　预处理控毒＋厌氧降成本＋COD 分配后置反硝化＋

残留难降解 COD 深度处理工艺流程

① 厌氧处理将调节池（调节废水的 pH 值等）出水引入所述厌氧池，进行厌氧处理，去除废水中的 COD。

② 预曝气处理厌氧处理后出水进入所述预曝气池，进行曝气处理，利用空气氧化废水中的硫化物，去除废水中的硫化物。

③ 第一次沉淀处理预曝气池出水进入所述初沉池进行第一次沉淀处理，泥水分离，使得水中的悬浮物、胶体等颗粒物，以及其他不溶物或溶解性较低的物质沉淀，与水分离。

④ 一级反硝化处理通过污水泵将初沉池出水的一部分直接泵入所述一级反硝化池，同时将所述二沉池出水的一部分通过所述回流管道回流至所述一级反硝化池，进行一级反硝化处理，去除废水中的 COD 和 TN。

⑤ 好氧处理一级反硝化池出水进入所述好氧池采用生物接触氧化法进行硝化

反应，同时去除氨氮和一部分 COD。

⑥ 第二次沉淀处理好氧池出水直接流入所述二沉池，进行第二次沉淀处理，泥水分离，使得水中的悬浮物、胶体等颗粒物，以及其他不溶物或溶解性较低的物质沉淀，与水分离。

⑦ 二级反硝化处理将二沉池出水的一部分直接流入二级反硝化池，并将初沉池出水的一部分通过分流管道分流至所述二级反硝化池，进行二级反硝化处理，进一步去除废水中的 COD 和 TN。

⑧ 混凝沉淀处理二级反硝化池出水进入所述混凝沉淀池，并向混凝沉淀池的混凝区投加混凝药剂，进行混凝沉淀处理，通过絮凝沉淀作用去除废水中的悬浮颗粒、胶体颗粒及相关有机物和色度物质。

⑨ Fenton 氧化处理将混凝沉淀池出水引入到所述 Fenton 氧化池，投加氧化剂，在 Fenton 氧化池的反应区进行化学氧化处理，提高废水的可生化性。

⑩ 生物氧化处理 Fenton 氧化池出水泵入曝气生物滤池，进行生物氧化处理，进一步去除废水中有机物和氨氮，获得达到直接排放标准的制革处理水。

需要注意的有如下几点：

① 所述步骤④除了将初沉池出水一部分直接泵入所述一级反硝化池，进行一级反硝化处理，还包括将初沉池另一部分出水分流至所述二级反硝化池，进行二级反硝化处理，其中直接分流到一级反硝化池内的污水与分流到二级反硝化池内的污水的体积之比为（8～10）∶1。

② 所述步骤⑤中初沉池出水直接泵入所述一级反硝化池的废水与所述二沉池出水回流至所述一级反硝化池的废水的体积之比为 1∶（3～5）。

③ 所述步骤⑦中二沉池出水除了一部分直接泵入所述二级反硝化池，进行二级反硝化处理；还包括将二沉池另一部分出水回流至所述一级反硝化池，进行一级反硝化处理，其中直接流入二级反硝化池内的污水与回流至一级反硝化池内的污水的体积之比为 1∶（3～5）。

④ 所述步骤⑧中二沉池直接泵入所述二级反硝化池的废水与所述初沉池分流至所述二级反硝化池的废水的体积之比为（8～10）∶1。

3）主要技术创新点及技术经济指标

采用"预处理控毒-厌氧降成本-COD 分配后置反硝化-残留难降解 COD 深度处理"技术，制革企业出水 COD 浓度可达 50mg/L 以下、氨氮 5.0mg/L 以下，污水厂出水水质可达 COD 20～35mg/L、氨氮 1.0mg/L。

4）工程应用及第三方评价

详见 4.7.5 部分"聚铁沉聚＋厌氧消解＋不加药加板框技术"中"工程应用及第三方评价"的内容。

5）技术来源及知识产权概况

授权发明专利 1 项（田秉晖，丁勇，丁然，高迎新，张昱，杨敏，一种制革综合废水处理系统及处理方法，公开号：CN105819625A）。

4.7.4　电絮凝＋电渗析＋MVR 技术

依托课题：海河南系子牙河流域（河北段）水污染控制与水质改善集成技术与综合示范（2012ZX07203-003）

承担单位：河北省环境科学研究院

本书以下内容主要来自该课题的技术验收报告。

（1）技术简介

该技术为一种皮革废水电吸附处理及回收的方法，解决皮革废水难生物降解 COD、毒害污染物、溶解性盐去除难的问题，处理工艺如图 4-16 所示。

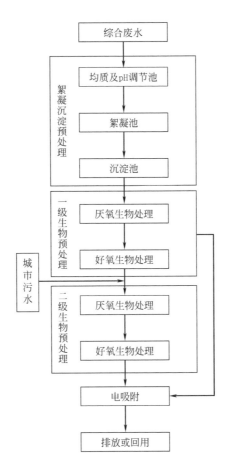

图 4-16　电絮凝＋电渗析＋MVR 技术流程

图 4-16 所示工艺主要包括以下步骤：

① 皮革综合废水经絮凝池沉淀和一级生物预处理，进行电吸附处理，出水可排放或回用；

② 或者经絮凝沉淀和一级生物预处理之后，一级生物预处理出水与城市污水

混合进入二级生物预处理，二级生物预处理出水进行电吸附处理，出水可排放或回用。

本方法去除率高、达标稳定性好、成本低、操作简单。

（2）适用范围

适用于制革综合废水末端处理。

（3）技术就绪度评价等级

目前就绪度 7 级。

（4）主要技术指标和参数

1）工艺流程[20]

一种含盐皮革废水电吸附处理及回用的方法，工艺流程如图 4-16 所示，主要包括以下步骤。

① 絮凝沉淀预处理：各工段含盐皮革废水混合进入调节池，调节 pH 值并均质，pH 值控制在 7～12，经絮凝沉淀，去除 10%～50% 的 COD、60%～99% 的 S^{2-}、60%～99% 的总铬；絮凝沉淀预处理的絮凝药剂包括生石灰、氢氧化钠、硫酸亚铁、氯化亚铁、聚铁聚铝、聚丙烯酰胺、聚二甲基二烯丙基氯化铵。

② 生物预处理：包括一级生物预处理或一级和二级生物预处理。一级生物预处理为接絮凝沉淀出水，经厌氧—好氧生物工艺处理。厌氧生物处理出水 COD 浓度控制在 800～400mg/L，好氧生物处理出水 COD 浓度控制在 400～100mg/L。二级生物预处理为将一级生物预处理出水与城市污水混合，进入生物工艺处理，工艺包括厌氧选择器、A/O、A^2/O、氧化沟、膜生物处理或上述组合工艺，生物处理出水 COD 浓度控制在 50～120mg/L。

③ 电吸附处理：接一级生物预处理或二级生物预处理出水，出水可排放或回用。电吸附处理电极为扩张活性炭抗污电极，极板间距 2～10mm，电压 1.2～2.0V。电吸附处理解吸为浓水循环解吸。

2）主要技术创新点及技术经济指标

该工艺可应用于制革废水全过程三段（源头、过程、末端）处理，可实现"源头"为皮革近饱和盐水冲洗-循环-结晶洗盐脱盐技术，脱盐可提高 30%～60%，比转笼除盐高数倍；"过程"为含盐 5%～7% 的浸水段水通过该技术循环利用并近零排放脱氯；"末端"为排水段增加脱盐设备，脱盐设备浓水通过该工艺，实现 Cl^- 含量小于 1000mg/L（或 300mg/L）的排放标准。

3）工程应用及第三方评价

详见 4.7.5 部分"聚铁沉聚＋厌氧消解＋不加药加板框技术"中"工程应用及第三方评价"的内容。

4）技术来源及知识产权概况

授权发明专利 1 项（田秉晖，毕慧芝，辛丽花，李晓琳，一种皮革废水电吸附处理及回用的方法，公开号：CN104310696A）。

4.7.5　聚铁沉聚+ 厌氧消解+ 不加药加板框技术

依托课题：海河南系子牙河流域（河北段）水污染控制与水质改善集成技术与综合示范（2012ZX07203-003）

承担单位：河北省环境科学研究院。

本书以下内容主要来自该课题的技术验收报告。

（1）技术简介

针对制革废水具有高石灰、高铁、高大分子有机物的水质特征，先加入絮凝剂沉淀后，对其进行厌氧消解，加板框对制革废水的污泥进行处理。

（2）适用范围

适用于制革废水处理产生的污泥处理。

（3）技术就绪度评价等级

目前就绪度 7 级。

（4）主要技术指标和参数

1）基本原理

聚硫酸铁是在酸性介质中利用硫酸亚铁在一定条件下，加入氧化剂使部分硫酸亚铁氧化成硫酸铁，再经过水解作用产生各种类型的聚合反应，形成多核聚合物，简称聚铁。与其他无机絮凝剂相比，聚铁具有极强的聚凝力，混凝效果好，其主要原因是它在水中能提供高效能的聚合铁络离子。对污水中的溶胶微粒产生强烈的吸附作用，通过黏结、架桥、交联等促使微粒聚集而产生絮凝。聚铁吸附溶胶微粒的电荷，降低胶粒的电位，从而聚集并迅速沉降，形成矾花状的混凝沉淀。

污泥厌氧消化是污泥在无氧条件下，由兼性菌和厌氧细菌将污泥中的可生物降解的有机物分解为 CH_4、CO_2、H_2O 和 H_2S 的技术。污泥厌氧消化是一个多阶段的复杂过程，对厌氧消化的生化过程有两段理论、三段理论和四段理论；其中三段理论指需要经过三个阶段，即水解、酸化阶段，乙酸化阶段，甲烷化阶段。

板框压滤是将污泥通过板框的挤压，使污泥内的水通过滤布排除，达到脱水的目的。

2）主要技术创新点及技术经济指标

针对制革废水具有高石灰、高铁、高大分子生命有机物的水质特征，研发了"聚铁沉聚＋厌氧消解＋不加药加板框"的制革废水污泥处理技术，污泥减量 40％以上，不加药、低成本污泥干化，含水率降至 60％以下。

3）工程应用及第三方评价

实际应用案例：2012～2013 年，对辛集市制革工业园区内制革企业、园区第 1、2、3 污水厂，以及下游城市综合水处理厂辛集市污水处理中心和邵村排干及污染源进行系统调查与诊断，提出了制革行业重污染邵村排干流域水污染问题诊断、水质目标管理与综合整治方案；2014 年 6 月～2016 年 6 月，在辛集市制革工业园区第二污水厂进行了为期 2 年多的日产 2t 连续现场中试示范研究，在辛集市污水处理中心建立了实验分析实验室。连续示范工艺为调节池、厌氧池、预曝气池、初沉池、一级反硝化池、好氧池、二沉池、二级反硝化池、混凝沉淀池、Fenton 氧化池、曝气生物滤池，示范工艺对 COD、TN、NH_4^+-N 的去除率分别达 97%、90%、98% 以上，最终处理出水 COD、TN、NH_4^+-N 浓度分别为（84.3±11.8）mg/L、（31.8±1.9）mg/L、（2.7±1.5）mg/L；在海洋集团有限公司开展综合水、含硫水、含铬水、染色水分区及水处理循环回用技术研究，"转笼、浸水、鞣制"三高盐工段"除污、分盐、循环"氯离子全过程控制技术研究，各工段节水、节料分别达到 45%、50%、70%、30% 以上，可实现氯离子的有效控制。

2016 年 6 月至今，在"辛集市污水处理（PPP）第三方治理项目-工程总承包业务（EPC）"、"河北海洋集团有限公司升级改造提升"等工程中进行了应用示范。2017 年，海洋集团制革厂综合水区、含硫水区、含铬水区、染色水区节能、节水、节料分别达到 45%、50%、70%、30% 以上，海洋制革污水处理中心出水COD 稳定在 50mg/L 以下、NH_4^+-N 稳定在 5.0mg/L 以下。2018 年，辛集市污水处理（PPP）第三方治理项目-工程总承包业务（EPC）出水水质 COD 稳定在 20～35mg/L、NH_4^+-N 稳定在 1.0mg/L，大李桥断面 COD 浓度降至 40mg/L 以内，其他指标也全面达标，实现了邵村排干水环境质量明显改善，水清岸绿，生态恢复。

参 考 文 献

[1]　马宏瑞. 制革工业清洁生产和污染控制技术 [M]. 北京：化学工业出版社，2004.

[2]　赵庆良，李伟光. 特种废水处理技术 [M]. 哈尔滨：哈尔滨工业大学出版社，2004.

[3]　傅学忠. 含硫脱毛废水的危害及处置 [J]. 皮革与化工，2012，29（2）：27-30.

[4]　李洪波. 制革厂的清洁生产技术——铬鞣废液中铬的资源化利用研究 [D]. 广州：中山大学，2007.

[5]　马颖颖. 电化学法在处理造纸废水中的应用 [J]. 黑龙江造纸，2007（4）：38-40.

[6]　贺延龄. 废水的厌氧生物处理 [M]. 北京：中国轻工业出版社，1998.

[7]　王乾扬，方士，陈国喜，等. 膜法 SBR 工艺处理皮革废水研究 [J]. 中国给水排水，1999（3）：55-57.

[8]　黄维菊，魏星. 污水处理工程设计 [M]. 北京：国防工业出版社，2008.

[9]　徐丹丹，李晶，赵晨光，等. 水解酸化工艺的研究进展及应用 [J]. 中国资源综合利用，2010，28（1）：53-55.

[10]　张鹏，赵衍武，郭宏山. 厌氧生物处理反应器概述 [J]. 当代化工，2013，42（6）：784-787.

[11]　鄢锐，田立娇，赵国柱，等. 分段进水 A/O 工艺生物脱氮技术分析 [J]. 环境科技，2010，23（S2）：34-37.

[12]　陈万鹏. 制革废水氨氮处理技术探讨 [J]. 皮革与化工，2009，26（6）：26-29.

[13]　林毅，孟庆强. AB 工艺减少污泥重金属的效果 [J]. 生态环境学报，2010，19（2）：296-299.

[14]　荣佳慧，张卿尧，韦浩，等. 膜生物反应器研究及应用现状 [J]. 黑龙江科技信息，2015（7）：16.

[15]　郑根江. 膜生物反应器在水处理中的应用 [J]. 水处理技术，2008（10）：10-12.

[16]　孙淑波. 环境保护与可持续发展 [M]. 长春：吉林大学出版社，2011.

[17]　姜艳丽. 环境工程中的高级氧化技术及典型实例分析 [M]. 哈尔滨：黑龙江教育出版社，2012.

[18]　姜程程，商志娟，王进岗，等. Fenton 与类 Fenton 技术的研究与应用 [J]. 广州化工，2016，44

(10)：11-13.

[19] 田秉晖，于勇，丁然，等 . 一种制革综合废水处理系统及处理方法：CN105819625A ［P］. 2016-
      08-03.

[20] 田秉晖，毕慧芝，辛丽花，等 . 一种皮革废水电吸附处理及回用的方法：CN104310696A ［P］. 2015-
      01-28.

第 5 章
皮革行业全过程水污染控制技术评估

制革行业经过多年的发展，针对制革过程水污染特点以及污染物种类已研发出了多种源头污染控制技术及末端污染控制技术，但是如何选用恰当的水污染控制技术是目前制革企业遇到的普遍问题。主要原因是现有的水污染控制技术评估体系存在信息不充分，普遍缺少定量分析，基本原理和特点介绍得较多，而技术、环境、经济等介绍得少，很难进行横向定量对比，可操作性较差，难以为环境管理工作和企业污染控制技术选择提供定量依据。为了准确选择污染控制技术，有必要根据行业特点对皮革行业现有的污染控制技术进行综合量化评价，并向行业推荐最佳可行技术。环境污染治理技术评估已经在石化、冶金、纺织等行业广泛开展，而目前我国制革行业污染控制技术评估仍是经验的定性方法，尚未形成科学的、定量的评估方法。本章选择了适合制革行业污染控制技术评估的模型——层次分析-模糊综合评估模型，建立了制革水污染控制技术评估指标体系，对典型的污染控制技术进行了综合量化评估，为皮革行业全过程水污染控制技术的选择提供科学依据。

5.1 技术评估体系

5.1.1 水污染控制技术评估方法

水污染控制技术评估是应用科学的方法和指标体系进行污染控制技术的筛选与评估，是国际通行的一种筛选水污染防治最佳实用技术的重要手段[1,2]。国内外现代技术综合评估方法主要有层次分析法、灰色综合评价法、模糊综合评价法、德尔菲法、数据包络分析法、标杆分析法及其他方法。

5.1.1.1 层次分析法

层次分析法，简称 AHP，是指将与决策总是有关的元素分解成目标、准则、方案等层次，在此基础之上进行定性和定量分析的决策方法[3]。该方法是由美国运筹学家匹茨堡大学教授萨蒂于 20 世纪 70 年代初提出[4]。这种方法可以评估不同的目标，并且可以表征同属一层次的各要素相对重要度的差异。此外，AHP 具有思路清楚、分析所需定量数据不繁冗的显著特点。

AHP 在安全和环境研究的多个领域得到广泛应用[5]。例如，穆仲[6]利用 AHP 建立了煤矿安全管理工作影响因素分析体系，并对各因素进行了定量分析。聂世刚等[7]基于现有的模糊层次分析法，对重庆市学府大道进行了道路交通安全评价。Li 等[8]根据 AHP 的原理，定量分析了影响大通市丰子健矿区水环境质量因素，最后对水环境的质量状态进行了评估。AHP 为研究这类复杂的系统问题提供了一种全新的、更加简便实用的决策方法。

5.1.1.2　灰色综合评价法

灰色综合评价法是一种基于专家评判的综合性评价方法。它以灰色关联分析理论为指导，根据颜色的深浅来显示信息的范围。其过程是：a. 建立灰色综合评估模型；b. 对各种评价因素进行权重确定；c. 进行综合评估。

灰色综合评价法近年来在风险评估、环境评价等领域广泛应用。章焱等[9]采用多层次灰色综合评估方法，构建 FPSO 外输作业溢油风险评价指标体系。陈武等[10]应用多层次灰色评价模型，以煤矿总体环境质量为研究对象，建立了煤矿总体环境质量评价指标体系，得出综合评价权矩阵并判断其总体环境质量等级，有效地分析了煤矿环境的灰色影响因素，实现了对复杂系统的分析与评价。

5.1.1.3　模糊综合评价法

模糊综合评价法，简称 FCE，它利用模糊数学的理论和技术，对复杂的评估对象进行综合评价，从而得到定量的评估结果的方法。FCE 具有结果清晰、系统性强的特点，能较好地解决模糊的、难以量化的问题，适合各种非确定性问题的解决[11]。最初在 20 世纪 60 年代由美国科学家扎德教授依据模糊数学评判模型和方法创立，并在以后的实践中由相关专家不断推进、演变而来。

目前，FCE 是应用最广、效果最佳和发展较快的模糊数学方法之一，广泛应用于医学、建筑业、环境质量监督、水利等各个领域中。例如，李小文等[12]以 Java 和模糊数学为基础并使用后台框架设计了医生综合评价系统。该医生综合评价系统评价指标多、评价结构严谨，可以科学公正地了解医生的综合表现。李延刚[13]通过构建建筑工程项目施工进度评价体系，利用模糊综合评价法确定项目的优缺点，为加强进度控制提供依据。Da 等[14]选取了 20 个评价指标，建立合理的指标体系，采用 FCE 对饶河流域水安全状况进行了长时间的综合评价。杨庆林[15]运用模糊综合评价理论对江西柳林河总干渠下槐段施工过程中的质量进行评价，从理论研究和工程实践上证明了模糊综合评价理论对于水利工程的适用性。

5.1.1.4　德尔菲法

德尔菲法，英文名叫 Delphi method，由 O. Helmer 和 N. Dalkey 在 20 世纪 40 年代创立。德尔菲法的主要前提是假设群体意见比个人意见更有效和可靠[16]。德尔菲法本质上是一种反馈匿名函询法，其大致流程是：在对所要预测的问题征得专家的意见之后进行整理、归纳、统计，再匿名反馈给各专家，经过多次的集中与反馈，直至意见统一。

德尔菲法不仅可以用于预测领域，而且可以广泛应用于各种评价指标体系的建立和具体指标的确定过程。徐春霞等[17]把德尔菲法和不确定统计相结合，得到了一种估计不确定分布的新方法——不确定德尔菲法，对该方法的估计误差进行了改进，得到了一种预测 GDP 的新方法，并利用该方法预测邯郸市的 GDP。马利红等[18]采用学科素养框架，充分考虑基础教育阶段英语教学的实践诉求，构建了英语学科素养测评指标，并采用德尔菲法对英语学科素养测评指标做了进一步修订，使其测评指标具有较高的专家效度。

5.1.1.5 数据包络分析法

数据包络分析（data enuelopment analysis），简称 DEA，是 1978 年由美国著名运筹学家 Charnes 和 Cooper 提出的[19]。DEA 是利用线性规划的方法，根据多项投入指标和产出指标对具有可比性的同种单位进行相对有效性评价的一种数量分析方法。此方法及其模型广泛应用于不同行业和部门，而且在处理多指标投入和产出方面有着自己的优势。

数据包络分析已得到了广泛使用。近年来，DEA 理论主要在三大应用领域发挥着极大的优势，主要包括生产函数与技术进步研究、经济系统绩效评价和系统的预测与预警研究[20]。程大友[21]使用 DEA 计算生产活动的有效前沿面，从而较好地反映了生产函数"最大产出"这一属性。张琳等[22]构建了数据包络分析模型，应用该模型对影响高校图书馆学科服务团队建设绩效评价的各种因素进行实证分析。赵智繁等[23]通过 DEA，细化了企业财务危机的分类，筛选出了重要的预测变量，最后构建了企业财务危机预测模型，并对分类的有效性和预测的准确率进行了验证。

5.1.1.6 标杆分析法

标杆分析法（Benchmarking），简称标杆法，多用于企业运行管理，就是将本企业各项活动与从事该项活动最佳者进行比较，从而提出行动方法，以弥补自身的不足。该法是将本企业经营的各方面状况和环节与竞争对手或行业内外一流的企业进行对照分析的过程，是一种评价自身企业和研究其他组织的手段，是将外部企业的持久业绩作为自身企业的内部发展目标并将外界的最佳做法移植到本企业的经营环节中去的一种方法[24]。实施标杆分析法的公司必须不断对竞争对手或一流企业的产品、服务、经营业绩等进行评价来发现优势和不足。

该方法可以推广到任何行业的生产经营管控过程中，在进行分析时分为以下步骤进行：

① 确定要进行标杆分析的具体项目，确定要在哪些领域哪些方面进行标杆分析；

② 收集分析数据，包括本企业的情况和标杆的情况；分析数据必须建立在充分了解公司当前状况以及标杆（或标杆企业）状况的基础之上，数据应当主要是针对企业的经营过程和活动，而不仅仅是针对经营结果；

③ 实施方案并跟踪结果。

5.1.1.7　其他方法

其他常用的技术评估方法还有成本效益分析法、专家打分法、灰色关联分析法和 DHGF 法等。

（1）成本效益分析法

成本效益分析（CBA）是通过比较项目的全部成本和效益来评估项目价值的一种方法。其作为一种经济决策方法，将成本费用分析运用于政府部门的计划决策之中，以寻求在投资决策上如何以最小的成本获得最大的收益。常用于评估需要量化社会效益的公共事业项目的价值。非公共行业的管理者也可采用这种方法对某一大型项目的无形收益（soft benefits）进行分析。在该方法中，某一项目或决策的所有成本和收益都将被一一列出，并进行量化。周斌根据华东地区城市污水处理厂的运行成本进行测算并展开了综合分析，评价出单位成本效益较高的处理技术设施。Jae-Young 等分别采用基于货币和基于能耗的成本效益分析，对三级污水处理中不同工艺进行比较分析。国际水协（IWA）和欧盟科学技术合作组织（COST）合作构建的污水处理厂评估基准中也广泛使用了 CBA 方法。在此基础上，Devisscher 等构建了基于矩阵的仪器测控评估方法，针对污水处理的线上控制进行成本效益分析，并对不同的处理流程提供不同的控制策略。Ward 使用 CBA 方法货币化环境和经济成本，在流域尺度上构建了水利经济学模型，对不同水资源政策对环境和经济的影响进行评估。

（2）专家打分法[25]

专家打分法是指通过匿名方式征询有关专家的意见，对专家意见进行统计、处理、分析和归纳，客观地综合多数专家经验与主观判断，对大量难以采用技术方法进行定量分析的因素做出合理估算，经过多轮意见征询、反馈和调整后，对债权价值和价值可实现程度进行分析的方法。专家打分法适用于存在诸多不确定因素、采用其他方法难以进行定量分析的债权。

（3）灰色关联分析法[26]

对于两个系统之间的因素，其随时间或不同对象而变化的关联性大小的量度称为关联度。在系统发展过程中，若两个因素变化的趋势具有一致性，即同步变化程度较高，即可谓二者关联程度较高；反之，则较低。因此，灰色关联分析方法是根据因素之间发展趋势的相似或相异程度，亦即"灰色关联度"，作为衡量因素间关联程度的一种方法。

（4）DHGF 法[27]

DHGF 法（Delphi Hierarchy Grey Fuzzy）是将比较流行改进的 Delphi 法、层次分析法、灰色关联法、模糊评判法的成功之处集合而成，将实践经验和科学理论相结合的从定性到定量的综合评价方法，其理论基础是钱学森教授提出的从定性到定量的综合集成方法和顾基发教授提出的物理-事理-人理方法。

5.1.2 技术评估模型的建立原则

① 牛皮、毛皮加工工业污染防治技术筛选方法及指标评价体系应贯彻污染综合防治的理念，坚持预防为主、防治结合的原则。

② 牛皮、毛皮加工工业污染防治技术筛选方法及指标评价体系应当遵循客观、科学、公正、独立的原则，采取技术、经济效益和环境效益相结合，定性与定量相结合，评价人员与评价专家相结合，工艺技术人员与行业管理人员相结合的方式进行。

③ 在技术筛选方法及指标体系的制定过程中应尽量避免受人为因素和主观因素的影响。

④ 在技术筛选方法及指标体系工作启动之前，应制定明确的技术筛选方法及指标体系编制工作程序，并严格按照工作程序开展制定工作。

⑤ 技术筛选方法及指标体系应体现技术的动态发展，随着污染防治技术的不断更新，纳入合理的筛选方法及评价指标，促进污染防治技术筛选的创新发展、持续改进与推广应用。

5.1.3 技术评估指标体系的建立

5.1.3.1 评估指标体系确立的依据

本书中皮革行业废水污染控制技术评估指标的确定，遵循指标易选取、独立、排他性、定性评价与定量评价相结合等基本原则。在对牛皮和毛皮加工工业生产现状调研分析的基础上广泛搜集资料信息，包括生产规模、产品质量、工艺流程、技术装备、能耗物耗、产污排污、控制措施、运行管理等，通过对技术特点、经济效益、环境效益、资源综合利用能力等的全面分析和专家评价的基础上形成皮革行业废水污染控制技术评估体系。

5.1.3.2 评估指标体系建立的方法

本评估指标体系综合采用调查研究及专家咨询法和目标分解法。

（1）调查研究及专家咨询法

调查研究及专家咨询法是指通过调查研究，在广泛收集有关指标的基础上利用比较归纳法进行归类，并根据评估目标设计出评估指标体系，再以问卷的形式把所设计的评估指标体系，向有关专家征求意见的方法。

（2）目标分解法

目标分解法是通过对研究主体的目标或任务具体分析来建构评估指标体系。对研究对象进行分解，一般是从总目标出发，按照研究内容的构成进行逐次分解，直到分解出来的指标达到可测的要求。

其中指标体系整体框架的搭建采用目标分解法，具体指标的选取综合采用目标分解法和专家咨询法。评估指标体系分三级指标，一级指标包括生产过程评价指标体系和末端治理评价指标体系，各指标下分若干二级指标，其中部分二级指标根据情况进一步细化为三级评估指标。

5.1.3.3　评估体系的构成

在对牛皮及毛皮加工工业生产现状调研分析的基础上广泛搜集资料信息，包括生产规模、产品质量、工艺流程、技术装备、能耗物耗、产污排污、控制措施、运行管理等，通过对技术特点、经济效益、环境效益、资源综合利用能力等的全面分析和专家评价，形成皮革及毛皮加工工业污染防治最佳可行技术评估筛选体系。

5.2　技术评估模型的建立

如 5.1.1 部分中的常见技术评估方法所述，层次分析法对解决评价、排序、指标综合和许多其他问题非常有效，但是，在评估实施过程中需要对每个评价对象的因素和各种技术进行评分，难以避免评价结果带有主观性。易于使用的模糊综合评价方法，对模糊、难以量化、非确定性问题的解决非常有效，其系统性强，结果明确。目前模糊综合评判的研究关键是科学、客观地将多指标问题整合成单指标形式，以利于在一维空间进行综合评价，其根本就成了如何在评价过程中给这些指标科学、合理地确定权重。

针对制革行业废水污染控制技术评估，要选择适用于多个指标（同一种技术包括可靠性、稳定性、经济性等指标）和多个对象（对同一污染物有多种处理技术）的评估方法，即多变量综合评估方法。在充分了解各种技术评估方法的基础上，单一的技术评估方法可能无法同时满足这样的要求，所以需要把两种评估方法结合起来。层次分析-模糊综合评价法（AHP-FCE），由韩利等[28]提出，是一种依据模糊集理论、最大隶属度原则，结合加权平均法，对系统的多因素综合评价的方法，是一种对多因素影响的事物综合评价的有效途径。

综上所述，本书将层次分析法和模糊综合评价法结合起来，对牛皮及毛皮加工过程废水污染控制技术进行综合量化评估。

5. 2. 1　AHP-FCE 综合评价模型概述

AHP-FCE 是一种将层次分析法和模糊综合评价法相结合的评价方法，目前已广泛应用于项目管理的评价[29]、区域投资环境评价[30]、企业岗位评价[31]与绩效评估[32]等领域。

AHP-FCE 评价模型由层次分析法和模糊综合评价两个部分组成。其中，模糊综合评价是在层次分析法的基础上进行的，两者相辅相成，共同提高了评价的可信度与有效性。AHP-FCE 评价模型将技术评估指标体系中的定性因素进行了量化处理，实现了定量评价，同时也解决了评价过程中的因素多、靠主观判断、模糊性等问题，全面而又分主次地考察了各个指标，克服了以前定性与半定量评估方法的不足之处，从而使最终的评价结论全面又可靠。

AHP-FCE 综合评价流程：使用 AHP-FCE 综合评价模型对皮革行业废水污染控制技术评估，其流程如图 5-1 所示。

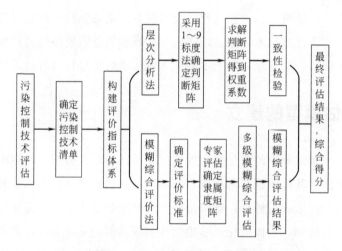

图 5-1　AHP-FCE 综合评价流程

5. 2. 2　AHP-BMK 综合模型概述

此模型在层次分析法的基础上，将模糊综合法替换为标杆分析法，前半部分流程与 AHP-FCE 方法完全一致，在层次分析法的基础上得出所评估各项目标的权重，再通过收集数据直接用现有公式一步到位计算出某一待评对象的综合得分，数据化的结果便于分析比较，在计算上有一定优势。

5. 2. 3　评估指标权重值的确定

本书构建的评估指标体系包含目标层（A 层）、准则层（B 层）、指标层（C 层）三个层次的指标，污染控制技术评价指标体系框架如图 5-2 所示。

评估指标体系中，工艺技术性能表征被评估工艺技术自身性能方面的指标，包

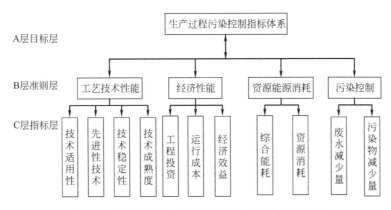

图 5-2　皮革行业废水污染控制技术评价指标体系

括技术的适用性、先进性、稳定性、成熟度等具体指标；经济性能表征被评估工艺技术工程投资、运行维护费用和经济收益的指标，包括投资成本、运行成本和经济收益等具体指标；资源能源消耗表征被评估工艺技术在资源能源消耗方面的指标，包括资源消耗和能源消耗；污染控制表征被评估工艺技术对各种污染物处理的效果情况的指标，包括废水减少量和污染物减少量等具体指标。

　　评价标准的确定：参考文献中相关指标评价等级的说明，并根据现场调研和专家咨询，以及我国制革行业清洁生产标准相关规定，本次评估指标评价等级分为很好、较好和一般三个评价等级，具体评价标准如表 5-1 所列。

表 5-1　指标评价标准

指标	评价标准		
	很好	较好	一般
技术适用性	很适用	较适用	适用性一般或较差
技术先进性	很先进	较先进	先进性一般或较差
技术稳定性	很稳定	较稳定	稳定性一般或较差
技术成熟度	很成熟	较成熟	成熟度一般或较差
投资成本	投资成本低，大多数企业可以承受	投资成本适中，一般企业可以承受	投资成本高，中小型企业难以承受
运行成本	无运行成本或运行成本低，绝大多数企业可以负担	运行成本较适中，一般企业可以负担	运行成本较高，中小型企业难以负担
经济效益	运行可以盈利	运行盈亏平衡	运行不能实现盈利
综合能耗	能耗比常规低	能耗和常规相当	能耗比常规高
资源消耗	主要原材料、水的消耗指标较低，处于先进水平	主要原材料、水的消耗指标中等，处于一般水平	主要原材料、水的消耗指标较高
废水减少量	废水排放量降低≥50%	废水排放量降低≥30%	废水排放量降低≥10%
污染物减少量	主要污染物降低≥70%	主要污染物降低≥50%	主要污染物降低≥20%

　　本书运用层次分析法确定各评估指标的权重[33]。层次分析法的主要运算步骤包括建立层次结构模型、构造判断矩阵、层次排序及一致性检验、专家打分。

5.2.3.1　建立层次结构模型

建立层次结构模型以后，上下层之间元素的隶属关系即被确定。本书建立的层次结构模型如图 5-2 所示。

5.2.3.2　构造判断矩阵

建立层次分析模型之后，我们就可以在各层次元素中进行两两比较，构造出判断矩阵。通过专家咨询分别考查 B 层因素和 C 层因素的相对重要性，得出 A-B、B-C 重要性判断矩阵。

$$B=(b_{ij})_{n\times n}=\begin{pmatrix} b_{11} & \cdots & b_{1n} \\ \vdots & \ddots & \vdots \\ b_{n1} & \cdots & b_{nn} \end{pmatrix} \tag{5-1}$$

式中　b_{ij}——因素 i 比因素 j 相对上一层次某属性的重要性；

n——矩阵的阶数。

通常采用 9 级标度法则为判断矩阵的元素赋值，表 5-2 列出了 1～9 标度的含义。

表 5-2　判断矩阵标度及含义

标度	含义
1	表示因素 b_i 与 b_j 比较，具有同等重要性
3	表示因素 b_i 与 b_j 比较，具有稍微重要性
5	表示因素 b_i 与 b_j 比较，具有明显重要性
7	表示因素 b_i 与 b_j 比较，具有强烈重要性
9	表示因素 b_i 与 b_j 比较，具有极端重要性
2,4,6,8	分别表示相邻判断 1,3,5,7,9 的中值
倒数	若 i 元素与 j 元素重要性之比为 b_{ij}，则元素 j 与元素 i 的重要性之比为 $b_{ji}=1/b_{ij}$，$b_{ii}=1$

5.2.3.3　层次排序及一致性检验

评定判断矩阵只是确定指标权重值的第一步，在此基础上还需进行层次排序。层次排序分单排序和总排序：通过单排序可根据判断矩阵计算针对某一准则下层各元素的相对权重，并进行一致性检验；通过总排序即可获得指标对目标层的权重。

求解判断矩阵步骤如下：

① 计算判断矩阵每一行元素的乘积 M_i：

$$M_i=\prod_{j=1}^{n} b_{ij} \tag{5-2}$$

② 计算 M_i 的 n 次方根 W_i：

$$\overline{W_i}=\sqrt[n]{M_i} \tag{5-3}$$

③ 对向量 $W = [W_1, W_2, \cdots, W_n]^T$ 正规化，即：

$$W_i = \frac{\overline{W_i}}{\sum\limits_{i=1}^{n} \overline{W_i}} \qquad (5\text{-}4)$$

则向量 $W = [W_1, W_2, \cdots, W_n]^T$，即为所求的特征向量，也就是同层次相应因素对于上一层次某因素相对重要性的排序权值。

④ 计算判断矩阵的最大特征根 $\lambda_{\max}$：

$$\lambda_{\max} = \sum_{i=1}^{n} \frac{(BW)_i}{nW_i} \qquad (5\text{-}5)$$

⑤ 计算判断矩阵一致性检验系数 CI：

$$CI = \left(\frac{\lambda_{\max} - n}{n-1} \right) \qquad (5\text{-}6)$$

⑥ 计算判断矩阵一致性检验系数 CR，判断其一致性：

$$CR = \frac{CI}{RI} \qquad (5\text{-}7)$$

式中　RI——平均随机一致性指标，是足够多个随机抽样产生的判断矩阵计算的平均随机一致性指标，$1 \sim 10$ 阶矩阵的 RI 取值如表 5-3 所列。

表 5-3　平均随机一致性指标

矩阵阶数 n	1	2	3	4	5	6	7	8	9	10
RI	0	0	0.58	0.90	1.12	1.24	1.32	1.41	1.45	1.49

当 $CR < 0.1$ 时，认为判断矩阵的一致性是可以接受的；$CR > 0.1$ 时，认为判断矩阵不符合一致性要求，需要对该判断矩阵进行重新修正[34]。

⑦ 层次总排序。计算同一层次所有因素对于最高层（总目标）相对重要性的排序权值，称为层次总排序。

⑧ 层次总排序的一致性检验。根据公式：

$$CR = \frac{\sum\limits_{j=1}^{m} a_j CI_j}{\sum\limits_{j=1}^{m} a_j RI_j} \qquad (5\text{-}8)$$

类似地，当 $CR < 0.10$ 时认为层次总排序结果具有满意的一致性，否则需要重新调整判断矩阵的元素取值。

5.2.3.4　专家打分

通过邀请对制革行业较熟悉了解的行业专家进行咨询，对各级评价中各个指标因素分别进行打分再进行综合评分，采用 AHP 来确定判断矩阵各项指标的分布权重。为了完成指标体系中各个元素重要程度的打分，避免由一个人主观决定打分结果而导致的较大误差，笔者邀请了制革行业经验丰富的 15 名专家参与打分，让每一位专家分别独立地完成一张专家评定表。评定表的设定基于九分标度法的基本原理，判定指标间两两比较时的相对重要性和优劣程度，并填写合适的重要程度赋值。

通过专家评定表得到矩阵，并求算最大特征根及其特征向量，最后经一致性检验，得出各个指标的权向量。若该矩阵满足一致性检验，则直接计算判断矩阵对应的权向量；若不满足一致性检验，则征求专家意见，对打分结果适当进行调整，直至满足一致性检验后计算该矩阵的权向量。

利用模糊综合评价法可以有效地处理人们在评价过程中本身所带有的主观性，以及客观所遇到的模糊性现象。

模糊综合评价按以下的步骤进行[35]。

(1) 采用专家打分法获得指标隶属度

邀请多位制革行业相关专家根据表指标评价等级标准，对制革全过程污染控制技术清单中所列技术进行打分，采用百分比统计法统计专家意见，最终得到指标的评语集。

例如：10 位专家对 C_1 指标进行"很好、较好、一般"三个等级的打分评判，10 位专家中 5 位认为很好，3 位认为较好，2 位认为一般，那么 C_1 指标所对应的隶属度为 0.5、0.3、0.2，汇总得到 C_1 的模糊隶属矩阵为 [0.5 0.3 0.2]，且 C_1 在三个评价等级中"很好"等级的程度最高。

(2) 一级模糊综合评价

构造准则层 B_i 所包含的最低层的模糊隶属矩阵和权重矩阵，根据式(5-9)：

$$B_i = W_i R_i \tag{5-9}$$

式中 B_i——准则层 B 中第 i 项指标的模糊评价矩阵；

W_i——指标层 C 相对于其所属准则层 B_i 的权重矩阵；

R_i——指标层 C 的模糊隶属矩阵。

(3) 二级模糊综合评价

通过一级模糊综合运算求出准则层 B 中各项指标所对应的不同评价等级的隶属度，根据式(5-10)：

$$A = WR \tag{5-10}$$

式中 A——最终的综合判断结果；

W——准则层 B 中的各项指标相对于目标层 A 的权重矩阵；

R——准则层 B 中各项指标的一级综合评价结果所组成的模糊评价矩阵。

通过邀请对制革行业较熟悉了解的企业专家和高校老师进行咨询，让其按照 1～9 标度法完成专家评估指标赋值表，然后采用层次分析法来确定各项评估指标的权重。

通过比较指标间两两重要程度，对皮革行业污染控制技术评估指标体系中各指标的相对重要性赋值。某位专家对各评估指标相对重要性比较赋值如表 5-4 所列。

表 5-4　某专家评估指标赋值表

比较对象(二选一,较重要的请打√)			重要程度 (选填数字 1~9)
一级指标 A	技术性能√	经济成本	2
	技术性能	运行管理√	3
	技术性能	环境影响√	4
	经济成本	运行管理√	2
	经济成本	环境影响√	3
	运行管理	环境影响√	2
二级指标 B_1 技术性能	技术适用性√	技术先进性	4
	技术适用性√	技术稳定性	3
	技术适用性√	技术成熟度	3
	技术先进性	技术稳定性√	2
	技术先进性	技术成熟度√	2
	技术稳定性	技术成熟度	1
二级指标 B_2 经济成本	工程投资	运行成本√	3
	工程投资	经济效益√	4
	运行成本	经济效益√	3
二级指标 B_3 运行管理	综合能耗	资源消耗√	4
二级指标 B_4 环境影响	废水减少量	污染物减少量√	3

按照专家对评估指标的相对重要性的赋值,计算权重。

① 建立正确的判断矩阵 A,再利用该矩阵进行一级指标对目标层的权重计算。根据表 5-4 的数据可知判断矩阵 A 为:

$$A = \begin{bmatrix} 1 & 2 & 1/3 & 1/4 \\ 1/2 & 1 & 1/2 & 1/3 \\ 3 & 2 & 1 & 1/2 \\ 4 & 3 & 2 & 1 \end{bmatrix}$$

求出矩阵的最大特征根:$\lambda_{\max} = 4.1532$,相应的特征向量 $w = (0.1358, 0.1142, 0.2797, 0.4704)$。

一致性检验:当矩阵阶数 $n = 4$ 时,平均随机一致性指标 $RL = 0.90$,一致性检验指标 $CI = \dfrac{\lambda_{\max} - n}{n - 1} = \dfrac{4.1532 - 4}{4 - 1} = 0.0511$,随机一致性比例 $CR = CL/RL = 0.0511/0.90 = 0.0568 < 0.1$,因此一致性检验通过。

② 如上所述,可以对本层次与它相关联的元素相对于上一层次某元素的相对

重要性权重依次进行计算，所得结果如表 5-5～表 5-9 所列。

表 5-5　一级指标对目标层的权重系数

指标	技术性能	经济成本	运行管理	环境影响	权重
技术性能	1	2	1/3	1/4	0.1358
经济成本	1/2	1	1/2	1/3	0.1142
运行管理	3	2	1	1/2	0.2797
环境影响	4	3	2	1	0.4704

注：$\lambda_{max}=4.1532$；$CI=0.0511$；$RL=0.90$；$CR=0.0568<0.1$。

表 5-6　技术性能下属四个二级指标的权重系数

指标	技术适用性	技术先进性	技术稳定性	技术成熟度	权重
技术适用性	1	4	3	3	0.5150
技术先进性	1/4	1	1/2	1/2	0.1051
技术稳定性	1/3	2	1	1	0.1900
技术成熟度	1/3	2	1	1	0.1900

注：$\lambda_{max}=4.0206$；$CI=0.0069$；$RL=0.90$；$CR=0.0076<0.1$。

表 5-7　经济成本下属三个二级指标的权重系数

指标	工程投资	运行成本	经济效益	权重
工程投资	1	1/3	1/4	0.1172
运行成本	3	1	1/3	0.2684
经济效益	4	3	1	0.6144

注：$\lambda_{max}=3.0735$；$CI=0.0368$；$RL=0.58$；$CR=0.0673<0.1$。

表 5-8　运行管理下属两个二级指标的权重系数

指标	综合能耗	资源消耗	权重
综合能耗	1	1/4	0.2000
资源消耗	4	1	0.8000

注：$\lambda_{max}=2.0000$；$CI=0$；$RL=0$；$CR=0<0.1$。

表 5-9　环境影响下属两个二级指标的权重系数

指标	废水减少量	污染物减少量	权重
废水减少量	1	1/3	0.2500
污染物减少量	3	1	0.7500

注：$\lambda_{max}=2.0000$；$CI=0$；$RL=0$；$CR=0<0.1$。

③ 层次总排序。指标层各评估指标相对于目标层的综合权重 $W=$ 一级指标权重×二级指标权重。计算结果如表 5-10 所列。

表 5-10　某专家指标评估表得到评估指标的综合权重

一级指标	权重	二级指标	权重	综合权重
技术性能	0.1358	技术适用性	0.5150	0.0699
		技术先进性	0.1051	0.0143
		技术稳定性	0.1900	0.0258
		技术成熟度	0.1900	0.0258
经济成本	0.1142	工程投资	0.1172	0.0134
		运行成本	0.2684	0.0307
		经济效益	0.6144	0.0702
运行管理	0.2797	综合能耗	0.2000	0.0559
		资源消耗	0.8000	0.2238
环境影响	0.4704	废水减少量	0.2500	0.1176
		污染物减少量	0.7500	0.3528

④ 本次调查共反馈了 15 个有效的专家评价指标权重评分表。根据上述方法进行统计分析，将各评价指标的权重取平均值，得到各评价指标的最终权重。结果列于表 5-11。

表 5-11　皮革行业环境影响技术评估指标综合权重

一级指标	权重	二级指标	权重	综合权重
技术性能	0.2110	技术适用性	0.3507	0.0740
		技术先进性	0.2250	0.0475
		技术稳定性	0.2135	0.0450
		技术成熟度	0.2108	0.0445
经济成本	0.1643	工程投资	0.3752	0.0616
		运行成本	0.3599	0.0591
		经济效益	0.2649	0.0435
运行管理	0.2787	综合能耗	0.4772	0.1330
		资源消耗	0.5228	0.1457
环境影响	0.3460	废水减少量	0.5273	0.1824
		污染物减少量	0.4727	0.1636

通过指标计算结果，完成一级指标和二级指标权重比较，如图 5-3 和图 5-4 所示。图 5-3 为四个一级指标权重的大小比较，从图中可以看出，环境影响指标所占的比例最大，是最主要的影响因素；其次是运行管理；排在第三位的是技术性能；所占比例最小的是经济成本。

图 5-4 是皮革行业环境影响技术评估指标中二级指标权重与综合权重的比较。从图 5-4 中可以看出，一级指标环境影响和运行管理下属的四个二级指标废水减少量、污染物减少量、资源消耗和综合能耗在二级指标中占有重要的影响程度，因

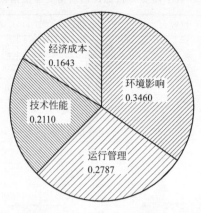

图 5-3   一级指标权重比较

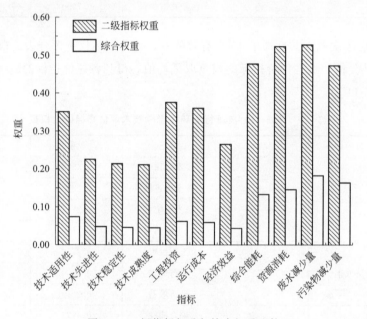

图 5-4   二级指标权重与综合权重比较

此，它们的综合权重也较大；另外，两个一级指标技术性能和经济成本下属的 7 个二级指标，其二级指标权重和综合权重都较小，说明其重要程度较低。

5.2.4   综合评估得分计算

5.2.4.1   模糊综合计算

采用层次分析-模糊综合评价模型，最后的评价结果会得到该技术的隶属等级，但是对属于同一个等级的技术无法准确判断两个之间的优越性。因此，提出综合得分来近一步对多个技术进行比较，从而更好地判断选用适宜的污染控制技术。

本书在层次分析-模糊综合评价的基础上对 3 个指标评价等级"很好，较好，一般"分别赋予"5分，3分，1分"的分值，将污染控制技术最后的模糊综合评估结果所属的隶属度分别乘以等级分值 F_n，即得到该污染控制技术的综合评估得分。计算式如下所列：

$$D_i = \sum_{j=1}^{n} A_{ij} F_n \tag{5-11}$$

式中　D_i——污染控制技术 i 的综合评估得分；

　　　A_{ij}——污染控制技术 i 的指标 j 的模糊评价结果；

　　　F_n——评价等级分值，$n=1,2,3$。

用上述方法进行计算，可以得到所有污染控制备选技术的最终得分，进而可以对一特定工序所有的污染控制技术按照分数高低进行排序，筛选出该工序的最佳可行污染控制技术。

5.2.4.2　标杆分析法计算

标杆分析法只有一个核心计算公式如下：

$$D_i = \sum_{i=1}^{n_1} \left(W_i \sum_{j=1}^{n_2} W_{ij} \times \frac{m_j}{s_j} \right) \tag{5-12}$$

式中　D_i——污染控制技术综合评估得分；

　　　W_i——某个评价指标的第一层权重；

　　　W_{ij}——某个评价指标的第二层权重；

　　　m_j——某个评价指标的实际值；

　　　s_j——某个评价指标的标杆值；

　　　n_1、n_2——评价指标的个数。

其中 m_j 与 s_j 的值由行业实际调研和征询专家意见得出，标杆值与实际值都不超过满分 10 分，标杆值取专家打分的最高分值，实际值取平均分。

5.3　牛皮制革过程污染控制技术评估

5.3.1　牛皮制革污染控制技术模糊评价

在废水污染源解析的基础上，结合皮革行业污染控制技术现状，在牛皮制革工艺过程中选择对脱毛浸灰工序、脱灰工序、浸酸以及鞣制工序污染控制技术进行综合量化评估，末端废水治理过程对含硫废水处理以及综合废水的物化处理技术进行综合量化评估。这几个工序污染严重并且存在多种可选择的污染控制技术，因此对其进行技术评估有利于企业参考选择可行性最佳污染控制技术，推进清洁化生产。

评估工序及污染控制技术如表 5-12 所列。

表 5-12 需要评估的工序及污染控制技术

工序	备选污染控制技术
脱毛浸灰	酶脱毛技术、保毛脱毛技术、低硫低灰脱毛技术
脱灰	CO_2脱灰技术、无氨脱灰技术
浸酸	无盐浸酸技术、不浸酸铬鞣技术、浸酸废液循环利用技术
鞣制	高吸收铬鞣技术、铬鞣废液循环利用技术、无铬鞣技术
含硫废水处理技术	化学絮凝法、催化氧化法、酸化吸收法
综合废水物化处理技术	化学中和法、混凝-气浮法、内点解法

5.3.1.1　脱毛浸灰工序

（1）确定指标隶属度

根据指标评价等级标准，邀请皮革行业专家对脱毛浸灰工序中的污染控制技术进行评估；采用百分比统计方法对专家意见进行统计；最后得到定性指标的评价结果，如表 5-13 所列。

表 5-13　脱毛浸灰工序污染控制技术专家评估结果统计表

评估指标		隶属度								
		保毛脱毛			低硫低灰脱毛			酶脱毛		
		很好	较好	一般	很好	较好	一般	很好	较好	一般
工艺技术性能	技术适用性	0.6	0.3	0.1	0.3	0.3	0.4	0.3	0.2	0.5
	技术先进性	0.4	0.4	0.2	0.3	0.4	0.3	0.3	0.4	0.3
	技术稳定性	0.6	0.3	0.1	0.2	0.2	0.6	0.4	0.3	0.3
	技术成熟度	0.5	0.4	0.1	0.2	0.3	0.5	0.3	0.3	0.4
经济性能	工程投资	0.4	0.3	0.3	0.3	0.3	0.4	0.3	0.3	0.4
	运行成本	0.4	0.4	0.2	0.2	0.3	0.5	0.3	0.4	0.3
	经济效益	0.4	0.3	0.3	0.3	0.4	0.3	0.3	0.4	0.3
运行管理	综合能耗	0.3	0.4	0.4	0.2	0.4	0.4	0.4	0.4	0.2
	资源消耗	0.5	0.3	0.2	0.2	0.4	0.4	0.4	0.4	0.2
环境影响	废水减少量	0.5	0.3	0.2	0.2	0.4	0.4	0.3	0.5	0.2
	污染物减少量	0.5	0.3	0.2	0.2	0.4	0.4	0.3	0.5	0.2

（2）一级模糊综合评价

以保毛脱毛法为例，构造准则层 B_i 所包含的最低层的模糊隶属矩阵和权重矩阵，根据公式：

$$B_1 = W_1 \cdot R_1 = [0.3507 \quad 0.2250 \quad 0.2135 \quad 0.2108] \begin{bmatrix} 0.6 & 0.3 & 0.1 \\ 0.4 & 0.4 & 0.2 \\ 0.6 & 0.3 & 0.1 \\ 0.5 & 0.4 & 0.1 \end{bmatrix}$$

$$= [0.5339 \quad 0.3463 \quad 0.1225]$$

同理可得到：$B_2 = [0.4000 \quad 0.3360 \quad 0.2640]$，$B_3 = [0.4046 \quad 0.3477 \quad 0.2477]$，$B_4 = [0.5000 \quad 0.3000 \quad 0.2000]$。由此可以得到第二层评价矩阵，$R = [B_1 \quad B_2 \quad B_3 \quad B_4]^T$。

（3）二级模糊综合评价

通过一级模糊综合运算求出准则层 B 中各项指标所对应的不同评价等级的隶属度，根据公式 $A = WR$，则第二层模糊综合评价集

$$A_i = W \cdot R = [0.2110 \quad 0.1643 \quad 0.2787 \quad 0.3460] \begin{bmatrix} 0.5339 & 0.3463 & 0.1225 \\ 0.4000 & 0.3360 & 0.2640 \\ 0.4046 & 0.3477 & 0.2477 \\ 0.5000 & 0.3000 & 0.2000 \end{bmatrix}$$

$$= [0.4641 \quad 0.3284 \quad 0.2075]$$

通过同样的步骤，对低硫低灰脱毛法和酶脱毛法，分别进行一级和二级模糊评估，得到结果为：$A_2 = [0.2360 \quad 0.3392 \quad 0.4248]$，$A_3 = [0.3178 \quad 0.4047 \quad 0.2775]$。根据最大隶属度原则，对于脱毛浸灰工序中的三种污染控制技术，保毛脱毛法综合评价矩阵 A_1 中第一个元素的数值最大，表明保毛脱毛法是很好的污染控制技术；而低硫低灰法综合评价矩阵 A_2 中第三个元素的数值最大，表明该技术的综合评价等级为一般；酶脱毛法综合评价矩阵 A_3 中第二个元素的数值最大，表明该技术也是一种较好的污染控制技术，但尚不及保毛脱毛技术。

5.3.1.2　脱灰工序

（1）确定指标隶属度

同样，收集整理专家对脱灰工序的污染控制技术评估表，采用百分比统计法统计得到定性指标的评语集，统计结果如表 5-14 所列。

表 5-14　脱灰工序污染控制技术专家评估结果统计表

评估指标		隶属度					
		CO_2脱灰			无氨脱灰		
		很好	较好	一般	很好	较好	一般
工艺技术性能	技术适用性	0.3	0.3	0.4	0.5	0.3	0.2
	技术先进性	0.6	0.2	0.2	0.4	0.4	0.2
	技术稳定性	0.3	0.3	0.4	0.5	0.2	0.3
	技术成熟度	0.3	0.4	0.3	0.5	0.3	0.2

评估指标		隶属度					
		CO_2脱灰			无氨脱灰		
		很好	较好	一般	很好	较好	一般
经济成本	工程投资	0.2	0.5	0.3	0.4	0.3	0.3
	运行成本	0.3	0.4	0.3	0.5	0.3	0.2
	经济效益	0.3	0.3	0.4	0.4	0.4	0.2
资源能源消耗	综合能耗	0.3	0.4	0.3	0.4	0.4	0.2
	资源消耗	0.3	0.5	0.2	0.4	0.4	0.2
环境影响	废水减少量	0.3	0.4	0.3	0.4	0.3	0.3
	污染物减少量	0.5	0.3	0.2	0.5	0.4	0.1

（2）一级模糊综合评价

同理，根据公式计算分别得到CO_2脱灰法和无氨脱灰法的模糊评级矩阵（R_1、R_2），如下所示：

$$R_1 = \begin{bmatrix} 0.3675 & 0.2986 & 0.3339 \\ 0.2625 & 0.4110 & 0.3265 \\ 0.3000 & 0.4523 & 0.2477 \\ 0.3945 & 0.3000 & 0.3055 \end{bmatrix} \quad R_2 = \begin{bmatrix} 0.4775 & 0.3012 & 0.2213 \\ 0.4360 & 0.3265 & 0.2375 \\ 0.4477 & 0.3523 & 0.2000 \\ 0.4473 & 0.3472 & 0.2055 \end{bmatrix}$$

（3）二级模糊综合评价

根据公式：$A=WR$，则得到CO_2脱灰法和无氨脱灰法第二层模糊综合评价集A_1、A_2，其中，$A_1 = [0.3408 \quad 0.3604 \quad 0.2988]$，$A_2 = [0.4519 \quad 0.3355 \quad 0.2126]$。根据最大隶属度原则，对于脱灰工序中的2种污染控制技术，CO_2脱灰法综合评价矩阵A_1中第二个元素的数值最大，表明CO_2脱灰法是较好的污染控制技术；而无氨脱灰法综合评价矩阵A_2中第一个元素的数值最大，表明该技术的综合评价等级为很好，是一个很值得推广以及工厂工业化使用的脱灰工序清洁生产技术。

5.3.1.3 浸酸工序

（1）确定指标隶属度

邀请制革行业相关专家对浸酸工序中所选的无盐浸酸技术、不浸酸铬鞣技术、浸酸废液循环利用技术，按照指标评价标准进行综合评估，统计专家意见，最终得到指标的评语集，统计结果如表5-15浸酸工序污染控制技术专家评估结果统计表所列。

（2）一级模糊综合评价

同理，根据公式计算分别得到不浸酸铬鞣技术、无盐浸酸技术、浸酸废液循环利用技术的一级模糊评级矩阵，R_1、R_2、R_3，如下所示：

表 5-15　浸酸工序污染控制技术专家评估结果统计表

评估指标		隶属度								
		不浸酸铬鞣			无盐浸酸			浸酸废液循环利用		
		很好	较好	一般	很好	较好	一般	很好	较好	一般
工艺技术性能	技术适用性	0.6	0.3	0.1	0.3	0.4	0.3	0.3	0.4	0.3
	技术先进性	0.4	0.4	0.2	0.4	0.3	0.3	0.4	0.4	0.2
	技术稳定性	0.5	0.3	0.2	0.2	0.6	0.2	0.3	0.4	0.3
	技术成熟度	0.5	0.4	0.1	0.2	0.5	0.3	0.4	0.3	0.3
经济性能	工程投资	0.4	0.3	0.3	0.3	0.4	0.2	0.2	0.4	0.4
	运行成本	0.3	0.4	0.3	0.3	0.4	0.3	0.4	0.4	0.2
	经济效益	0.3	0.3	0.4	0.1	0.5	0.4	0.3	0.4	0.3
运行管理	综合能耗	0.4	0.4	0.2	0.4	0.4	0.2	0.4	0.4	0.2
	资源消耗	0.5	0.3	0.2	0.2	0.5	0.3	0.3	0.4	0.3
环境影响	废水减少量	0.5	0.3	0.2	0.4	0.4	0.2	0.5	0.4	0.1
	污染物减少量	0.5	0.3	0.2	0.5	0.4	0.1	0.3	0.5	0.2

$$R_1=\begin{bmatrix} 0.5126 & 0.3436 & 0.1438 \\ 0.3375 & 0.3360 & 0.3265 \\ 0.4523 & 0.3000 & 0.2477 \\ 0.5000 & 0.3000 & 0.2000 \end{bmatrix} \quad R_2=\begin{bmatrix} 0.2801 & 0.4413 & 0.2786 \\ 0.2110 & 0.4625 & 0.3265 \\ 0.2477 & 0.4523 & 0.3000 \\ 0.4473 & 0.4000 & 0.1527 \end{bmatrix}$$

$$R_3=\begin{bmatrix} 0.3436 & 0.3789 & 0.2775 \\ 0.2625 & 0.4000 & 0.3375 \\ 0.3477 & 0.4000 & 0.2523 \\ 0.4045 & 0.4473 & 0.1473 \end{bmatrix}$$

（3）二级模糊综合评价

根据公式 $A=WR$，则得到不浸酸铬鞣技术、无盐浸酸技术、浸酸废液循环利用技术第二层模糊综合评价集 A_1、A_2、A_3，其中，$A_1=\begin{bmatrix} 0.4626 & 0.3151 & 0.2222 \end{bmatrix}$，$A_2=\begin{bmatrix} 0.3176 & 0.4335 & 0.2489 \end{bmatrix}$，$A_3=\begin{bmatrix} 0.3528 & 0.4119 & 0.2353 \end{bmatrix}$。对于浸酸工序中所选的三种污染控制技术，不浸酸铬鞣技术综合评价矩阵 A_1 中第一个元素的数值最大，表明不浸酸铬鞣技术是很好的污染控制技术；而无盐浸酸技术和浸酸废液循环利用技术综合评价矩阵 A_2、A_3 都是第二个元素的数值最大，表明这两个技术都是一种较好的污染控制技术，但综合对比来看尚不及不浸酸铬鞣技术。

5.3.1.4　鞣制工序

（1）确定指标隶属度

按照同样方法对鞣制工序中污染控制技术进行评估，采用百分比统计法统计专家意见，最终得到定性指标的评语集，统计结果如表 5-16 所列。

表 5-16　鞣制工序污染控制技术专家评估结果统计表

评估指标		隶属度								
		高吸收铬鞣技术			铬鞣废液循环利用			无铬鞣技术		
		很好	较好	一般	很好	较好	一般	很好	较好	一般
工艺技术性能	技术适用性	0.6	0.3	0.1	0.3	0.5	0.2	0.3	0.5	0.2
	技术先进性	0.5	0.3	0.2	0.3	0.4	0.3	0.3	0.4	0.3
	技术稳定性	0.5	0.3	0.2	0.2	0.4	0.4	0.4	0.3	0.3
	技术成熟度	0.5	0.4	0.1	0.3	0.4	0.3	0.4	0.5	0.1
经济性能	工程投资	0.5	0.3	0.2	0.3	0.4	0.3	0.3	0.5	0.2
	运行成本	0.4	0.4	0.2	0.3	0.4	0.3	0.3	0.4	0.3
	经济效益	0.4	0.4	0.2	0.3	0.4	0.3	0.4	0.3	0.3
运行管理	综合能耗	0.3	0.4	0.3	0.2	0.4	0.4	0.4	0.4	0.2
	资源消耗	0.5	0.3	0.2	0.2	0.4	0.4	0.3	0.4	0.3
环境影响	废水减少量	0.5	0.3	0.2	0.4	0.4	0.2	0.3	0.5	0.2
	污染物减少量	0.5	0.3	0.2	0.4	0.4	0.2	0.5	0.3	0.2

（2）一级模糊综合评价

同理，根据公式计算分别得到高吸收铬鞣技术、铬鞣废液循环利用技术、无铬鞣技术的一级模糊评级矩阵（R_1、R_2、R_3），如下所示：

$$R_1 = \begin{bmatrix} 0.5351 & 0.3211 & 0.1428 \\ 0.4375 & 0.3360 & 0.2265 \\ 0.4046 & 0.3477 & 0.2477 \\ 0.5000 & 0.3000 & 0.2000 \end{bmatrix} \quad R_2 = \begin{bmatrix} 0.2786 & 0.4351 & 0.2863 \\ 0.2905 & 0.3985 & 0.3110 \\ 0.2477 & 0.3523 & 0.4000 \\ 0.4000 & 0.3527 & 0.2473 \end{bmatrix}$$

$$R_3 = \begin{bmatrix} 0.3424 & 0.4348 & 0.2228 \\ 0.3000 & 0.4375 & 0.2625 \\ 0.3477 & 0.4000 & 0.2523 \\ 0.3945 & 0.4055 & 0.2000 \end{bmatrix}$$

（3）二级模糊综合评价

根据公式 $A = WR$，则可得到高吸收铬鞣技术、铬鞣废液循环利用技术、无铬鞣技术第二层模糊综合评价集 A_1、A_2、A_3，其中，$A_1 = [0.4705 \ 0.3237 \ 0.2058]$，$A_2 = [0.3140 \ 0.3775 \ 0.3085]$，$A_3 = [0.3550 \ 0.4154 \ 0.2296]$。鞣制工序所选的这三种污染控制技术，高吸收铬鞣技术综合评价矩阵 A_1 中第一个元素的数值最大，表明高吸收铬鞣技术是很好的污染控制技术；而铬鞣废液循环利用技术和无铬鞣技术综合评价矩阵 A_2、A_3 都是第二个元素的数值最大，表明这两个技术都是一种较好的污染控制技术，但与高吸收铬鞣技术对比来看还有差距。

5.3.1.5　含硫废水处理技术

（1）确定指标隶属度

按照同样方法对含硫废水的处理技术进行评估，采用百分比统计法统计专家意见，最终得到定性指标的评语集，统计结果如表 5-17 所列。

表 5-17　含硫废水处理技术专家评估结果统计表

评估指标		隶属度								
		化学絮凝法			催化氧化法			酸化吸收法		
		很好	较好	一般	很好	较好	一般	很好	较好	一般
工艺技术性能	技术适用性	0.5	0.4	0.1	0.5	0.3	0.2	0.3	0.5	0.2
	技术先进性	0.5	0.3	0.2	0.5	0.3	0.2	0.3	0.4	0.3
	技术稳定性	0.5	0.3	0.2	0.5	0.4	0.1	0.4	0.3	0.3
	技术成熟度	0.5	0.4	0.1	0.6	0.3	0.1	0.4	0.5	0.1
经济性能	工程投资	0.3	0.4	0.3	0.4	0.5	0.1	0.3	0.5	0.2
	运行成本	0.3	0.5	0.2	0.4	0.4	0.2	0.4	0.4	0.2
	经济效益	0.3	0.4	0.3	0.5	0.3	0.2	0.4	0.5	0.1
运行管理	综合能耗	0.3	0.4	0.3	0.4	0.4	0.2	0.4	0.4	0.2
	资源消耗	0.4	0.3	0.3	0.3	0.4	0.3	0.3	0.4	0.3
环境影响	废水减少量	0.5	0.3	0.2	0.4	0.4	0.2	0.4	0.3	0.3
	污染物减少量	0.5	0.3	0.2	0.5	0.3	0.2	0.4	0.4	0.2

（2）一级模糊综合评价

同理，根据公式计算分别得到化学絮凝法、催化氧化法、酸化吸收法的一级模糊评级矩阵（R_1、R_2、R_3），如下所示：

$$R_1 = \begin{bmatrix} 0.5000 & 0.3561 & 0.1438 \\ 0.3000 & 0.4360 & 0.2640 \\ 0.3523 & 0.3477 & 0.3000 \\ 0.5000 & 0.3000 & 0.2000 \end{bmatrix} \quad R_2 = \begin{bmatrix} 0.5211 & 0.3213 & 0.1576 \\ 0.4265 & 0.4110 & 0.1625 \\ 0.3477 & 0.4000 & 0.2523 \\ 0.4472 & 0.3572 & 0.2000 \end{bmatrix}$$

$$R_3 = \begin{bmatrix} 0.3424 & 0.4348 & 0.2228 \\ 0.3625 & 0.4110 & 0.2265 \\ 0.3477 & 0.4000 & 0.2523 \\ 0.4000 & 0.3473 & 0.2527 \end{bmatrix}$$

（3）二级模糊综合评价

根据公式 $A = WR$，则可得到化学絮凝法、催化氧化法、酸化吸收法第二层模糊综合评价集 A_1、A_2、A_3，其中，$A_1 = \begin{bmatrix} 0.4260 & 0.3475 & 0.2265 \end{bmatrix}$，$A_2 = \begin{bmatrix} 0.4317 & 0.3689 & 0.1994 \end{bmatrix}$，$A_3 = \begin{bmatrix} 0.3671 & 0.3996 & 0.2333 \end{bmatrix}$。含硫废水处理所

选的这三种污染控制技术，化学絮凝法综合评价矩阵 A_1 中第一个元素的数值最大，表明化学絮凝法是很好的含硫废水处理技术；催化氧化法综合评价矩阵 A_2 中也是第一个元素的数值最大，表明该技术也是一种很好的含硫废水处理技术；而酸化吸收法综合评价矩阵 A_3 中第二个元素的数值最大，说明该技术是一种较好的含硫废水处理技术，但是相比于前两种处理技术还有一定差距。

5.3.1.6 综合废水物化处理技术

(1) 确定指标隶属度

按照同样方法对综合废水物化处理中的污染控制技术进行评估，采用百分比统计法统计专家意见，最终得到指标的评语集，统计结果如表 5-18 所列。

表 5-18 综合废水物化处理技术专家评估结果统计表

评估指标		隶属度								
		化学中和法			混凝-气浮法			内电解法		
		很好	较好	一般	很好	较好	一般	很好	较好	一般
工艺技术性能	技术适用性	0.3	0.5	0.2	0.5	0.3	0.2	0.3	0.5	0.2
	技术先进性	0.3	0.4	0.3	0.5	0.4	0.1	0.3	0.4	0.3
	技术稳定性	0.3	0.5	0.2	0.4	0.4	0.2	0.4	0.3	0.3
	技术成熟度	0.4	0.5	0.1	0.4	0.4	0.2	0.4	0.5	0.1
经济性能	工程投资	0.3	0.4	0.3	0.4	0.3	0.3	0.3	0.5	0.2
	运行成本	0.4	0.4	0.2	0.4	0.4	0.2	0.4	0.4	0.2
	经济效益	0.3	0.4	0.3	0.4	0.4	0.2	0.3	0.5	0.2
运行管理	综合能耗	0.4	0.4	0.2	0.4	0.4	0.2	0.4	0.5	0.1
	资源消耗	0.3	0.4	0.3	0.4	0.4	0.2	0.4	0.4	0.2
环境影响	废水减少量	0.3	0.5	0.2	0.5	0.4	0.1	0.4	0.4	0.2
	污染物减少量	0.4	0.5	0.1	0.6	0.3	0.1	0.5	0.3	0.2

(2) 一级模糊综合评价

同理，根据公式计算分别得到化学中和法、混凝-气浮法、内电解法的一级模糊评级矩阵 (R_1、R_2、R_3)，如下所示：

$$R_1 = \begin{bmatrix} 0.3211 & 0.4775 & 0.2014 \\ 0.3360 & 0.4000 & 0.2640 \\ 0.3477 & 0.3523 & 0.3000 \\ 0.3473 & 0.5000 & 0.1527 \end{bmatrix} \quad R_2 = \begin{bmatrix} 0.4786 & 0.3227 & 0.1986 \\ 0.4360 & 0.2905 & 0.2735 \\ 0.4477 & 0.3523 & 0.2000 \\ 0.5472 & 0.3527 & 0.1000 \end{bmatrix}$$

$$R_3 = \begin{bmatrix} 0.3424 & 0.4348 & 0.2228 \\ 0.3360 & 0.4640 & 0.2000 \\ 0.4000 & 0.4477 & 0.1523 \\ 0.4473 & 0.3527 & 0.2000 \end{bmatrix}$$

（3）二级模糊综合评价

根据公式 $A=WR$，则可得到化学中和法、混凝-气浮法、内电解法的第二层模糊综合评价集 A_1、A_2、A_3，其中，$A_1=[0.3400\ \ 0.4376\ \ 0.2224]$，$A_2=[0.4868\ \ 0.3360\ \ 0.1772]$，$A_3=[0.3937\ \ 0.4148\ \ 0.1915]$。综合废水物化处理所选的这三种污染控制技术，混凝-气浮法综合评价矩阵 A_2 中第一个元素的数值最大，表明混凝-气浮法是很好的综合废水物化处理技术；而化学中和法和内电解法综合评价矩阵 A_1、A_3 都是第二个元素的数值最大，表明这两个技术都是一种较好的综合废水物化处理技术，但是与混凝-气浮法相比还有不足之处。

5.3.2　牛皮制革污染控制技术综合评估得分

根据综合评估得分计算公式所示，分别计算所评估的污染控制技术综合得分，结果如表 5-19 所列。

表 5-19　污染控制技术综合评估得分

工序	污染控制技术	综合得分	次序
脱毛浸灰	保毛脱毛法	3.5133	1
	低硫低灰脱毛法	2.6222	3
	酶脱毛法	3.0805	2
脱灰	CO_2脱灰	3.0839	2
	无氨脱灰	3.4787	1
浸酸	不浸酸铬鞣	3.4808	1
	无盐浸酸	3.1373	3
	浸酸废液循环利用	3.2351	2
鞣制	高吸收铬鞣	3.5294	1
	铬鞣废液循环利用	3.0108	3
	无铬鞣技术	3.2506	2
含硫废水处理技术	化学絮凝法	3.3988	2
	催化氧化法	3.4644	1
	酸化吸收法	3.2677	3
综合废水物化处理技术	化学中和法	3.2353	3
	混凝-气浮法	3.6191	1
	内电解法	3.4043	2

从综合得分的结果来看，脱毛浸灰工序所评估的三个污染控制技术中保毛脱毛法综合得分为 3.5133，是三个污染控制技术中最高的，这也说明保毛脱毛法是一项很好的脱毛浸灰工序污染控制技术，该技术也受到广大制革企业的青睐。例如，广东省某牛皮制革公司采用保毛脱毛法代替原有的常规脱毛方法，回收了 95.0% 以上的牛毛，灰碱溶液中的硫化物减少了 30.0%～40.0%，COD 含量降低 60.0%

以上，TN 降低 90.0%。因此，综合废水处理成本减少 1.5 元/t，每年可节约成本 30.0 万元。得分排在第二的酶脱毛法，目前也有应用，相比保毛脱毛法，酶脱毛法用酶代替了传统的灰碱，无毒无害，可以减少 70.0% 的硫化物污染和废水中的 BOD、COD 含量，但是目前高选择性、高活性的酶制剂不多，所以酶脱毛法还存在不稳定、小毛难于脱尽等缺点。因此，酶脱毛法的研究、开发和应用仍然需要不断完善。低硫低灰脱毛法排在第三，是一个一般的污染控制技术，此法脱毛时减少了硫化钠和石灰的用量，所以也可以降低这些主要污染物的排放，但是相比其他两个污染控制技术还有一定的差距。

脱灰工序选取 CO_2 脱灰和无氨脱灰技术，无氨脱灰技术得分 3.4787，排第一位；CO_2 脱灰得分 3.0839，排在第二位。无氨脱灰采用不含铵盐的化工材料如弱的有机酸或有机酯代替传统铵盐，有研究者合成一种碳酸酯无氨脱灰剂，用于脱灰后废水中的总氮含量可以减少 90.0%，COD、BOD 含量也分别减少了 65.0% 和 2.05%。CO_2 脱灰相比无氨脱灰有一定差距，主要是因为 CO_2 脱灰过程中 CO_2 渗透到皮中的时间较慢，脱灰时间较长；还有就是 CO_2 脱灰需要一整套供料设备，需要制革厂在现有设备基础上进行改造，投资维护费用较高，所以目前推广使用还有一定的困难。

浸酸工序评估的三个污染控制技术，其中不浸酸铬鞣技术得分 3.4808，得分最高排在第一位；浸酸废液循环利用技术排在第二位，得分 3.2351；而无盐浸酸技术得分 3.1373，排在第三位，和浸酸废液循环利用技术差距不大。不浸酸铬鞣技术之所以得分高，是因为综合来看该技术工艺性能稳定，技术成熟度高，同时省去了浸酸工序，成本上也有所降低，而且可以提高铬鞣时铬的吸收率，很大程度上降低了废液中的总固体物和盐排放量，所以从技术性能、经济成本以及环境效益方面都是完全可行的清洁生产技术，因此它的综合得分最高。无盐浸酸和浸酸废液循环利用技术都存在某一方面的不足，例如无盐浸酸技术，采用其他非膨胀性酸或者酸性辅助性合成鞣剂代替食盐用于浸酸工序，会造成工艺上的改变，加工和材料成本会比传统有盐浸酸高，还可能造成其他新的污染；而浸酸废液循环利用技术需要建设废液储存罐以及循环设备，前期投资较大，维护成本高，所以相比来说不浸酸铬鞣是浸酸工序最佳的污染控制技术。

鞣制工序评估的高吸收铬鞣技术、铬鞣废液循环利用技术以及无铬鞣技术，得分最高的是高吸收铬鞣技术，得分为 3.5294。该技术具有显著的经济效益和环境效益，例如调研发现河南某皮革公司采用低铬高吸收鞣制技术，铬吸收率从 70.0% 提高至 85.0%，铬粉用量从 50.0kg/t 原皮降至 29.55kg/t 原皮，总铬排放量从 0.820kg/万张降至 0.432kg/万张，不仅减少了铬粉的用量，降低了生产成本，还降低了废液中铬的排放量，降低了废水处理的难度，减少了废水处理成本。无铬鞣技术综合得分 3.2506，排在第二位。该技术从制革生产的源头彻底消除铬污染，是皮革工业持续健康发展的必然趋势。但是，相比于铬鞣革，目前无铬鞣革在性能方面仍然存在一定的差距，还没有达到通用性、多样性的程度，所以还需要制革行业专家继续无铬鞣配套体系的研发。铬鞣废液循环利用技术得分第三，其主要是在经济成本方面与其余两个技术有差距。徐州某制革厂建设的铬鞣废水循环利用技术工程，实际处理能力为 150m³/d，一次性投资 35 万元，设备投资 25 万元，运行成本 5 万元/年，所以该技术工程投资高，运行成本大，不过该技术 0.3 年就可以实现投资回收，使用该技术和传统工艺相比削减总铬排放 99.0%，完全去除含铬污泥，废水循环利用率达到 97.0%，具有很好的环境效益，所以总体来说也是一项值得推广使用的清洁生产技术。

含硫废水处理技术所评估的三个污染控制技术，其中催化氧化法得分 3.4644，排在第一位；化学絮凝法排在第二位，得分 3.3988；而酸化吸收法得分 3.2677，排在第三位。催化氧化法之所以得分高，是因为综合来看该技术成熟度高，投资费用低，处理后污泥量小，硫化物去除率 90% 以上，所以从技术性能、经济成本以及环境效益等方面都是完全可行的清洁生产技术，因此它的综合得分最高。化学絮凝法由于处理后会产生大量的黑色污泥，造成二次污染，所以综合对比与催化氧化法有一点差距。而酸化吸收法需要建设废液储存罐以及循环设备，前期投资较大，维护成本高，所以相比来说催化氧化法是含硫废水处理的最佳的污染控制技术。

最后综合废水物化处理评估的化学中和法、混凝-气浮法以及内电解法，得分最高的是混凝-气浮法，得分为 3.6191。该技术设备简单、管理方便，适合间歇操作，各方面性能较为优秀，综合得分较高。内电解法综合得分 3.4043，排在第二位。该技术占地面积小，投资小，运行费用低，采用工业废铁屑，以废治废，不消耗能源，所以在经济性能以及运行管理方面表现优秀，综合得分也较高，排在第二位。化学中和法得分第三，其主要是在经济性能方面与其余两个技术有差距，但是其也有着操作方便，高效且易控制的优点，所以总体来说也是一项值得推广使用的清洁生产技术。

5.3.3　牛皮制革污染控制关键技术集成

在单独某一工序采取污染控制技术还不能达到全过程减少污染的目的，所以我们要找到各工序污染控制技术的最佳组合，发挥技术的整体优势，提高皮革行业的生产率，达到整体减排的目的。在深入研究制革过程污染控制技术以及加工末端废水处理技术的基础上，将两类技术优化组合，相互补充，相互渗透，突出系统性与可操作性，形成牛皮制革污染控制技术集成技术体系，并紧密结合工厂生产实际，加以推广应用，相信肯定能产生明显的社会效益和经济效益。

按照整个制革生产工艺流程，将各个不同的工序污染控制技术结合，进行牛皮制革清洁生产关键技术集成，关键技术集成如图 5-5 所示。

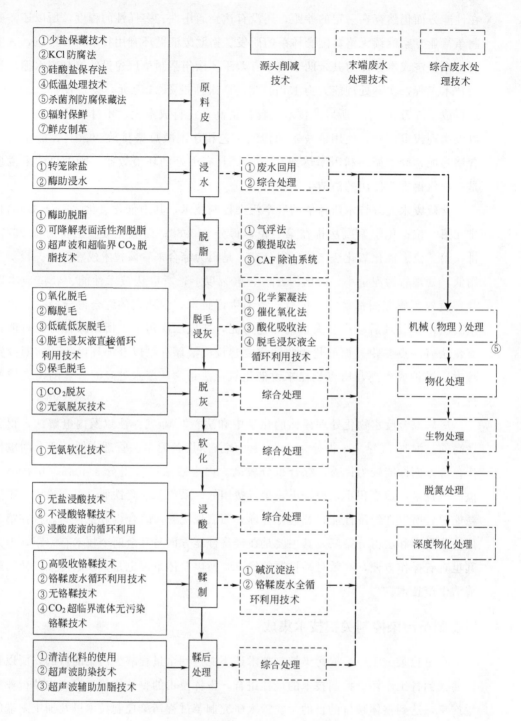

图 5-5 牛皮制革全过程污染控制关键技术集成

下面以一套集成技术为例进行说明。

① 在浸水工序选择转笼除盐技术，可回收 1%～2%（以皮重计）的食盐，降低废水氯离子含量，回收的盐进行处理后可二次使用，既降低了废水末端处理难度又降低了成本。脱脂时采用酶助脱脂的方法，酶代替了传统脱脂工艺中表面活性剂

的作用，脱脂更均匀，又不会造成污染问题。接下来在浸灰脱毛工序可以采用目前制革厂常用的保毛脱毛法，即酶-碱结合的保毛脱毛法，毛的回收率达到 90％以上。通过保毛脱毛，出水的 COD、氨氮、硫化物指标大幅下降，每立方水的处理费用降低 1 元左右，经济效益和社会效益相当可观。同时，还可以采用脱毛浸灰废液循环利用技术。调研得到与传统的毁毛脱毛浸灰工艺相比，采用脱毛浸灰废液循环利用技术，COD 可以削减 50％以上，氨氮削减 80％以上，硫化物削减 99％以上，硫化物回收率达到 99％以上，可以很好地减少脱毛浸灰工序的污染负荷。脱灰时使用无氨脱灰技术，可消除脱灰废液中的氨氮，因此可大幅降低废水中氨氮的治理费用。接下来在浸酸时采用无盐浸酸技术，食盐用量从 6％～8％可以降至 0～5％，从而可以降低或消除废水氯离子排放，操作简单可行。然后鞣制时可以应用高吸收铬鞣技术，该技术对常规铬鞣工艺改变不大，铬吸收率可以提高至 80％～98％，减少铬粉用量 30％～60％，铬鞣废水及污泥中的铬含量大幅降低，所以可降低鞣革成本和铬鞣废水及污泥处理费用，有着不错的经济效益。在鞣后的复鞣、中和、加脂染色等工序可以使用清洁化料代替传统有污染的化学品，减少污染物的产生，做到源头削减。

②　在末端废水处理时，遵循废水分质分流、单工序与综合废水处理相结合的原则，提倡中水回用。浸水工序的废液就可以采用回用的方法，将主浸水的废液用于预浸水，这可以降低预浸水中新鲜水用量 50％以上。脱脂废水要进行分割单独处理，可以减少综合废水处理的负荷，而且可以实现脱脂废水的资源化利用。可以采用气浮法的处理方法，此法可以去除脱脂废水中的脂肪、油脂和动物脂，油脂去除率和 COD 去除率在 85％左右，TN 去除率 15％以上。处理后废水进入综合废水进行后续处理。该技术操作简单，处理效果较好。脱毛浸灰废液中含有大量硫化物可以采用化学絮凝的方法去除，一般加入污水量 0.2％的沉淀剂，硫化物去除率在95％以上，硫化物可达标排放，或者也可以循环利用。该技术可使浸灰废液中悬浮物含量降低 50％以上，硫化钠回收利用率达到 90％以上，COD 的去除率达到 90％以上，氨氮的去除率达到 80％以上。浸酸工序的废液可以排到综合废水进行处理，也可以采用回用的方法。浸酸废液回用可节省食盐用量 50％～80％，同时减小酸的消耗。鞣制废水末端处理方法是碱沉淀法，加碱沉淀，将铬污泥压滤，单独处理，循环利用或单独存放，铬回收彻底，废水中 Cr^{3+} 去除率 95％以上，上清液中的总铬含量小于 1mg/L。或者把铬鞣废液循环利用，该技术可减排总铬 99％以上，完全消除含铬污泥，铬鞣废水循环利用率在 97％以上，可实现多次循环。对于鞣后工序的废水，含有低浓度的铬，没有回收利用价值，可以分流单独收集，加碱将铬沉淀，然后排到综合废水进行处理。

③　在综合废水处理时，使用"机械＋物化＋生化＋深度"多级处理模式，达到排放的水质要求，企业根据不同的排放要求进行组合处理。

目前随着国家环保管理力度的加大以及制革加工技术的提高，制革废水"分类预处理，综合废水物化生化处理"的工艺路线已经得到共识，国内制革企业在源头削减、末端处理以及节水减排方面已经取得了很大进展，随着制革技术以及制革新型环保材料的不断研发，制革行业的环境污染问题会得到很大的改善，变得越来越清洁和环保。

5.4 毛皮污染控制技术评估

5.4.1 毛皮污染控制技术模糊综合评价

同理，在废水污染源解析的基础上，结合毛皮行业污染控制技术现状，在各生产工序中选择对脱脂、浸酸、浸水工序污染控制技术进行综合量化评估，有利于企业参考选择可行性最佳污染控制技术，推进清洁化生产。

评估工序及污染控制技术如表 5-20 所列。

表 5-20　评估工序和污染控制技术

工序	备选污染控制技术
脱脂	机械法脱脂、化学法脱脂、酶法脱脂
浸水	传统浸水法、酶助浸水法
浸酸	无盐浸酸技术、联合浸酸技术、浸酸废液循环利用技术

5.4.1.1 脱脂工序

（1）确定指标隶属度

根据指标评价等级标准，邀请皮革行业专家对脱脂工序中的污染控制技术进行评估；采用百分比统计方法对专家意见进行统计，最后得到定性指标的评价结果。如表 5-21 所列。

表 5-21　脱脂工序污染控制技术专家评估结果统计表

评估指标		隶属度								
		机械法脱脂			化学法脱脂			酶法脱脂		
		很好	较好	一般	很好	较好	一般	很好	较好	一般
工艺技术性能	技术适用性	0.3	0.3	0.4	0.5	0.3	0.2	0.3	0.4	0.3
	技术先进性	0.2	0.2	0.6	0.4	0.4	0.2	0.4	0.3	0.3
	技术稳定性	0.5	0.3	0.2	0.4	0.3	0.3	0.2	0.4	0.3
	技术成熟度	0.6	0.3	0.1	0.4	0.3	0.3	0.2	0.3	0.5
经济性能	工程投资	0.2	0.3	0.5	0.4	0.3	0.3	0.5	0.3	0.2
	运行成本	0.2	0.3	0.5	0.3	0.3	0.4	0.5	0.3	0.2
	经济效益	0.3	0.4	0.3	0.4	0.4	0.3	0.3	0.4	0.3

评估指标		隶属度								
		机械法脱脂			化学法脱脂			酶法脱脂		
		很好	较好	一般	很好	较好	一般	很好	较好	一般
运行管理	综合能耗	0.2	0.2	0.6	0.3	0.3	0.4	0.4	0.4	0.2
	资源消耗	0.2	0.2	0.6	0.3	0.3	0.4	0.3	0.4	0.3
环境影响	废水减少量	0.4	0.3	0.3	0.2	0.4	0.4	0.5	0.3	0.2
	污染物减少量	0.5	0.3	0.2	0.2	0.4	0.4	0.5	0.3	0.2

（2）一级模糊综合评价

以机械法脱脂为例，构造准则层 B_i 所包含的最低层的模糊隶属矩阵和权重矩阵，根据公式：

$$B_1 = W_1 R_1 = \begin{bmatrix} 0.3507 & 0.2250 & 0.2135 & 0.2180 \end{bmatrix} \begin{bmatrix} 0.3 & 0.3 & 0.4 \\ 0.2 & 0.2 & 0.6 \\ 0.5 & 0.3 & 0.2 \\ 0.6 & 0.3 & 0.1 \end{bmatrix}$$

$$= \begin{bmatrix} 0.3734 & 0.2775 & 0.3391 \end{bmatrix}$$

同理可得到：$B_2 = \begin{bmatrix} 0.2265 & 0.3265 & 0.4470 \end{bmatrix}$，$B_3 = \begin{bmatrix} 0.2000 & 0.2000 & 0.6000 \end{bmatrix}$，$B_4 = \begin{bmatrix} 0.4473 & 0.3000 & 0.2527 \end{bmatrix}$。由此可以得到第二层评价矩阵，$R = \begin{bmatrix} B_1 & B_2 & B_3 & B_4 \end{bmatrix}^T$。

（3）二级模糊综合评价

通过一级模糊综合运算求出准则层 B 中各项指标所对应的不同评价等级的隶属度，根据公式 $A = WR$，则第二层模糊综合评价集：

$$A_1 = WR = \begin{bmatrix} 0.2110 & 0.1463 & 0.2787 & 0.3460 \end{bmatrix} \begin{bmatrix} 0.3734 & 0.2775 & 0.3391 \\ 0.2265 & 0.3265 & 0.4470 \\ 0.2000 & 0.2000 & 0.6000 \\ 0.4473 & 0.3000 & 0.2527 \end{bmatrix}$$

$$= \begin{bmatrix} 0.3286 & 0.2717 & 0.2882 \end{bmatrix}$$

通过同样的步骤，对化学法脱脂和酶法脱脂分别进行一级模糊评估和二级模糊评估，得到结果为 $A_2 = \begin{bmatrix} 0.3077 & 0.3452 & 0.3508 \end{bmatrix}$，$A_3 = \begin{bmatrix} 0.4024 & 0.3441 & 0.2489 \end{bmatrix}$。根据最大隶属度原则，对于脱脂工序中的三种污染控制技术，酶法脱脂综合评价矩阵 A_3 中第一个元素的数值最大，表明酶法脱脂是最好的污染控制技术；化学法脱脂综合评价矩阵 A_2 中第三个元素的数值最大，表明该技术的综合评价等级为一般；机械法脱脂综合评价矩阵 A_3 中第一个元素的数值最大，表明该技术也是一种较好的污染控制技术，但尚不及酶法脱脂。

5.4.1.2　浸水工序

（1）确定指标隶属度

同样，收集整理专家对浸水工序的污染控制技术评估表，采用百分比统计法统计得到定性指标的评语集，统计结果如表 5-22 所列。

表 5-22　浸水工序污染控制技术专家评估结果统计表

评估指标		隶属度					
		传统浸水法			酶助浸水法		
		很好	较好	一般	很好	较好	一般
工艺技术性能	技术适用性	0.3	0.3	0.4	0.5	0.3	0.2
	技术先进性	0.2	0.4	0.4	0.6	0.2	0.2
	技术稳定性	0.5	0.2	0.3	0.4	0.4	0.2
	技术成熟度	0.5	0.3	0.2	0.5	0.3	0.2
经济成本	工程投资	0.2	0.4	0.4	0.3	0.4	0.3
	运行成本	0.2	0.3	0.5	0.3	0.4	0.3
	经济效益	0.3	0.4	0.3	0.3	0.3	0.4
资源能源消耗	综合能耗	0.3	0.4	0.3	0.3	0.4	0.3
	资源消耗	0.3	0.4	0.3	0.3	0.5	0.2
环境影响	废水减少量	0.1	0.2	0.7	0.3	0.3	0.4
	污染物减少量	0.2	0.2	0.6	0.5	0.3	0.2

（2）一级模糊综合评价

同理，根据公式计算分别得到传统浸水法和酶助浸水法的模糊评级矩阵（R_1、R_2），如下所示：

$$R_1 = \begin{bmatrix} 0.3264 & 0.3012 & 0.3365 \\ 0.2265 & 0.3640 & 0.4095 \\ 0.3000 & 0.4000 & 0.3000 \\ 0.1473 & 0.2000 & 0.6527 \end{bmatrix} \quad R_2 = \begin{bmatrix} 0.5012 & 0.2989 & 0.2014 \\ 0.3735 & 0.3000 & 0.3265 \\ 0.3000 & 0.4046 & 0.2477 \\ 0.3495 & 0.3000 & 0.3055 \end{bmatrix}$$

（3）二级模糊综合评价

根据公式 $A = WR$，则得到传统浸水法和酶助浸水法的第二层模糊综合评价集 A_1、A_2，其中，$A_1 = [0.2483 \quad 0.3040 \quad 0.4492]$，$A_2 = [0.3872 \quad 0.3289 \quad 0.2709]$。根据最大隶属度原则，对于浸水工序中的 2 种污染控制技术，酶助浸水法综合评价矩阵 A_2 中第一个元素的数值最大，表明酶助浸水法是很好的污染控制技术，值得推广应用。传统浸水法综合评价矩阵 A_1 中第三个元素的数值最大，表明该技术的综合评价等级为一般，相比前者而言不建议大规模使用。

5.4.1.3　浸酸工序

（1）确定指标隶属度

邀请制革行业相关专家对浸酸工序中所选取的无盐浸酸技术、不浸酸铬鞣技术、浸酸废液循环利用技术，按照指标评价标准进行综合评估，统计专家意见，最终得到指标的评语集，统计结果如表 5-23 浸酸污染控制技术专家评估结果统计表所列。

表 5-23　浸酸工序污染控制技术专家评估结果统计表

评估指标		隶属度								
		不浸酸铬鞣技术			无盐浸酸技术			浸酸废液循环利用技术		
		很好	较好	一般	很好	较好	一般	很好	较好	一般
工艺技术性能	技术适用性	0.4	0.4	0.2	0.6	0.3	0.1	0.3	0.4	0.3
	技术先进性	0.2	0.2	0.6	0.4	0.4	0.2	0.4	0.4	0.2
	技术稳定性	0.5	0.3	0.2	0.5	0.3	0.2	0.4	0.3	0.3
	技术成熟度	0.4	0.3	0.3	0.5	0.4	0.1	0.4	0.3	0.3
经济性能	工程投资	0.4	0.3	0.3	0.4	0.3	0.3	0.2	0.4	0.4
	运行成本	0.3	0.4	0.3	0.3	0.4	0.3	0.3	0.4	0.3
	经济效益	0.3	0.4	0.3	0.3	0.4	0.3	0.3	0.4	0.3
运行管理	综合能耗	0.4	0.3	0.3	0.4	0.3	0.3	0.4	0.4	0.2
	资源消耗	0.5	0.3	0.2	0.4	0.3	0.3	0.4	0.3	0.3
环境影响	废水减少量	0.2	0.3	0.5	0.5	0.3	0.2	0.5	0.4	0.1
	污染物减少量	0.2	0.3	0.5	0.5	0.3	0.2	0.3	0.5	0.2

（2）一级模糊综合评价

同理，根据公式计算分别得到不浸酸铬鞣技术、无盐浸酸技术、浸酸废液循环利用技术的一级模糊评级矩阵（R_1、R_2、R_3），如下所示：

$$R_1=\begin{bmatrix} 0.3764 & 0.3126 & 0.3111 \\ 0.3375 & 0.3625 & 0.3000 \\ 0.4523 & 0.3000 & 0.2477 \\ 0.2000 & 0.3000 & 0.5000 \end{bmatrix} \quad R_2=\begin{bmatrix} 0.5125 & 0.3436 & 0.1428 \\ 0.3375 & 0.3360 & 0.3265 \\ 0.4523 & 0.3000 & 0.2477 \\ 0.5000 & 0.3000 & 0.2000 \end{bmatrix}$$

$$R_3=\begin{bmatrix} 0.3436 & 0.3789 & 0.2775 \\ 0.2625 & 0.4000 & 0.3375 \\ 0.3477 & 0.4000 & 0.2523 \\ 0.4045 & 0.4473 & 0.1473 \end{bmatrix}$$

（3）二级模糊综合评价

根据公式 $A=WR$，则得到不浸酸铬鞣技术、无盐浸酸技术、浸酸废液循环利用技术第二层模糊综合评价集 A_1、A_2、A_3，其中，A_1＝[0.3301　0.3129　0.3570]，A_2＝[0.4626　0.3151　0.2222]，A_3＝[0.3528　0.4119　0.2353]。对于浸酸工序中所选的三种污染控制技术，无盐浸酸技术综合评价矩阵 A_2 中第一个元素的数值最大，表明无盐浸酸技术是很好的污染控制技术，值得推广应用；浸酸废液循环利用技术综合评价矩阵 A_3 是第二个元素的数值最大，表明是一种较好的污染控制技术，可以采用；不浸酸铬鞣技术综合评价矩阵 A_1 中第三个数最大，表明此技术优良程度一般，不及前两者值得推广。

5.4.2 毛皮污染控制技术综合评估得分

5.4.2.1 模糊综合法得分

根据模糊综合评估得分计算公式所示，分别计算所评估的污染控制技术综合得分，结果如表 5-24 所列。

表 5-24 污染控制技术综合评估得分

工序	污染控制技术	综合得分	次序
脱脂	机械法脱脂	2.7463	3
	化学法脱脂	2.9249	2
	酶法脱脂	3.2932	1
浸水	传统浸水	1.9892	2
	酶助浸水	3.1936	1
浸酸	不浸酸铬鞣	2.9462	3
	无盐浸酸	3.5882	1
	浸酸废液循环利用	3.2350	2

从综合得分的结果来看，脱脂工序所评估的三个污染控制技术中酶法脱脂综合得分为 3.2932，是三个污染控制技术中得分最高的，表明酶法脱脂是一项很好的脱脂工序污染控制技术；得分排在第二的化学法脱脂是目前最广泛应用的脱脂方法。酶法脱脂因用酶代替了传统的碱类物质和表面活性剂等，无毒无害，可以大幅度减少废水中的 BOD、COD 含量，但是目前高选择性、高活性的酶制剂不多，所以酶法脱毛还存在脱脂效率不高、不能单独使用、可能松动毛根的缺点。因此，酶法脱脂的进一步研究、开发和应用仍然需要不断完善。机械法脱脂排在第三，该技术采用物理技术脱脂，较为节省化料和能源，但有脱脂不干净、应用范围小的缺点，相比其他两个污染控制技术还有一定的差距。

浸水工序选取的传统浸水和酶助浸水技术，酶助浸水技术得分 3.1936，排第一位；传统浸水技术得分 1.9892，排在第二位。酶助浸水技术中采用的浸水酶，可以有效减少中性盐的消耗量，加快皮板回软速度，对胶原纤维的松散作用明显，相比传统浸水法而言优点很多，被很多企业采用。当然，使用酶助浸水在毛皮企业的生产中仍然要谨慎对待，若酶制剂的专一性不强，会导致毛被得不到有效保护，造成企业生产的损失。因此，推广开发新型酶浸水助剂，大力推广酶助浸水，将在传统浸水的基础上有效提升生产效率，减少环境污染。

浸酸工序评估的三个污染控制技术，其中无盐浸酸技术得分 3.5882，得分排在第一位；浸酸废液循环利用技术排在第二位，得分 3.2350；联合浸酸技术得分 2.9462，排在第三位。无盐浸酸技术之所以得分高，是因为怎样去除浸酸时加入的大量中性盐，对于整个行业来讲都是一项难题，而目前的技术仍然没有较好的中性盐去除效果。采用无盐浸酸，无疑从根本上解决了此项难题，是各大毛皮加工企业所期待推广的清洁生产技术。对于废液循环利用技术而言，可以大幅度减少生产过程中的耗水量，比起传统技术更加节约水资源。联合浸酸技术比较传统，是将有机酸与无机酸结合使用，提升浸酸效果。相比较三者而言，无盐浸酸工序是最佳的污染控制技术。

5.4.2.2 标杆分析法

以脱脂工序中的机械法脱脂为例，其标杆值与实际值如表 5-25 所列。

表 5-25 机械法脱脂标杆值与实际值表

一级指标	权重	二级指标	权重	综合权重	标杆值	实际值
技术性能	0.2110	技术适用性	0.3507	0.0740	8.0	7.0
		技术先进性	0.2250	0.0475	7.0	6.4
		技术稳定性	0.2135	0.0450	8.0	6.9
		技术成熟度	0.2108	0.0445	8.0	6.5
经济成本	0.1643	工程投资	0.3752	0.0616	8.5	7.1
		运行成本	0.3599	0.0591	8.5	6.9
		经济效益	0.2649	0.0435	8.0	6.1
运行管理	0.2787	综合能耗	0.4772	0.1330	8.5	7.3
		资源消耗	0.5228	0.1457	8.0	6.3
环境影响	0.3460	废水减少量	0.5273	0.1824	7.0	6.3
		污染物减少量	0.4727	0.1636	7.0	6.0

代入前面公式经计算可得，机械法脱脂综合评估得分 $D_1 = 0.8492$；

脱脂工序、浸水工序、浸酸工序的 11 项污染控制技术的标杆值与实际值分别如表 5-26～表 5-28 所列。

表 5-26 脱脂工序污染控制技术标杆值与实际值

二级指标	机械法脱脂		化学法脱脂		酶法脱脂	
	标杆值	实际值	标杆值	实际值	标杆值	实际值
技术适用性	8.0	7.0	8.5	7.8	8.0	7.4

二级指标	机械法脱脂		化学法脱脂		酶法脱脂	
	标杆值	实际值	标杆值	实际值	标杆值	实际值
技术先进性	7.0	6.4	8.0	7.1	9.0	8.4
技术稳定性	8.0	6.9	8.5	7.6	8.0	7.3
技术成熟度	8.0	6.5	8.5	8.0	8.0	7.5
工程投资	8.5	7.1	8.5	7.8	8.0	7.3
运行成本	8.5	6.9	8.0	7.3	8.0	7.4
经济效益	8.0	6.1	8.5	7.6	8.0	7.4
综合能耗	8.5	7.3	8.0	7.3	8.5	7.8
资源消耗	8.0	6.3	8.0	7.2	9.0	8.3
废水减少量	7.0	6.3	8.0	6.9	8.0	7.6
污染物减少量	7.0	6.0	8.0	7.1	8.5	7.7

表 5-27 浸水工序污染控制技术标杆值与实际值

二级指标	传统浸水		酶助浸水	
	标杆值	实际值	标杆值	实际值
技术适用性	7.0	6.0	8.0	7.6
技术先进性	6.5	5.4	8.5	7.8
技术稳定性	7.0	6.1	8.5	7.8
技术成熟度	8.0	6.6	8.0	7.2
工程投资	7.0	5.7	8.0	7.4
运行成本	7.0	5.9	8.0	7.3
经济效益	7.0	6.1	8.5	7.7
综合能耗	7.0	5.8	8.0	7.2
资源消耗	6.5	5.7	8.5	7.6
废水减少量	6.5	5.7	8.5	7.7
污染物减少量	6.5	5.5	8.5	7.8

表 5-28 浸酸工序污染控制技术标杆值与实际值

二级指标	联合浸酸		无盐浸酸		浸酸废液循环利用	
	标杆值	实际值	标杆值	实际值	标杆值	实际值
技术适用性	8.0	6.3	8.0	7.2	8.5	7.5
技术先进性	8.0	6.2	9.0	8.5	8.5	7.6
技术稳定性	8.0	6.5	8.0	7.5	8.5	7.6
技术成熟度	8.5	6.7	7.5	6.7	8.0	7.1
工程投资	8.0	6.6	8.0	6.9	8.0	7.1
运行成本	8.0	6.8	8.0	7.1	8.0	7.2

续表

二级指标	联合浸酸		无盐浸酸		浸酸废液循环利用	
	标杆值	实际值	标杆值	实际值	标杆值	实际值
经济效益	7.5	6.2	8.0	7.4	8.5	7.5
综合能耗	7.5	6.3	8.0	7.3	8.0	7.0
资源消耗	7.5	6.5	8.0	7.4	8.0	7.2
废水减少量	7.5	6.2	8.0	7.3	8.0	7.1
污染物减少量	7.5	6.2	8.5	7.6	8.0	7.1

同理，代入公式计算其分别的综合评估得分，最终结果与各自组内排序如表 5-29 所列。

表 5-29 各项污染控制技术综合评估得分及组内排名

工序	控制技术	综合评估得分	组内排序
脱脂工序	机械法脱脂	0.8492	3
	化学法脱脂	0.8966	2
	酶法脱脂	0.9247	1
浸水工序	传统浸水	0.8531	2
	酶助浸水	0.911	1
浸酸工序	联合浸酸	0.8278	3
	无盐浸酸	0.9082	1
	浸酸废液循环利用	0.8884	2

综上所述，此方法的评估结果与模糊综合法取得的结果是一致的，酶法脱脂、酶助浸水以及无盐浸酸是推荐使用的清洁生产技术。两种评估方法得到同样的结果说明了采用此方法的合理性与准确性，可以将其作为指导污染控制技术选择的依据。

5.5 综合废水集成处理技术评估

除上述 5.3 和 5.4 部分中的清洁生产技术之外，还有另外一些 "水专项" 支持下形成的综合废水处理技术，主要有脱氮技术中的无机和生物絮凝的耦合预处理＋优选硝化菌种的 AO 串联脱氨处理联控技术（简称脱氮联控技术）、A/O 工艺、AB 工艺，深度处理技术中的高级氧化技术和膜处理技术，还有集成技术中的四种技术，分别为预处理控毒＋厌氧降成本＋COD 分配后置反硝化＋残留难降解 COD 深度处理技术（简称集成一）、电絮凝＋电渗析＋MVR 技术（简称集成二）、两段厌氧＋硫化物化学吸收＋生物脱氮与泥炭吸附协同技术（简称集成三）、聚铁沉聚＋厌氧消解＋不加药加板框技术（简称集成四）。如表 5-30 所列。

表 5-30   "水专项"综合废水集成处理技术

名称	水专项技术
脱氮技术	脱氮联控技术、A/O 工艺、AB 工艺
深度处理技术	高级氧化技术、膜处理技术
集成技术	集成一、集成二、集成三、集成四

5.5.1   集成技术模糊综合评估得分

5.5.1.1   脱氮技术模糊综合评估得分

（1）确定指标隶属度

根据指标评价等级标准，邀请皮革行业专家对脱氮技术进行评估；采用百分比统计方法对专家意见进行统计；最后得到定性指标的评价结果。如表 5-31 所列。

表 5-31   脱氮技术专家评估结果统计表

评估指标		隶属度								
		脱氮联控技术			A/O 工艺			AB 工艺		
		很好	较好	一般	很好	较好	一般	很好	较好	一般
工艺技术性能	技术适用性	0.7	0.2	0.1	0.5	0.3	0.2	0.3	0.3	0.4
	技术先进性	0.7	0.2	0.1	0.4	0.4	0.2	0.4	0.3	0.3
	技术稳定性	0.6	0.2	0.2	0.5	0.3	0.2	0.2	0.4	0.3
	技术成熟度	0.6	0.2	0.2	0.6	0.1	0.3	0.3	0.2	0.5
经济性能	工程投资	0.5	0.3	0.2	0.4	0.2	0.4	0.4	0.3	0.3
	运行成本	0.4	0.4	0.2	0.3	0.4	0.3	0.3	0.3	0.4
	经济效益	0.5	0.3	0.2	0.4	0.4	0.2	0.3	0.4	0.3
运行管理	综合能耗	0.4	0.4	0.2	0.3	0.4	0.3	0.4	0.4	0.2
	资源消耗	0.4	0.5	0.1	0.3	0.4	0.3	0.3	0.3	0.4
环境影响	废水减少量	0.5	0.3	0.2	0.4	0.2	0.4	0.3	0.2	0.5
	污染物减少量	0.5	0.3	0.2	0.4	0.2	0.4	0.3	0.2	0.5

（2）一级模糊综合评价

以脱氮联控技术为例，构造准则层 B_i 所包含的最低层的模糊隶属矩阵和权重矩阵，根据公式：

$$B_1 = W_1 R_1 = [0.3507 \quad 0.2250 \quad 0.2135 \quad 0.2180] \begin{bmatrix} 0.7 & 0.2 & 0.1 \\ 0.7 & 0.2 & 0.1 \\ 0.6 & 0.2 & 0.2 \\ 0.6 & 0.2 & 0.2 \end{bmatrix}$$

$$= [0.6576 \quad 0.2000 \quad 0.1424]$$

同理可得到 $B_2 = [0.4500\ \ 0.3306\ \ 0.1964]$，$B_3 = [0.4000\ \ 0.4523\ \ 0.1477]$，$B_4 = [0.5000\ \ 0.3000\ \ 0.2000]$。由此可得第二层评价矩阵 $R_1 = [B_1 B_2 B_3 B_4]^T$。

同理得 A/O 工艺与 AB 工艺的一级模糊评价矩阵：

$$R_2 = \begin{bmatrix} 0.4986 & 0.4803 & 0.2211 \\ 0.3568 & 0.3214 & 0.3303 \\ 0.3000 & 0.3000 & 0.4000 \\ 0.4000 & 0.2000 & 0.4000 \end{bmatrix}, R_3 = \begin{bmatrix} 0.2801 & 0.3214 & 0.3772 \\ 0.3303 & 0.3571 & 0.2946 \\ 0.3477 & 0.3477 & 0.3046 \\ 0.3000 & 0.2000 & 0.5000 \end{bmatrix}$$

（3）二级模糊综合评价

通过一级模糊综合运算求出准则层 B 中各项指标所对应的不同评价等级的隶属度，根据公式 $A = WR$，则第二层模糊综合评价集如下：

$$A_1 = W \cdot R_1 = [0.2110\ \ 0.1463\ \ 0.2787\ \ 0.3460] \begin{bmatrix} 0.6576 & 0.2000 & 0.1424 \\ 0.4500 & 0.3306 & 0.1964 \\ 0.4000 & 0.4523 & 0.1477 \\ 0.5000 & 0.3000 & 0.2000 \end{bmatrix}$$

$$= [0.4891\ \ 0.3204\ \ 0.1691]$$

同理，可计算得出 A/O 工艺与 AB 工艺第二层模糊综合评价集分别为：$A_2 = [0.3794\ \ 0.3012\ \ 0.3449]$，$A_3 = [0.3081\ \ 0.2862\ \ 0.3806]$。

A_1、A_2 的第一个数最大，表明脱氮联控技术是一种很好的污染控制技术，A/O 技术也是一种很好的污染控制技术，A_3 第三个数最大，说明 AB 工艺较前两者有差距。代入模糊综合评价得分公式，可得三种脱氮技术最终综合评估得分及排序如表 5-32 所列。

表 5-32　脱氮技术模糊综合评估得分及排序

技术名称	综合得分	排序
脱氮联控技术	3.5758	1
A/O 工艺	3.1454	2
AB 工艺	2.7797	3

结果表明，"水专项"技术脱氮联控技术得分明显高于其他两种脱氮工艺，值得推广使用。

5.5.1.2　深度处理技术模糊综合评估得分

（1）确定指标隶属度

深度处理技术专家评估结果如表 5-33 所列。

（2）一级模糊综合评价

同理，经计算可得高级氧化技术与膜处理技术的一级模糊评价矩阵：

表 5-33 深度处理技术专家评估结果统计表

评估指标		隶属度					
		高级氧化技术			膜处理技术		
		很好	较好	一般	很好	较好	一般
工艺技术性能	技术适用性	0.5	0.3	0.2	0.7	0.2	0.1
	技术先进性	0.4	0.4	0.2	0.7	0.2	0.1
	技术稳定性	0.5	0.3	0.2	0.6	0.2	0.2
	技术成熟度	0.6	0.1	0.3	0.6	0.1	0.2
经济性能	工程投资	0.4	0.2	0.4	0.5	0.3	0.2
	运行成本	0.3	0.4	0.3	0.4	0.4	0.2
	经济效益	0.4	0.4	0.3	0.5	0.3	0.2
运行管理	综合能耗	0.3	0.3	0.4	0.4	0.4	0.2
	资源消耗	0.3	0.3	0.4	0.4	0.5	0.1
环境影响	废水减少量	0.4	0.2	0.4	0.5	0.3	0.2
	污染物减少量	0.4	0.2	0.4	0.5	0.3	0.2

$$R_1 = \begin{bmatrix} 0.5000 & 0.2801 & 0.2099 \\ 0.4285 & 0.2856 & 0.2678 \\ 0.4000 & 0.3000 & 0.3000 \\ 0.5000 & 0.2945 & 0.2055 \end{bmatrix}, R_2 = \begin{bmatrix} 0.5576 & 0.2436 & 0.1989 \\ 0.5267 & 0.2589 & 0.1964 \\ 0.4523 & 0.3046 & 0.2432 \\ 0.5000 & 0.3000 & 0.2000 \end{bmatrix}$$

（3）二级模糊综合评价

经计算可得高级氧化技术与膜处理技术的第二层模糊综合评价集为：

$A_1 = [0.4527 \quad 0.2864 \quad 0.2403]$，$A_2 = [0.4938 \quad 0.2780 \quad 0.2077]$

二者均第一个数最大，表明均为很好的污染控制技术。代入模糊综合评价得分公式，可得两者深度处理技术综合评价得分及排序如表 5-34 所列。

表 5-34 深度处理技术模糊综合评估得分及排序

技术名称	综合得分	排序
高级氧化技术	3.3628	2
膜处理技术	3.5104	1

结果表明，膜处理技术得分较高，更加值得推广使用。

5.5.1.3 集成技术模糊综合评估得分

（1）确定指标隶属度

集成技术专家评估结果如表 5-35 所列。

表 5-35 集成技术专家评估结果统计表

评估指标		隶属度											
		集成一			集成二			集成三			集成四		
		很好	较好	一般	很好	较好	一般	很好	较好	一般	很好	较好	一般
工艺技术性能	技术适用性	0.6	0.3	0.1	0.4	0.4	0.2	0.7	0.1	0.2	0.6	0.3	0.1
	技术先进性	0.7	0.2	0.1	0.5	0.4	0.1	0.7	0.2	0.1	0.5	0.3	0.2
	技术稳定性	0.6	0.2	0.2	0.4	0.3	0.3	0.7	0.1	0.2	0.6	0.2	0.2
	技术成熟度	0.6	0.1	0.3	0.4	0.4	0.2	0.6	0.3	0.1	0.5	0.2	0.3
经济性能	工程投资	0.7	0.1	0.2	0.4	0.2	0.4	0.6	0.2	0.2	0.5	0.4	0.1
	运行成本	0.6	0.2	0.2	0.4	0.3	0.3	0.4	0.2	0.4	0.4	0.5	0.1
	经济效益	0.5	0.3	0.2	0.3	0.4	0.3	0.7	0.1	0.2	0.6	0.1	0.3
运行管理	综合能耗	0.5	0.4	0.1	0.3	0.4	0.3	0.6	0.2	0.2	0.5	0.3	0.2
	资源消耗	0.5	0.4	0.1	0.3	0.3	0.4	0.6	0.2	0.2	0.5	0.3	0.2
环境影响	废水减少量	0.5	0.3	0.2	0.3	0.4	0.3	0.6	0.3	0.1	0.5	0.4	0.1
	污染物减少量	0.5	0.3	0.2	0.3	0.4	0.3	0.5	0.3	0.2	0.5	0.4	0.1

（2）一级模糊综合评价

同理，经计算可得四种集成技术的一级模糊评价矩阵：

$$R_1 = \begin{bmatrix} 0.6225 & 0.2140 & 0.1635 \\ 0.5984 & 0.1872 & 0.1964 \\ 0.5000 & 0.4000 & 0.1000 \\ 0.5000 & 0.3000 & 0.2000 \end{bmatrix}, R_2 = \begin{bmatrix} 0.4225 & 0.3787 & 0.1989 \\ 0.3568 & 0.3214 & 0.3303 \\ 0.3000 & 0.3000 & 0.4000 \\ 0.3527 & 0.2945 & 0.3527 \end{bmatrix}$$

$$R_3 = \begin{bmatrix} 0.6789 & 0.1647 & 0.1564 \\ 0.6157 & 0.1699 & 0.1964 \\ 0.6000 & 0.1523 & 0.2477 \\ 0.5527 & 0.1945 & 0.2527 \end{bmatrix}, R_4 = \begin{bmatrix} 0.5564 & 0.2576 & 0.1860 \\ 0.4815 & 0.3493 & 0.1512 \\ 0.5000 & 0.3000 & 0.2000 \\ 0.5000 & 0.4000 & 0.1000 \end{bmatrix}$$

（3）二级模糊综合评价

经计算可得四种集成技术的第二层模糊综合评价集为：

$$A_1 = \begin{bmatrix} 0.5312 & 0.2878 & 0.1603 \end{bmatrix}, A_2 = \begin{bmatrix} 0.3470 & 0.3124 & 0.3238 \end{bmatrix}$$

$$A_3 = \begin{bmatrix} 0.5918 & 0.1694 & 0.2182 \end{bmatrix}, A_4 = \begin{bmatrix} 0.5002 & 0.3275 & 0.1517 \end{bmatrix}$$

结果均为第一个数最大，表明均属于很好范畴的污染控制技术。代入模糊综合评价得分公式，可得四种集成技术综合评估得分及排序如表 5-36 所列。

表 5-36 四种集成技术模糊综合评估得分及排序

技术名称	综合得分	排序
集成一	3.6800	2
集成二	2.9961	4
集成三	3.6852	1
集成四	3.6351	3

结果表明，四种集成技术得分由高到低排序为集成三＞集成一＞集成四＞集成二，即为推荐使用顺序。

5.5.2 集成技术标杆分析法得分

5.5.2.1 脱氮技术标杆分析法得分

将脱氮联控技术与同样属于脱氮技术的 A/O 工艺、AB 工艺进行对比评估。标杆值与实际值如表 5-37 所列。

表 5-37 脱氮技术标杆值与实际值

二级指标	脱氮联控技术		A/O 工艺		AB 工艺	
	标杆值	实际值	标杆值	实际值	标杆值	实际值
技术适用性	8.5	7.5	9.0	7.3	8.5	6.8
技术先进性	9.5	8.0	8.5	7.1	8.0	6.5
技术稳定性	8.0	7.6	8.5	7.4	8.0	7.6
技术成熟度	8.5	7.2	8.5	7.1	8.0	6.7
工程投资	8.0	7.2	8.5	7.0	8.0	6.7
运行成本	8.0	7.0	8.0	7.0	8.0	6.8
经济效益	8.5	7.6	7.5	6.5	7.5	6.2
综合能耗	8.5	7.5	8.0	6.8	7.5	6.3
资源消耗	8.5	7.4	8.0	6.6	7.5	6.2
废水减少量	8.5	7.6	8.5	6.7	7.5	6.1
污染物减少量	8.5	6.9	8.0	6.6	8.0	6.1

通过计算所得三种脱氮技术最终得分及排序如表 5-38 所列。

表 5-38 三种脱氮技术综合得分表及排序

技术名称	综合得分	排序
脱氮联控技术	0.8720	1
A/O 工艺	0.8283	2
AB 工艺	0.8210	3

结果表明，水专项脱氮技术经两种方法评估结果一致，脱氮联控技术得分最高，具有良好的应用前景和推广价值。

5.5.2.2 深度处理技术标杆分析法得分

高级氧化技术和膜处理技术标杆值与实际值得分如表 5-39 所列。

表 5-39　两种深度处理技术的标杆值与实际值得分

二级指标	高级氧化技术		膜处理技术	
	标杆值	实际值	标杆值	实际值
技术适用性	8.0	6.8	8.5	7.2
技术先进性	8.0	6.7	8.5	7.4
技术稳定性	7.5	6.2	8.0	7.2
技术成熟度	7.5	6.2	7.0	6.4
工程投资	7.5	6.5	7.5	6.6
运行成本	7.5	6.4	7.0	6.1
经济效益	7.0	6.1	7.5	6.8
综合能耗	7.0	6.0	7.5	6.5
资源消耗	7.5	6.2	7.5	6.3
废水减少量	7.5	6.3	7.0	6.0
污染物减少量	7.0	6.2	8.0	6.5

经计算所得两种深度处理技术最终得分及排序如表 5-40 所列。

表 5-40　两种深度处理技术综合得分表及排序

技术名称	综合得分	排序
高级氧化技术	0.8510	2
膜处理技术	0.8574	1

结果表明在两种深度处理技术中，膜处理技术的得分更高，与模糊综合评价结果一致。

5.5.2.3　集成技术标杆分析法得分

四种"水专项"集成技术标杆值与实际值如表 5-41 所列。

表 5-41　四种"水专项"集成技术标杆值与实际值

二级指标	集成一		集成二		集成三		集成四	
	标杆值	实际值	标杆值	实际值	标杆值	实际值	标杆值	实际值
技术适用性	9.0	8.1	8.5	7.8	8.5	7.7	8.5	7.5
技术先进性	9.0	8.0	9.0	7.9	8.5	7.6	8.5	7.5
技术稳定性	8.5	7.8	8.5	7.7	8.5	7.6	9.0	7.9
技术成熟度	8.5	7.6	8.5	7.5	8.0	7.1	8.5	7.3
工程投资	8.0	7.2	8.5	7.4	7.0	6.8	8.0	6.8
运行成本	8.0	7.3	8.5	7.6	9.0	8.1	8.5	7.2
经济效益	8.5	7.5	8.5	7.3	8.5	7.7	8.0	7.2
综合能耗	8.5	7.4	8.0	6.8	8.5	7.4	8.5	7.4

续表

二级指标	集成一		集成二		集成三		集成四	
	标杆值	实际值	标杆值	实际值	标杆值	实际值	标杆值	实际值
资源消耗	8.5	7.3	8.5	7.0	8.5	7.6	8.5	7.4
废水减少量	8.5	7.3	8.5	7.3	8.0	7.1	8.0	7.1
污染物减少量	8.5	7.2	8.0	7.2	8.0	7.0	8.5	7.4

通过计算所得四种集成技术综合得分如表 5-42 所列。

表 5-42　四种集成技术综合得分

技术名称	综合得分	排序
集成一	0.8739	2
集成二	0.8705	4
集成三	0.8869	1
集成四	0.8735	3

由此表可见，四种"水专项"集成技术得分排序结果与模糊综合评估结果一致。

参 考 文 献

[1]　要亚静，卢学强，邵晓龙，等．基于全流程最优的工业园区企业废水处理技术评估 [J]．中国环境科学，2017，37（8）：3183-3189．

[2]　刘平，邵世云，王睿，等．环境技术验证评价体系研究与案例应用 [J]．中国环境科学，2014，34（8）：2161-2166．

[3]　张岩，徐凌云，史云鹏．基于层次分析法的太湖水环境治理技术效果综合评估 [J]．绿色科技，2021，23（4）：71-75．

[4]　Dabaghian M R，Hashemi S H，EbadiT，et al. The best available technology for small electroplating plants applying analytical hierarchy process [J]．International journal of Environmental Science and Technology，2008，5（4）：479-484．

[5]　郭金玉，张忠彬，孙庆云．层次分析法的研究与应用 [J]．中国安全科学学报，2008，18（5）：148-153．

[6]　穆仲．层次分析法在煤矿安全管理中的应用 [J]．陕西煤炭，2018，37（3）：125-127．

[7]　聂世刚，郭力玮．模糊层次分析法在道路交通安全评价的应用 [J]．黑龙江交通科技，2018，41（10）：193-195．

[8]　Li Y，Jia X M，Xing P F. Evaluation of water environmental quality in Feng Zi Jian Mining Area based on analytic hierarchy process [J]．Advanced Materials Research，2013，864-867：2350-2356．

[9]　章焱，安伟，刘保占．基于多层次灰色评价法的 FPSO 外输溢油风险评估 [J]．船海工程，2018，47（02）：59-63．

[10]　陈武，郑龙，汪丽媛．煤矿总体环境质量多层次灰色分析与评价 [J]．现代矿业，2010，26（6）：78-81．

[11]　杜栋，庞庆华，吴炎．现代综合评价方法与案例精选．第三版 [M]．北京：清华大学出版社，2015．

[12]　李小文，张云华．模糊综合评价法在医生评价系统中的应用 [J]．电工技术，2019（2）：100-101．

[13]　李延刚．建筑工程项目施工进度控制模糊综合评价 [J]．石化技术，2018，25 (6)：236.

[14]　You Da，Fan Yanyan，Zheng Bofu. Basin water environmental safety assessment based on fuzzy comprehensive evaluation method：A case study [J]．Desalination and Water Treatment，2018，(121)：316-322.

[15]　杨庆林．模糊综合评价理论在水利工程监理中的应用 [J]．水利技术监督，2019 (1)：7-10.

[16]　Keeney S，Hasson F，Mckenna H. The Delphi Technique [M]//The Delphi Technique in Nursing and Health Research. Hoboken：Wiley-Blackwell，2010.

[17]　徐春霞，马丽涛．用不确定德尔菲法预测 GDP [J]．数学的实践与认识，2014，44 (11)：140-146.

[18]　马利红，王彩霞．基础教育阶段英语学科素养测评指标体系的构建：基于德尔菲法的研究 [J]．中国考试，2019 (02)：25-31.

[19]　Cooper W W，Seiford L M，Zhu J. Handbook on data envelopment analysis [M]．Berlin：Springer，2011.

[20]　袁群．数据包络分析法应用研究综述 [J]．经济研究导刊，2009 (19)：201-203.

[21]　程大友．基于 DEA 模型估计前沿面生产函数的探讨 [J]．技术经济与管理研究，2004 (4)：51-52.

[22]　张琳，黄明波，张薇，等．基于数据包络分析模型的高校图书馆学科服务团队建设绩效评价研究[J]．大学图书馆学报，2018，36 (6)：64-68.

[23]　赵智繁，曹倩．基于数据包络和数据挖掘的财务危机预测模型研究 [J]．计算机科学，2016，43 (11A)：461-465.

[24]　余波．现代信息分析与预测 [M]．北京：北京理工大学出版社，2011.

[25]　潘晶，周春喜．资产评估学教程 [M]．杭州：浙江大学出版社，2007.

[26]　李艳召，董毅明，王敏．我国能源消费与经济发展的灰关联分析 [J]．商场现代化，2009 (32)：53-54.

[27]　凌娟．钱学森综合集成法研究 [D]．长沙：长沙理工大学，2014.

[28]　韩利，梅强，陆玉梅，等．AHP-模糊综合评价方法的分析与研究 [J]．中国安全科学学报，2004，14 (07)：89-92.

[29]　顾宇．基于层次分析法和模糊综合评价法的项目管理成熟度模型应用 [J]．科技创新与应用，2018 (34)：172-173.

[30]　丁绍刚，朱嫣然．基于层次分析法与模糊综合评价法的医院户外环境综合评价体系构建 [J]．浙江农林大学学报，2017，34 (6)：104-112.

[31]　赵贵菊．初中信息技术教师教学评价研究 [D]．石河子：石河子大学，2018.

[32]　秦武峰，李毅，杨旭，等．层次分析法与模糊综合评价法在林业产业项目绩效评价中的应用 [J]．绿色财会，2018 (01)：19-27.

[33]　曹茂林．层次分析法确定评价指标权重及 Excel 计算 [J]．江苏科技信息，2012 (2)：39-40.

[34]　冯秀珍，张杰，张晓凌．技术评估方法与实践 [M]．北京：知识产权出版社，2011.

[35]　张丽娜．AHP-模糊综合评价法在生态工业园区评价中的应用 [D]．大连：大连理工大学，2006.

第6章
皮革行业绿色制造和生命周期评价

6.1 绿色制造与生态设计

6.1.1 绿色制造的内涵

绿色制造，也称为环境意识制造（Environmentally Conscious Manufacturing）、面向环境的制造（Manufacturing For Environment）等，是一个综合考虑环境影响和资源效益的现代化制造模式。其目标是使产品从设计、制造、包装、运输、使用到报废的处理的整个产品全寿命周期中，对环境的影响（负作用）最小，资源利用率最高，并使企业经济效益和社会效益协调优化。

绿色制造技术是指在保证产品的功能、质量、成本的前提下，综合考虑环境影响和资源效率的现代制造模式。它使产品从设计、制造、使用到报废的整个产品生命周期中不产生环境污染或环境污染最小化，符合环境保护要求，对生态环境无害或危害极少，节约资源和能源，使资源利用率最高，能源消耗最低。

绿色制造模式是一个闭环系统，也是一种低熵的生产制造模式，即原料—工业生产—产品使用—报废—二次原料资源，从设计、制造、使用一直到产品报废回收的整个生命周期对环境影响最小，资源效率最高，也就是说要在产品整个生命周期内，以系统集成的观点考虑产品环境属性，改变了原来末端处理的环境保护办法，对环境保护从源头抓起，并考虑产品的基本属性，使产品在满足环境目标要求的同时保证产品应有的基本性能、使用寿命、质量等。

当前，世界上掀起一股"绿色浪潮"，环境问题已经成为世界各国关注的热点，并列入世界议事日程，制造业将改变传统制造模式，推行绿色制造技术，发展相关的绿色材料、绿色能源和绿色设计数据库、知识库等基础技术，生产出保护环境、提高资源效率的绿色产品，如绿色汽车、绿色冰箱等，并用法律、法规规范企业行为，随着人们环保意识的增强，那些不推行绿色制造技术和不生产绿色产品的企业将会在市场竞争中被淘汰，使发展绿色制造技术势在必行。

国外不少国家的政府部门已推出了以保护环境为主题的"绿色计划"。1991年日本推出了"绿色行业计划"，加拿大政府已开始实施环境保护"绿色计划"。美国、英国、德国也推出类似计划。在一些发达国家，除政府采取一系列环境保护措施外，广大消费者已有了热衷于购买对环境无害产品的绿色消费的新动向，促进了绿色制造的发展。产品的绿色标志制度相继建立，凡产品标有"绿色标志"图形的，表明该产品从生产到使用以及回收的整个过程都符合环境保护的要求，对生态环境无害或危害极少，并利于资源的再生和回收，这为企业打开销路、参与国际市场竞争提供了条件。如德国水溶油漆自 1981 年开始被授予环境标志（绿色标志）以来，其贸易额已增加 20％。德国已有 60 种类型 3500 个产品被授予环境标志，法国、瑞士、芬兰和澳大利亚等国于 1991 年对产品实施环境标志，日本于 1992 年对产品实施环境标志，新加坡和马来西亚也在 1992 年开始实施环境标志。已有 20 多个国家对产品实施环境标志，从而促进了这些国家"绿色产品"的发展，在国际市场竞争中取得更多的地位和份额。我国也已经将绿色制造纳入国家政策体系，如《中国制造 2025》就提出"全面推行绿色制造。强化产品全生命周期绿色管理，努力构建高效、清洁、低碳、循环的绿色制造体系"。

国际经济专家分析认为，目前"绿色产品"比例为 5％～10％，再过 10 年，所有产品都将进入绿色设计家族，可回收、易拆卸，部件或整机可翻新和循环利用。也就是说，在未来 10 年内绿色产品有可能成为世界商品市场的主导产品。

我国已颁布了《绿色工厂评价通则》（GB/T 36132—2018）（见书后附录 1），这将有力促进我们绿色制造的快速发展。

因此，生产企业宜采用国家鼓励的先进技术和工艺，不应使用国家或有关部门发布的淘汰或禁止的技术、工艺、装备及有毒有害染料、助剂等物质；生产企业应按照 GB/T 19001、GB/T 24001 和 GB/T 45001 分别建立、实施、保持并持续改进质量管理体系、环境管理体系和职业健康安全管理体系，建立能源管理制度；生产企业宜按照 GB/T 32161、GB/T 32162 和 GB/T 36132 的要求创建绿色产品和绿色工厂，创建完成后进行自评价，对自评价符合条件的企业可以申请有资质的第三方评价机构进行第三方评价；生产企业宜开展绿色供应链管理，建立绩效评价机制、程序，确定评价指标和评价方法，对产品主要原材料供应方、生产协作方、相关服务方等提出质量、环境、能源和安全等方面的管理要求。

6.1.2　生态设计的内涵

生态设计，也称绿色设计或生命周期设计或环境设计，是指将环境因素纳入设计之中，从而帮助确定设计的决策方向。生态设计要求在产品开发的所有阶段均考虑环境因素，从产品的整个生命周期减少对环境的影响，最终引导产生一个更具有可持续性的生产和消费系统。生态设计是一种在设计产品时要特别考虑产品在整个生命周期中对环境的影响的方法。Sim van der Ryn 和 Stuart Cowan 将其定义为"通过将自身与生活过程集成在一起，从而将对环境的破坏最小化的任何形式的设计"，生态设计是一门综合的生态责任设计学科。

生态设计产品具有从摇篮到摇篮的生命周期，可确保在整个过程中实现零浪费。通过模仿自然中的生命周期，生态设计是实现真正的循环经济的基本概念。

生态设计活动主要包含两方面的含义：一是从保护环境角度考虑，减少资源消耗、实现可持续发展战略；二是从商业角度考虑，降低成本、减少潜在的责任风险，以提高竞争能力。

我国已颁布《生态设计产品评价通则》（GB/T 32161—2015）（见书后附录2）。在《生态设计产品评价通则》中，生命周期评价是重要组成部分。

6.1.3 皮革行业绿色制造概况

为落实《工业和信息化部办公厅关于开展绿色制造体系建设的通知》（工信厅节函〔2016〕586 号）要求，推动绿色设计产品评价工作，目前与皮革行业相关的评价依据公布了两项，分别是《绿色设计产品评价技术规范 服装用皮革》（T/CNLIC 0005—2019）和《绿色设计产品评价技术规范 皮服》（T/CNTAC 35—2019）。

为贯彻落实《工业绿色发展规划（2016—2020 年）》和《绿色制造工程实施指南（2016—2020 年）》，促进制造业高质量发展，持续打造绿色制造先进典型，引领相关领域工业绿色转型，加快推动绿色制造体系建设，皮革行业相关企业已有多家企业通过工信部的绿色工厂名单。如河北东明牛皮制革有限公司、辛集市东贞皮业有限公司、辛集市宏四海皮革有限公司、辛集市凌爵皮革有限责任公司、兴业皮革科技股份有限公司、德州兴隆皮革制品有限公司、际华三五一五皮革皮鞋有限公司等。

6.2 生命周期评价概述

生命周期评价（Life Cycle Assessment，LCA）是一种可用于评估某种产品、某项服务或技术在整个生命周期内的整体活动所造成的环境影响的方法，主要用于识别以产品、服务或技术为研究对象的资源消耗和污染物排放情况，来明确研究对象整个生命周期全过程中产生的各类潜在环境影响。LCA 主要是通过构建研究对象的生命周期数据清单，识别研究对象产生的主要环境负荷的关键影响因素，并对其进行减量化控制、一致性分析和敏感性分析，以减轻该研究对象的生产活动带来的环境污染[1-4]。

LCA 方法依据《环境管理 生命周期评价 原则与框架》（GB/T 24040—2008）、《环境管理 生命周期评价 要求与指南》（GB/T 24044—2008）的基本原则和方法框架制定，用于各类制革及毛皮加工产品的生命周期评价，如以牛皮、猪皮、羊皮等为主要原材料经系统的物理和化学处理制得的半成品革或成品革。

根据现行的标准体系可知，LCA 的过程并不是一个线形或逐步进行的流程，而是需要进行反复迭代，不断提高质量的过程[5,6]，评价过程主要分为目的和范围的确定、生命周期清单分析、生命周期影响评价和生命周期结果解释四个步骤。

LCA 的基本理论技术框架如图 6-1 所示[7]。

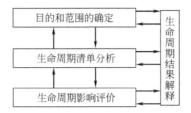

图 6-1　LCA 的基本理论技术框架

6. 2. 1　目的和范围的确定

LCA 目的包括实施 LCA 的目的和原因，以及目标代表性的确定，目标代表性是生命周期清单分析（Life Cycle Inventory Analysis，LCI）时数据收集和选择的基础，也是数据质量评估的依据。规定 LCA 的研究范围，是为了保证研究的广度、深度和详尽程度与 LCA 目的相符，并足以满足所确定的研究目标。

在目的和范围的确定中，主要内容包括明确研究对象和与之相关的基础信息、明确目标受众及目标应用、定义功能单位、界定评价对象的系统边界、说明单元过程数据收集时的取舍原则、选择后续评价的环境影响指标和影响评价方法及指出该评价的假设和局限性等。

1）功能单位

是研究系统的与输入和输出数据密切相关的计量单位，用来作为基准单位量化产品系统性能，以便于明确研究对象。选择合适的功能单位可以使评价结果更精确可信且更容易比较，在对不同产品、服务或技术系统进行评价时，功能单位的确定是非常重要的。我们需保证目标产品在某些方面具有可比性，例如功能、质量、寿命等。

毛皮加工过程通常以毛皮质量作为毛皮加工过程中使用化工材料用量的标准。凡是皮的质量在前后工序中发生变化后均需重新称量，否则加工过程中的化工原料的用量将失去依据，最终会影响毛皮的品质，所以质量是毛皮加工过程中一个很重要的参数。综合参考国内外的相关文献[8,9]，本书选取 1t 羊剪绒鞋面革产品作为功能单位。

2）定义系统边界

在确定研究系统的边界时，不需要将对总体研究结论影响微小的单元过程划入系统边界范围，而是需要量化涉及研究系统的重要单元过程[10]。建立某产品、服务或技术生命周期评价系统模型时，应考虑将待模型化的各单元过程模块全部纳入，由此所包含的单元边界便是所需研究的系统边界。在很多情况下，最初定义的系统边界需要不断地进行改进。

6.2.2 生命周期清单分析

报告中应说明包含的生命周期阶段，说明每个阶段所包含的各项消耗与排放清单数据以及生命周期模型所使用的背景数据，涉及副产品分配的情况应说明分配方法和分配系数。

生命周期清单分析（LCI）是在系统研究过程中，设定好 LCA 的目的和范围后，对研究对象系统边界范围内每个单元过程的原材料消耗、能源消耗和环境排放数据等进行收集、整理和量化的过程。此步骤是 LCA 的基础，是整个评价过程中工作量最大的部分。为保障数据的精确性和有效性，该步骤是一个反复进行的过程，当取得一批数据，并对研究系统有了深一步的认识后，可能出现新的数据要求，或发现原有的局限性，因而需要对数据收集过程进行修改以符合研究目的，或根据情况对原有研究目的和范围进行修改。

清单分析的主要内容包括数据收集的准备工作、数据收集过程、数据核算与处理过程、数据汇总等[11]。

（1）数据收集的准备

在确定 LCA 的研究目的和范围后，研究对象整个生命周期过程中基本的生产工序与研究所需的数据类型已具雏形。LCI 涉及的数据量比较大，也比较杂乱，需要提前进行梳理，例如详细划分单元过程；确定每个单元过程的目标代表性，应与整个产品、服务或技术系统的目标、范围和数据代表性一致；准备资料汇总表，应当满足完整性要求，同时应当与本单元过程单位数量产出所对应的消耗与排放情况相匹配。

（2）数据收集

LCI 及后续研究工作需要大量的数据提供支撑，需要对系统范围内各个单元过程的输入和输出都进行量化处理。数据收集是开展 LCA 研究一个工作量较大的过程，也是清单分析中最主要的过程。数据收集过程不是都需要进行现场调查，分为两种情况，即实景过程和背景过程。

① 实景过程的数据收集主要来自实地调研和文献查找。毛皮加工业是个古老的行业，虽现在已实现部分机械化，但仍需精湛的技艺和成熟的经验，才能获得优质的产品，所以其生产工艺参数复杂且灵活多变，并且同行之间相互保密。本书所需大量的清单数据均来自实景过程，在此过程中承蒙焦作隆丰皮草企业有限公司、辛集市梅花皮业有限公司大力支持，得以完成这部分的数据收集工作。本书中的实景数据主要包括原料皮的用量，皮革化工材料的用量，能源的消耗量，废弃物的排放等的原始数据。

② 背景数据主要来自数据库，例如中国生命周期核心数据库（CLCD）、欧洲生命周期官方数据库（ELCD）和瑞士的 Ecoinvent 数据库。当笔者考虑使用这些

数据时，需要检验这些数据是否适合毛皮加工过程的生命周期评价的目的和范围并谨慎使用。本书中的背景数据主要包括生产皮革化工材料的上游数据、能源等生命周期清单数据，这些数据通常为国家或地区的平均数据，具有普遍性，例如电力、自来水、天然气等。

（3）数据核算与处理

完成数据收集后要对各单元过程收集到的数据进行平衡检查，计算单元过程的输入量和输出量并进行对比，通过物料平衡、能量守恒等原则检查数据可靠性、完整性和准确性。

（4）数据汇总

以 LCA 研究系统的最终产品及数量为基准，调整各过程的比例系数，使得上游产出等于下游消耗，将各单元过程所得数据进行换算，然后将相同环境影响类型的数据进行系统性的分配加和，最终获得 1 个功能单位产品的输入与输出清单。

6.2.3　生命周期影响评价

生命周期影响评价（Life Cycle Impact Assessment，LCIA）是 LCA 研究的核心部分，基于生命周期清单分析得到的数据，合并同类型的资源消耗（如初级能源消耗）和环境影响（如富营养化），得到某种环境影响类型的评价指标，用来表征研究对象在整个生命周期过程中对某类潜在环境影响的程度，再通过量化计算，可以将计算得到的多种环境影响潜值汇总成一个综合指标，便于综合评价某种产品、某项服务或技术整个生命周期产生的环境影响[12]。该步骤需要评审是否符合 LCA 的研究目的和范围，如果研究目的无法实现，则需要根据情况对目的和范围进行修改和检查清单数据。

LCIA 阶段的要素见图 6-2。

6.2.3.1　特征化

在生命周期清单分析结果的基础上，利用 eBalance 软件可以直接进行分类和特征化。对于任何一种与人类活动有关的资源环境问题，通过建立环境和人类健康的因果关系模型，可以得到用来衡量不同物质对同一种环境影响类型的贡献大小的当量因子，将该当量因子应用于研究对象的生命周期清单分析表中可计算出研究对象整个生命周期过程对某种环境影响类型的贡献值。eBalance 内置了一套特征化指标组，包括若干个特征化指标，在每一个特征化指标下有与其相关的清单物质名称及特征化因子。特征化指标作为表征某项环境影响类型的环境负荷因子，可将不同的清单数据转化为同种环境影响类型。特征化因子是将同种环境影响类型的生命周期清单分析结果转换成具有共同单位的特征化指标的因子。例如酸化潜值采用 CML 的方法，二氧化硫的特征化因子是 $1kgSO_2eq/kg$，氮氧化物的特征化因子是 $0.7kgSO_2eq/kg$，表示 1kg 氮氧化物造成的酸化潜值等效于 0.7kg 二氧化硫造成的

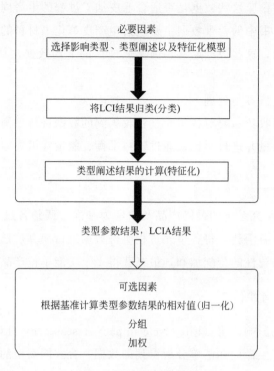

图 6-2　LCIA 阶段的要素

酸化效果，从而可将各种酸性物质的数量通过加权求和汇总为酸化指标。

6.2.3.2　归一化

　　为更好地辨识产品、服务或技术系统主要的环境影响类型，需进一步对特征化的结果进行归一化处理。归一化是为了便于不同指标之间的比较而将数量进行无量纲化的一种方法，归一化基准值通常为特定范围内（如全球、区域或局地）的资源消耗总量和环境排放总量。归一化的具体方法为将研究对象系统的特征化指标值除以相应的归一化基准值，从而得到一个无量纲数值，可用于表示所研究对象系统在基准值所代表的系统中所占的比重。eBalance 软件内置的两套归一化方案为"CN-2005"和"CN-2010"，方案分别采用 2005 年和 2010 年中国的资源消耗和环境排放总量作为基准值。

6.2.3.3　加权

　　权重因子主要是反映某种环境影响类型在总体评价结果中的相对重要程度的定量分配，该因子的作用是区分不同环境影响类型的重要性差别。将归一化结果乘以相应的权重因子之后求和，可以得到一个反映研究对象生命周期的整体环境影响大小的指标，即加权综合指标。eBalance 内置了两套加权综合指标，分别为可持续消费与生产研究所-2009（ISCP2009）和节能减排综合指标（ECER），在每个综合指标下有各个特征化指标对应的权重因子。

　　ISCP2009 是在 2009 年举办的第二届中国生命周期管理会议上，各与会代表就各类环境影响类型的重要性进行两两比较打分，最终调查结果采用层次分析法（AHP）进行分析得出的方法。ECER 方法基于标准的 LCA 技术框架，该法对评价指标体系进行量化，且与政府节能减排政策目标相对应，将多个评价指标加权综合为单一的评价指标。基于 ECER 方法的节能减排技术评价，可以更好地识别各生产阶段的资源消耗和环境排放的情况，在各生产阶段的对比分析中得出明确的结论，并为产品、服务或技术的改进方案设置达标水平。

6.2.4　生命周期结果解释

　　生命周期结果解释，是根据明确的 LCA 目的和范围要求，综合考虑生命周期清单分析（LCI）和生命周期影响评价（LCIA）结果，形成相应结论和有效建议的阶段。这是 LCA 的最后步骤，也是最容易理解的一个阶段。生命周期结果解释能够系统地评估 LCA 研究对象在其整个生命周期中各单元过程的资源消耗和环境排放的减量机会，以及各单元过程的改进潜力。生命周期结果解释阶段同样是一个需根据研究目的和范围及生命周期清单分析阶段所收集数据的质量进行反复修订的过程。

6.3　毛皮加工过程的生命周期评价

　　毛皮加工业是皮革业的重要产业之一，在我国拥有悠久的历史。近年来，我国的毛皮产业发展迅速，正逐渐成为世界皮革贸易最活跃、最有发展潜力的市场之一。毛皮产业在给人们带来巨大经济效益的同时也带来了一定的环境污染问题。企业要想协调好自身利益与社会利益的关系，就必须处理好因发展带来的环境问题。目前我国皮革生产企业采用的污染治理技术主要以末端治理为主，因此容易忽略污染产生的根源环节，未能从整个生产过程整体、系统地识别和解决污染问题。生命周期评价（LCA）作为当前环境管理中的工具之一，得到了国内外用户广泛的认可和应用。"全程"和"量化"是生命周期思想的两个重点，该思想可以综合且清晰地展现毛皮加工过程中各生产工序的资源消耗情况和污染物排放带来的环境影响，科学引导企业的清洁化生产。

　　目前，生命周期思想已经被纳入了国家政策体系。2015 年 5 月，国务院印发的《中国制造 2025》（国发〔2015〕28 号）提出"全面推行绿色制造。强化产品全生命周期绿色管理，努力构建高效、清洁、低碳、循环的绿色制造体系"[13]。2015 年 9 月，中共中央、国务院印发了《生态文明体制改革总体方案》，提出"建立统一的绿色产品体系，将目前分头设立的环保、节能、节水、循环、低碳、再生、有机等产品统一整合为绿色产品，建立统一的绿色产品标准、认证、标识等体系"[14]。2016 年 9 月工信部在《关于开展绿色制造体系建设的通知》（工信厅节函

〔2016〕586 号）中提出"全面统筹推进绿色制造体系建设，到 2020 年，绿色制造体系初步建立，绿色制造相关标准体系和评价体系基本建成，建设百家绿色园区和千家绿色工厂，开发万种绿色产品，创建绿色供应链"[15]。

绿色制造体系建设包括绿色产品、绿色供应链、绿色工厂、绿色园区。绿色产品侧重于产品全生命周期的绿色化；绿色供应链按照产品全生命周期理念，实施绿色伙伴式供应商管理，搭建供应链绿色信息管理平台，带动上下游企业实现绿色发展；绿色工厂侧重于生产过程的绿色化，推广绿色设计和绿色采购，开发生产绿色产品，采用先进适用的清洁生产工艺技术；绿色园区侧重于园区内工厂之间的统筹管理和协同链接，推动园区内企业开发绿色产品、龙头企业建设绿色供应链。

因此，本书希望通过对毛皮加工行业（羊剪绒）的生命周期进行评价，带动整个皮革行业向绿色制造发展，为皮革行业的绿色制造管理提供指引。

6.3.1　目的和范围确定

本书的 LCA 研究目的为探索毛皮加工过程中的生命周期评价模型，量化分析毛皮加工过程中各主要工序的资源能源的消耗和环境负荷，以确定其造成严重环境影响的关键工序，对能耗较高或环境影响较大的工序提出可行的改进措施，为毛皮加工企业的工艺技术改进提供科学合理的参考依据，使毛皮加工工业朝着绿色制造的方向健康发展。

按照 LCA 的要求，功能单位必须是明确规定并且可测量的。本书研究结合毛皮加工企业的实际运营情况和相关文献[16,17]，为满足评价系统中数据的输入和输出要求，本书选取 1t 羊剪绒鞋面革产品作为功能单位，并且按传统铬鞣工艺进行生产。

本书评价的系统边界是从盐湿皮加工到羊剪绒的阶段，不考虑湿整饰的染色和后续的干整饰工序，主要产污环节包括浸水、脱脂、浸酸、鞣制、复鞣、加脂 6 个生产工序，研究过程的系统边界见图 6-3。

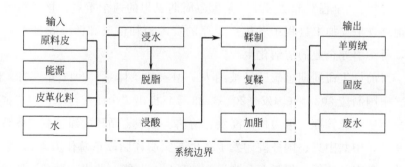

图 6-3　毛皮加工过程系统边界

根据上文所述的系统边界，同时结合各毛皮加工企业的实际运营状况，提出以下几点假设以简化系统边界。

① 毛皮加工行业中皮革化工材料的品种丰富多样，且每种化工材料的使用量差距较大，根据 LCA 中规定的取舍原则，在皮革化工材料的质量比小于 1% 某单元过程产品质量时可以忽略该皮革化工材料的上游生产数据，但所有忽略的物料总量不超过产品总质量的 5%；若某单元过程使用的皮革化工材料与产品质量比大于 1%，且该皮革化工材料的上游数据不可得时，采用该皮革化工材料的主要成分或近似化学成分替代。

② 毛皮加工过程中涉及的生产机械设备或建筑设施等的生产或维护数据较难准确获取，同时对本书所要计算功能单位的产品环境贡献率非常微小，不会影响最后的生命周期影响评价结果，故本书中不考虑上述生产资料所产生的环境影响。

③ 根据现场调研，本书研究的毛皮加工企业的生产作业区域集中，不同单元过程之间不存在长距离的运输，因此忽略不同工序之间的运输所产生的环境影响。

④ 由于皮革行业相关基础数据的缺乏，在数据收集环节中部分相关过程的原始数据较难获取，暂不考虑原料皮的获取过程和产品的最后处置过程，仅考虑羊剪绒的生产加工过程带来的资源能源消耗和环境影响。

⑤ 根据实地调研，毛皮加工过程中湿整饰的染色和干整饰工段涉及的皮革化工材料纷繁复杂，具体数据在很大程度上取决于最终产品的需求，因此难以获取具有代表性的数据，导致无法得出普遍适用的生命周期评价结果。综上，本书 LCA 研究考虑的系统边界不包括毛皮加工过程中湿整饰的染色和后续的干整饰，但这并不影响 LCA 结论的可用性。

本书 LCA 研究工具采用 eBalance 软件，选取的环境影响类型的指标，包括非生物资源消耗潜值（Abiotic Depeletion Potential，ADP）、酸化潜值（Acidification Potential，AP）、一次能源消耗（Primary Energy Demand，PED）、富营养化潜值（Eutrophication Potential，EP）、全球变暖潜值（Global Warming Potential，GWP）等作为评价指标。

6.3.2 生命周期清单分析

我们可以从以下几个来源获得毛皮加工过程生命周期清单分析数据。

（1）实地调研

从毛皮加工企业获得的数据，包括各生产工序实际测得的废水数据、企业的生产记录、企业年报、企业监测报告、企业环评报告、企业清洁生产报告等。

（2）文献数据

通过查阅与毛皮加工过程相关的论文、专著、研究报告和行业统计年鉴等文献，可以从中收集一些有用的数据。

（3）现有 LCA 相关数据库

结合数据库中所需数据的获得背景，可以适当地借鉴和采用数据库中的一些数据。

根据上述的系统边界，本次 LCA 将毛皮加工过程的生命周期共分成六个单元过程，对每个单元过程收集能源的消耗、原材料的使用量和废弃物的环境排放等方面的原始数据，进行数据清单分析。本次 LCA 研究的生命周期清单数据输入部分包括原料皮的用量、皮革化工材料的用量、水的用量以及能耗等；因毛皮加工过程主要是在水中进行的，所以本次 LCA 的生命周期清单数据输出部分主要考虑废水的排放，废水污染物指标包括氨氮、悬浮物、COD_{Cr}、氯离子、总铬和动植物油。

6.3.3 生命周期影响评价

毛皮加工过程的生命周期影响评价（LCIA）依据 ISO 14040 和相关国际建立的框架进行评价，根据生命周期清单分析涉及的物质和能源消耗数据及污染物排放数据，对毛皮加工过程产生的环境影响进行评价。

6.3.3.1 特征化指标

在生命周期清单分析结果的基础上，利用 eBalance 软件可以直接进行分类和特征化。特征化是根据不同的环境影响类型对清单数据进行分类和量化处理，然后根据获得的分析结果将其转换为相应的环境影响类型的过程。本书选取非生物资源消耗潜值（ADP）、酸化潜值（AP）、一次能源消耗潜值（PED）、富营养化潜值（EP）、全球变暖潜值（GWP）共 5 个环境影响类型作为毛皮加工过程生命周期影响的评价指标。

利用软件核算出毛皮加工过程各工序生命周期各类环境影响特征化指标的具体数值，如表 6-1 所列。为了更直观地展现毛皮加工过程各生产工序对各类环境影响类型的贡献，做出贡献图，如图 6-4 所示。

表 6-1　毛皮加工过程特征化指标数值表

工序	ADP /kg Sb eq	AP /kg SO₂ eq	PED /MJ	EP /kg PO₄³⁻ eq	GWP /kg CO₂ eq
浸水	5.25×10^{-5}	4.18×10^{-1}	1.05×10^{3}	8.37	7.90×10^{1}
脱脂	3.96×10^{-4}	2.83	4.03×10^{3}	1.90×10^{1}	2.79×10^{2}
浸酸	3.72×10^{-3}	1.87	9.08×10^{3}	1.62×10^{1}	4.53×10^{2}
鞣制	1.14×10^{-2}	5.39	1.25×10^{4}	1.11×10^{1}	9.38×10^{2}
复鞣	1.73×10^{-2}	7.03	1.41×10^{4}	2.85	1.14×10^{3}
加脂	3.46×10^{-3}	2.89	8.84×10^{3}	3.98	4.01×10^{2}

根据传统铬鞣工艺的生命周期影响评价特征化结果，并结合软件分析可知：

① 非生物资源消耗潜值（ADP）为 0.0362kg Sb eq。按环境影响的贡献率来看，复鞣工序贡献最大，占整个生产过程的 47.63%；鞣制工序次之，占整个生产

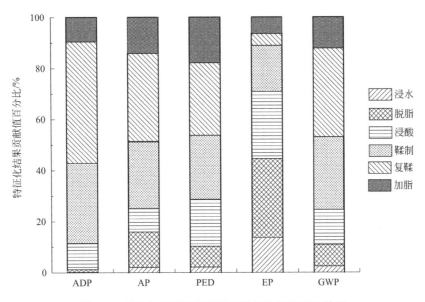

图 6-4　毛皮加工过程各工序对特征化指标的贡献图

过程的 31.33%。

② 酸化潜值（AP）为 20.43kg SO_2 eq。按环境影响的贡献率来看，复鞣工序最大，占整个生产过程的 34.41%；鞣制工序次之，占整个生产过程的 26.39%。

③ 一次能源消耗潜值（PED）为 49630MJ。按环境影响的贡献率来看，复鞣工序最大，占整个生产过程的 28.39%；鞣制工序次之，占整个生产过程的 25.27%。

④ 富营养化潜值（EP）为 61.55kg PO_4^{3-} eq。按环境影响的贡献率来看，脱脂工序最大，占整个生产过程的 30.91%；浸酸工序次之，占整个生产过程的 26.34%。

⑤ 全球变暖潜值（GWP）为 3292kg CO_2 eq。按环境影响的贡献率来看，复鞣工序最大，占整个生产过程的 34.72%；鞣制工序次之，占整个生产过程的 28.49%。

综上，毛皮加工过程中基本是鞣制工序和复鞣工序占有较大的能源使用率及环境排放的贡献率。鞣制和复鞣工序是造成环境污染的主要单元，这两个生产工序对各类环境影响类型的贡献合计达到了 53.66%，主要原因是在这两个工序消耗使用了大量含铬材料，因而间接承担了含铬材料生产过程中的环境影响。而脱脂工序和浸酸工序对 EP 的贡献率较高，达到了 57.25%，主要原因是毛皮加工过程脱脂和浸酸工序产生的废水中水溶性蛋白质、油脂等量大，其分解导致污染物 COD_{Cr} 的排放量增加。

6.3.3.2　归一化分析

通过使用评价软件内置的归一化方法对特征化结果进行归一化计算，可得到毛皮加工过程中各生产工序的各类环境影响的量化环境影响潜值。本书采用 eBalance 软件内置的归一化方案,该方案主要收集了各环境影响类型的主要贡献物质在中国范围内 2010 年的资源消耗和环境排放总量。毛皮加工过程各生产工序归一化指标值的具体结果如表 6-2 和图 6-5 所示。

表 6-2 毛皮加工过程各生产工序归一化结果表

影响类型	浸水	脱脂	浸酸	鞣制	复鞣	加脂
ADP	6.96×10^{-12}	5.26×10^{-11}	4.93×10^{-10}	1.51×10^{-9}	2.29×10^{-9}	4.59×10^{-10}
AP	1.15×10^{-11}	7.76×10^{-11}	5.15×10^{-11}	1.48×10^{-10}	1.93×10^{-10}	7.94×10^{-11}
PED	1.19×10^{-11}	4.56×10^{-11}	1.03×10^{-10}	1.42×10^{-10}	1.60×10^{-10}	1.00×10^{-10}
EP	2.23×10^{-9}	5.06×10^{-9}	4.31×10^{-9}	2.96×10^{-9}	7.60×10^{-10}	1.06×10^{-9}
GWP	7.49×10^{-12}	2.64×10^{-11}	4.30×10^{-11}	8.90×10^{-11}	1.08×10^{-10}	3.81×10^{-11}

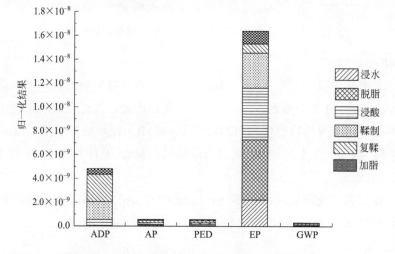

图 6-5 毛皮加工过程各生产工序归一化结果累计图

由图 6-5 可见,毛皮加工过程产生的各类环境影响类型的归一化指标中,非生物资源消耗潜值(ADP)为 4.81×10^{-9}、酸化潜值(AP)为 5.61×10^{-10}、一次能源消耗潜值(PED)为 5.61×10^{-10}、富营养化潜值(EP)为 1.64×10^{-8}、全球变暖潜值(GWP)为 3.12×10^{-10}。

综上,毛皮加工过程的生命周期影响评价归一化值为富营养化潜值(EP)最高,非生物资源消耗潜值(ADP)次之。因此富营养化和非生物资源消耗是毛皮加工全生命周期中产生的最主要的环境影响类型。

6.3.4 生命周期结果解释

6.3.4.1 敏感性分析

清单数据敏感度是指清单数据单位变化率引起的相应指标变化率。对 LCIA 结果进行敏感度分析可以找出对研究对象生命周期环境影响最大的关键工序和清单数据，从而提出相应的改进方案[18]。本书利用 eBalance 软件的分析功能得出毛皮加工过程中不同单元过程对各类环境影响类型的敏感度，直观展现毛皮加工全生命周期各单元过程对各类环境影响类型的贡献，如表 6-3 所列，统计了毛皮加工过程全生命周期中各单元过程对不同环境影响类型敏感度的清单累计数据。

表 6-3　毛皮加工过程全生命周期各单元过程 LCA 敏感度累积表　　单位：%

过程名称	ADP	AP	PED	EP	GWP
铬鞣剂	72.69	41.40	34.27	3.42	45.81
甲酸	14.09	8.43	19.57	1.68	11.90
电力	2.05	14.21	16.53	0.43	18.22
植物油	6.76	13.83	13.34	3.95	6.63
脱脂	0	0	0	26.84	0
浸酸	0	0	0	25.09	0
纯碱	0.26	13.85	3.89	0.82	4.27
浸水	0	0	0	16.95	0
鞣制	0	0	0	15.33	0
原盐	0.27	3.27	4.55	0.08	5.91
环氧乙烷	1.15	2.30	4.51	0.06	4.16
过氧化氢	2.68	2.01	2.60	0.19	2.30
加脂	0	0	0	3.50	0
自来水	0.07	0.70	0.72	0.02	0.81
复鞣	0	0	0	1.65	0
氢氧化钠	0	0.01	0.01	0	0.01

由表 6-3 可知，毛皮加工过程带来的环境影响负荷主要源于各个工序对皮革化学品的大量消耗，毛皮加工工艺中各单元过程对环境影响类型的累计贡献中前三项的单元过程依次为铬鞣剂、甲酸、电力。其中铬鞣剂来自鞣制和复鞣工序的消耗，其对 ADP 贡献最大；其次是甲酸，主要来自浸酸工序的消耗，其对 PED 贡献最大；然后是毛皮加工过程电力的消耗，对 GWP 贡献最大。因此，根据上述结果应当使用无铬鞣剂，不使用或少用甲酸，减少生产过程中的电耗等，从而降低毛皮加工过程对环境的影响。

需要指出的是，在 2.4 部分皮革行业水污染源解析结论得出"通过污染源解析发现，铬并不是制革及毛皮加工过程的最主要污染物。在牛皮加工过程中铬的污染负荷比最高为 7.48%，而毛皮加工过程中铬的污染负荷比最高为 7.1%"，看似与上述结论存在矛盾，实则不然，主要原因是这两种方法的侧重对象不同。

污染源解析采用的等标污染负荷法的研究对象是向自然界排放的某项具体的污染物（例如 COD、氨氮），是以污染物的排放标准或对应的环境质量标准作为评价准则，通过将不同污染源排放的各种污染物测试统计数据进行标准化处理后，计算得到不同污染源和各种污染物的等标污染负荷值及等标污染负荷比。而生命周期评价的研究对象是某项产品、服务或技术的整个生命周期中的资源消耗和污染排放情况，评价结果是以不同的环境影响类型（如全球变暖、富营养化）呈现，例如富营养化潜值就综合计算了氨氮、硝酸盐、磷酸盐、COD、TP、TN 等污染物对环境的影响。上述 LCA 得出毛皮加工过程中对环境影响最大的是铬鞣剂，考察的是累计了生产铬鞣剂和消耗铬鞣剂所带来的环境影响。LCA 可作为污染源解析的有效补充。因此，从 LCA 分析结果来看我们也应该尽量不使用铬鞣剂，而应采用无铬鞣剂及其环境友好的配套材料。

6.3.4.2 绿色改进方案对比

要改善毛皮加工过程对环境的影响，可以根据毛皮加工过程生命周期研究敏感度结果中对环境影响较大的单元过程进行工艺改进。假设在一定范围内改变某单元过程的参数单独进行分析，并保证其他单元过程参数不变，对比前后数据的改变，为工艺改进提供参考。本书假设如下两个单元过程的参数发生变化：a. 采取不浸酸铬鞣技术（即甲酸消耗量降低 100%）；b. 鞣制工序采用无铬鞣技术（即铬鞣剂消耗量降低 100%）。

(1) 采取不浸酸铬鞣技术（即甲酸消耗量降低 100%）

浸酸工序的主要目的是降低裸皮的 pH 值，为下一步的鞣制工序提供条件，但浸酸时要消耗大量的中性盐和酸性材料，增加了皮革化工材料的使用，也会对环境产生不利的影响。根据 3.2.6 部分推荐使用的浸酸清洁生产工艺不浸酸铬鞣技术，假定省去传统的浸酸工序，直接进行鞣制，与原工艺结果对比环境变化对比值如表6-4 所列。

表 6-4 采用不浸酸铬鞣技术（即甲酸消耗量降低 100%）环境变化对比

环境影响类型	原始值	变化值	变化比例
ADP	3.62×10^{-2}	3.25×10^{-2}	-10.30%
AP	2.04×10^{1}	1.86×10^{1}	-9.20%
PED	4.96×10^{4}	4.06×10^{4}	-18.30%
EP	6.16×10^{1}	4.54×10^{1}	-26.30%
GWP	3.29×10^{3}	2.84×10^{3}	-13.80%

从表 6-4 可知，当毛皮加工过程采用不浸酸铬鞣技术时，所有环境影响指标特征化值均下降，表明该工艺的改进降低了对环境造成的影响，特别是富营养化潜值（EP）下降最多，约为 26.30%。可见，不浸酸铬鞣技术对降低毛皮加工过程的环境影响具有明显的作用，不仅降低了铬鞣废液中铬的含量[19]，大大减轻铬对环境的污染，而且还能减少甲酸的使用量，从而降低因甲酸的消耗对环境的影响。

（2）鞣制工序采用无铬鞣技术（即铬鞣剂消耗量降低100%）

决定毛皮性能的最主要的工序就是鞣制工序，目前清洁化鞣制工艺主要包括高吸收铬鞣技术和无铬鞣技术[20,21]。高吸收铬鞣技术主要是通过优化鞣制工序中的工艺参数，如温度和pH值等参数，以及添加铬鞣助剂，以减少铬的用量，同时提高皮胶原与铬的结合效率；无铬鞣技术主要有醛鞣法、非铬金属鞣法和有机膦盐鞣法等。根据文献资料，如果采用硅铝鞣剂进行羊剪绒无铬鞣制工艺[22]，与原工艺结果对比环境变化对比值如表6-5所列。

表6-5 采用无铬鞣技术（即铬鞣剂消耗量降低100%）环境变化对比

环境影响类型	原始值	变化值	变化比例
ADP	3.62×10^{-2}	2.76×10^{-2}	-23.77%
AP	2.04×10^{1}	1.89×10^{1}	-7.57%
PED	4.96×10^{4}	4.53×10^{4}	-8.76%
EP	6.16×10^{1}	6.11×10^{1}	-0.74%
GWP	3.29×10^{3}	2.89×10^{3}	-12.32%

从表6-5可知，当毛皮加工鞣制工序采用无铬鞣（硅铝鞣剂）技术时，所有环境影响指标特征化值均呈下降趋势，表明该工艺的改进降低了对环境造成的影响，特别是非生物资源消耗潜值（ADP）下降最多，为23.77%，这是由于铬鞣剂的上游消耗可追溯至铬铁矿，减少铬鞣剂的消耗间接减少了铬铁矿的消耗。按照制革行业节水减排路线图的规划[23]（见书后附录3），到2030年，制革及毛皮加工行业将普遍实现无铬化，这对减少制革行业对环境的影响具有重要的意义。

参 考 文 献

[1] 张言璐. 我国电解铝与再生铝生产的生命周期评价 [D]. 济南：山东大学，2016.

[2] Ibáñez-ForésV，Bovea M D，SimóA. Life cycle assessment of ceramic tiles. Environmental and statistical analysis [J]. International Journal of Life Cycle Assessment，2011，16（9）：916.

[3] Guilléngosálbez G，Caballero J A，Jiménez L. Application of life cycle assessment to the structural optimization of process flowsheets [J]. Computer Aided Chemical Engineering，2007，24（3）：1163-1168.

[4] 周雄辉. 铜冶炼烟气制酸过程中的生命周期评价 [D]. 衡阳：南华大学，2019.

[5] 冷如波. 产品生命周期3E+S评价与决策分析方法研究 [D]. 上海：上海交通大学，2007.

[6] 孙启宏，万年青，范与华. 国外生命周期评价（LCA）研究综述 [J]. 世界标准化与质量管理，2000（12）：24-25，31.

[7] GB/T 24040—2008.

[8] Rivela B，Moreira M T，Bornhardt C，et al. Life cycle assessment as a tool for the environmental improvement of the tannery industry in developing countries [J]. Environ Sci Technol，2004，38：1901-1909.

[9] 杨志华，刘彦. 一家智利制革厂的输入-输出分析 [J]. 西部皮革，2001，23（9）：43-47.

[10] GB/T 24040—2008.

[11] 周景月. 基于生命周期评价的畜禽养殖环境影响分析 [D]. 青岛：青岛科技大学，2017.

［12］ 田亚睁 . 运用生命周期评价方法实现清洁生产 ［D］. 重庆：重庆大学，2003.

［13］ 国务院关于印发《中国制造 2025》的通知（国发〔2015〕28 号）［EB/OL］. http://www.gov.CN/zhengce/content/2015-05/19/content_9784.htm，2015-5-8.

［14］ 中共中央国务院印发《生态文明体制改革总体方案》 ［EB/OL］. http://www.gov.CN/guowuyuan/2015-09/21/content_2936327.htm，2015-09-21.

［15］ 工业和信息化部办公厅关于开展绿色制造体系建设的通知（工信厅节函〔2016〕586 号）［EB/OL］. http://www.miit.gov.CN/n1146285/n1146352/n3054355/n3057542/n3057544/c5258400/content.html，2016-09-20.

［16］ Rivela B, Moreira M T, Bornhardt C, et al. Life cycle assessment as a tool for the environmental improvement of the tannery industry in developing countries ［J］. Environmental Science & Technology, 2004, 38 (6)：1901-1909.

［17］ 陈鹏 . 牛皮制革的生命周期评价 ［D］. 西安：陕西科技大学，2009.

［18］ 黄娜，王洪涛，范辞冬，等 . 基于不确定度和敏感度分析的 LCA 数据质量评估与控制方法 ［J］. 环境科学学报，2012, 32 (06)：1529-1536.

［19］ 尹洪雷，高鹏，王应红，等 . 不浸酸铬鞣剂在羊皮鞣制中的应用研究 ［J］. 中国皮革，2003, 32 (19)：1-3.

［20］ 马安博 . 毛皮清洁生产技术研究进展 ［J］. 西部皮革，2017, 39 (11)：47-49, 61.

［21］ 李运，马建中，高党鸽，等 . 无铬鞣制研究进展 ［J］. 中国皮革，2009, 38 (11)：51-55.

［22］ 杨金，仲济德 . 羊剪绒硅铝金属鞣制应用实例 ［J］. 西部皮革，2018, 40 (12)：1, 7.

［23］ 邵立军 . 引导产业发展方向支撑产业转型升级：聚焦《制革行业节水减排技术路线图》发布 ［J］. 中国皮革，2015, 44 (16)：68-71.

附录

附录 1 《绿色工厂评价通则》（GB/T 36132—2018）节选

1 范围

本标准规定了绿色工厂评价的指标体系及通用要求。

本标准适用于具有实际生产过程的工厂，并作为工业行业制定绿色工厂评价标准或具体要求的总体要求。

2 规范性引用文件

下列文件对于本文件的应用是必不可少的。凡是注日期的引用文件，仅注日期的版本适用于本文件。凡是不注日期的引用文件，其最新版本（包括所有的修改单）适用于本文件。

GB/T 7119 节水型企业评价导则

GB 17167 用能单位能源计量器具配备和管理通则

GB 18599 一般工业固体废物贮存、处置场污染控制标准

GB/T 18916（所有部分）取水定额

GB/T 19001 质量管理体系　要求

GB/T 23331 能源管理体系　要求

GB/T 24001 环境管理体系　要求及使用指南

GB 24789 用水单位水计量器具配备和管理通则

GB/T 28001 职业健康安全管理体系　要求

GB/T 29115 工业企业节约原材料评价导则

GB/T 32150 工业企业温室气体排放核算和报告通则

GB/T 32161 生态设计产品评价通则

GB 50034 建筑照明设计标准

3　术语和定义

下列术语和定义适用于本文件。

3.1　绿色工厂　green factory

实现了用地集约化、原料无害化、生产洁净化、废物资源化、能源低碳化的工厂。

3.2　绿色产品　green product

在全生命周期过程中，符合环境保护要求，对生态环境和人体健康无害或危害小，资源能源消耗少、品质高的产品。

3.3　相关方　interested party；stakeholder

可影响绿色工厂创建的决策或活动、受绿色工厂创建的决策或活动所影响、或自认为受绿色工厂创建的决策或活动影响的个人或组织。

4　基本要求

4.1　总则

绿色工厂应在保证产品功能、质量以及生产过程中人的职业健康安全的前提下，引入生命周期思想，优先选用绿色原料、工艺、技术和设备，满足基础设施、管理体系、能源与资源投入、产品、环境排放、绩效的综合评价要求，并进行持续改进，绿色工厂评价体系框架如图1所示。

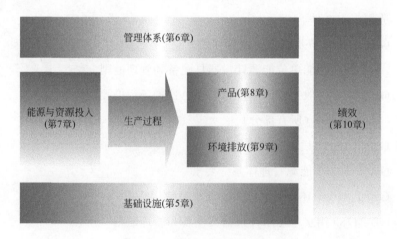

图1　绿色工厂评价体系框架

4.2　基础合规性与相关方要求

绿色工厂应依法设立，在建设和生产过程中应遵守有关法律、法规、政策和标准，近三年（含成立不足三年）无较大及以上安全、环保、质量等事故。对利益相关方的环境要求做出承诺的，应同时满足有关承诺的要求。

4.3 基础管理职责

4.3.1 最高管理者：

1）应通过下述方面证实其在绿色工厂方面的领导作用和承诺：

① 对绿色工厂的有效性负责；

② 确保建立绿色工厂建设、运维的方针和目标，并确保其与组织的战略方向及所处的环境相一致；

③ 确保将绿色工厂要求融入组织的业务过程；

④ 确保可获得绿色工厂建设、运维所需的资源；

⑤ 就有效开展绿色制造的重要性和符合绿色工厂要求的重要性进行沟通；

⑥ 确保工厂实现其开展绿色制造的预期结果；

⑦ 指导并支持员工对绿色工厂的有效性做出贡献；

⑧ 促进持续改进；

⑨ 支持其他相关管理人员在其职责范围内证实其领导作用。

2）应确保在工厂内部分配并沟通与绿色工厂相关角色的职责和权限。分配的职责和权限至少应包括下列事项：

① 确保工厂建设、运维符合本标准的要求；

② 收集并保持工厂满足绿色工厂评价要求的证据；

③ 向最高管理者报告绿色工厂的绩效。

4.3.2 工厂

1）应设有绿色工厂管理机构，负责有关绿色工厂的制度建设、实施、考核及奖励工作，建立目标责任制；

2）应有开展绿色工厂的中长期规划及年度目标、指标和实施方案。可行时，指标应明确且可量化；

3）应传播绿色制造的概念和知识，定期为员工提供绿色制造相关知识的教育、培训，并对教育和培训的结果进行考评。

5 基础设施

5.1 建筑

工厂的建筑应满足国家或地方相关法律法规及标准的要求，并从建筑材料、建筑结构、采光照明、绿化及场地、再生资源及能源利用等方面进行建筑的节材、节能、节水、节地、无害化及可再生能源利用。适用时，工厂的厂房应尽量采用多层建筑。

5.2 照明

工厂的照明应满足以下要求：

1）工厂厂区及各房间或场所的照明应尽量利用自然光，人工照明应符合 GB 50034 规定；

2）不同的场所的照明应进行分级设计；

3）公共场所的照明应采取分区、分组与定时自动调光等措施。

5.3 设备设施

5.3.1 专用设备

专用设备应符合产业准入要求，降低能源与资源消耗，减少污染物排放。

5.3.2 通用设备

通用设备应符合以下要求：

1）适用时，通用设备应采用效率高、能耗低、水耗低、物耗低的产品。

2）已明令禁止生产、使用的和能耗高、效率低的设备应限期淘汰更新。

3）通用设备或其系统的实际运行效率或主要运行参数应符合该设备经济运行的要求。

5.3.3 计量设备

工厂应依据 GB 17167、GB 24789 等要求配备、使用和管理能源、水以及其他资源的计量器具和装置。能源及资源使用的类型不同时，应进行分类计量。

5.3.4 污染物处理设备设施

必要时，工厂应投入适宜的污染物处理设备，以确保其污染物排放达到相关法律法规及标准要求。污染物处理设备的处理能力应与工厂生产排放相适应，设备应满足通用设备的节能方面的要求。

6 管理体系

6.1 一般要求

工厂应建立、实施并保持质量管理体系和职业健康安全管理体系。工厂的质量管理体系应满足 GB/T 19001 的要求，职业健康安全管理体系应满足 GB/T 28001 的要求。

6.2 环境管理体系

工厂应建立、实施并保持环境管理体系。工厂的环境管理体系应满足 GB/T 24001 的要求。

6.3 能源管理体系

工厂应建立、实施并保持能源管理体系。工厂的能源管理体系应满足 GB/T 23331 的要求。

7 能源与资源投入

7.1 能源投入

工厂应优化用能结构，在保证安全、质量的前提下减少不可再生能源投入，宜使用可再生能源替代不可再生能源，充分利用余热余压等。

7.2 资源投入

工厂应按照 GB/T 7119 的要求对其开展节水评价，且满足 GB/T 18916（所有部分）中对应本行业的取水定额要求。

工厂应减少材料，尤其是有害物质的使用，评估有害物质及化学品减量使用或替代的可行性，宜使用回收料、可回收材料替代原生材料、不可回收材料、宜替代或减少全球增温潜势较高温室气体的使用。工厂应按照 GB/T 29115 的要求对其原材料使用量的减少进行评价。

7.3 采购

工厂应制定并实施包括环保要求的选择、评价和重新评价供方的准则。必要时，工厂向供方提供的采购信息应包含有害物质使用、可回收材料使用、能效等环保要求。

8 产品

8.1 一般要求

工厂宜生产符合绿色产品要求的产品。

8.2 生态设计

工厂宜按照 GB/T 24256 对生产的产品进行生态设计，并按照 GB/T 32161 对生产的产品进行生态设计产品评价。

8.3 有害物质使用

工厂生产的产品应减少有害物质的使用，避免有害物质的泄漏。

8.4 节能

工厂生产的产品若为用能产品或在使用过程中对最终产品/构造的能耗有影响的产品，适用时应满足相关标准的限定值要求，并努力达到更高能效等级。

8.5 减碳

工厂宜采用适用的标准或规范对产品进行碳足迹核算或核查，核查结果宜对外公布，并利用核算或核查结果对其产品的碳足迹进行改善。适用时，产品宜满足相关低碳产品要求。

8.6 可回收利用率

工厂宜按照 GB/T 20862 的要求计算其产品的可回收利用率，并利用计算结果对产品的可回收利用率进行改善。

9 环境排放

9.1 大气污染物

工厂的大气污染物排放应符合相关国家标准、行业标准及地方标准要求，并满足区域内排放总量控制要求。

9.2 水体污染物

工厂的水体污染物排放应符合相关国家标准、行业标准及地方标准要求，或在满足要求的前提下委托具备相应能力和资质的处理厂进行处理，并满足区域内排放总量控制要求。

9.3 固体废弃物

工厂产生的固体废弃物的处理应符合 GB 18599 及相关标准的要求。工厂无法自行处理的，应将固体废弃物转交给具备相应能力和资质的处理厂进行处理。

9.4 噪声

工厂的厂界环境噪声排放应符合相关国家标准、行业标准及地方标准要求。

9.5 温室气体

工厂应采用 GB/T 32150 或适用的标准或规范对其厂界范围内的温室气体排放进行核算和报告，宜进行核查，核查结果宜对外公布。可行时，工厂应利用核算或核查结果对其温室气体的排放进行改善。

10 绩效

10.1 一般要求

工厂应依据本标准提供的以下方法计算或评估其绩效，并利用结果进行绩效改善。适用时，绩效指标应至少满足行业准入要求，综合绩效指标应达到行业先进水平。

10.2 用地集约化

工厂应采用附录 A 的方法计算厂房的容积率、建筑密度、单位用地面积产能。

10.3 原料无害化

工厂应采用附录 A 的方法计算绿色物料使用率。

10.4 生产洁净化

工厂应采用附录 A 的方法计算单位产品主要污染物产生量、单位产品废气产生量、单位产品废水产生量。

10.5 废物资源化

工厂应采用附录 A 的方法计算单位产品主要原材料消耗量、工业固体废物综合利用率、废水回用率。

10.6 能源低碳化

工厂应采用附录 A 的方法计算单位产品综合能耗、单位产品碳排放量。

11 评价

11.1 评价要求

开展绿色工厂评价，宜根据各行业或地方的不同特点制定评价导则，并应制定相应的具体评价方案。其中，评价导则应围绕第 4 章～第 10 章明确行业或地方的特性要求，评价方案应明确评价的具体指标值和权重值、综合评分标准等。

评价方案应至少包括基本要求以及基础设施、管理体系、能源与资源投入、产品、环境排放、绩效 6 个方面，依据第 4 章～第 10 章的要求，根据上述各方面对资源与环境影响的程度和敏感性给出相应的评分标准及权重，按照行业或地方能够达到的先进水平确定综合评价标准和要求。其中，必选要求为要求工厂应达到的基础性要求，必选要求不达标不能评价为绿色工厂；可选要求为希望工厂努力达到的提高性要求，可选要求应具有先进性。

评价指标表格式参见附录 B。

依据本标准制定的绿色工厂评价标准的技术架构参见附录 C。

11.2 评价方式

绿色工厂评价可由第一方、第二方或第三方组织实施。当评价结果用于对外宣告时，则评价方至少应包括独立于工厂、具备相应能力的第三方组织。

注：针对被评价组织，第一方为组织自身，第二方为组织的相关方，第三方为与组织没有直接关系的其他组织。

实施评价的组织应查看报告文件、统计报表、原始记录，并根据实际情况，开展对相关人员的座谈；采用实地调查、抽样调查等方式收集评价证据，并确保证据的完整性和准确性。

实施评价的组织应对评价证据进行分析，当工厂满足评价方案给出的综合评价标准和要求时即可判定为绿色工厂。

附录2 《生态设计产品评价通则》（GB/T 32161—2015）节选

1　范围

本标准规定了生态设计产品评价的术语和定义、评价原则和方法、评价要求、生命周期评价报告编制方法。

本标准适用于具体生态设计产品评价规范的编制。

2　规范性引用文件

下列文件对于本文件的应用是必不可少的。凡是注日期的引用文件，仅注日期的版本适用于本文件。凡是不注日期的引用文件，其最新版本（包括所有的修改单）适用于本文件。

GB/T 7635.1　全国主要产品分类与代码第1部分：可运输产品

GB 17167　用能单位能源计量器具配备和管理通则

GB/T 19001　质量管理体系　要求

GB/T 23331　能源管理体系　要求

GB/T 24001　环境管理体系　要求及使用指南

GB/T 24040　环境管理　生命周期评价　原则与框架

GB/T 24044　环境管理　生命周期评价　要求与指南

GB/T 28001　职业健康安全管理体系　规范

3　术语和定义

GB/T 24040界定的以及下列术语和定义适用于本文件。

3.1　工业产品　industrial products

工业企业生产活动所创造的、符合原定生产目的和用途、可用于市场销售的物质产品。

注：按其用途，可分为原材料、设备、组装件、零部件、供应品。

3.2　生态设计　eco-design

按照全生命周期的理念，在产品设计开发阶段系统考虑原材料选用、生产、销售、使用、回收、处理等各个环节对资源环境造成的影响，力求产品在全生命周期中最大限度降低资源消耗、尽可能少用或不用含有有毒有害物质的原材料，减少污染物产生和排放，从而实现环境保护的活动。

3.3　生态设计产品　eco-design product

符合生态设计理念和评价要求的产品。

3.4　评价指标基准值　reference value of assessment indicator

为评价产品生态设计而设定的指标参照值。

3.5　现场数据　field data

通过直接定量测最方式获得的产品生命周期活动数据。

3.6　背景数据　background data

通过直接测量以外的来源获得的产品生命周期数据。

3.7　生命周期评价报告　report for life cycle assessment

依据生命周期评价方法编制的，用于披露产品生态设计情况及全生命周期环境影响信息的报告。

4　评价原则及方法

4.1　评价原则

4.1.1　生命周期评价与指标评价相结合的原则

依据生命周期评价方法，考虑工业产品的整个生命周期，从产品设计、原材料获取、产品生产、产品使用、废弃后回收处理等阶段，深入分析各阶段的资源消耗、生态环境、人体健康影响因素，选取不同阶段的、可评价的指标构成评价指标体系。不同类型的产品应建立不同的生态设计评价指标体系，作为评估筛选生态设计产品的准入条件。在满足评价指标要求的基础上采用生命周期评价方法，开展生命周期清单分析，进行生命周期影响评价，编制生命周期评价报告并作为评价生态设计产品的必要条件。

4.1.2　环境影响种类最优选取原则

为降低生命周期生命评价的难度，应根据产品特点，宜选取具有影响大、社会关注度高、国家法律或政策明确要求的环境影响种类，通常可在气候变化、臭氧层破坏、水体生态毒性、人体毒性-癌症影响、人体毒性-非癌症影响、可吸入颗粒物、电离辐射-人体健康影响、光化学臭氧生成潜势、酸化、富营养化-陆地、富营养化-水体、水资源消耗、矿物和化石能源消耗、土地利用变化等种类中选取，选取的数量不宜过多。

4.2　评价方法和流程

4.2.1　评价方法

本标准采用指标评价和生命周期评价相结合的方法。具体生态设计产品评价规范的内容框架见附录 A。

工业产品应同时满足以下两个条件，可判定为生态设计产品：

1）满足基本要求（见 5.1）和评价指标要求（见 5.2）；

2）提供产品生命周期评价报告（见 6.2）。

4.2.2 评价流程

根据评价对象的特点，明确评价的范围；根据评价指标体系中的指标和生命周期评价方法，收集需要的数据，同时要对数据质量进行分析，对照基本要求和评价指标要求，对产品进行评价，符合基本要求和评价指标要求的产品，可判定该产品符合生态设计产品的评价要求；产品符合基本要求和评价指标要求的生产企业，还应提供该产品的生命周期评价报告。评价流程见图1。

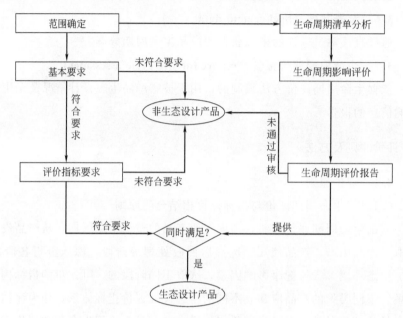

图1　生态设计产品评价流程

5　评价要求

5.1　基本要求

生产企业应满足以下要求，包括但不限于：

1）产品生产企业的污染物排放状况，应要求其达到国家或地方污染物排放标准的要求，近三年无重大安全和环境污染事故；

2）清洁生产水平行业领先；

3）产品质量、安全、卫生性能以及节能降耗和综合利用水平，应达到国家标准、行业标准的相关要求；

4）宜采用国家鼓励的先进技术工艺，不得使用国家或有关部门发布的淘汰或禁止的技术、工艺、装备及相关物质；

5）生产企业的污染物总量控制，应达到国家和地方污染物排放总量控制指标；

6）生产企业的环境管理，应按照 GB/T 24001、GB/T 23331、GB/T 19001 和GB/T 28001 分别建立并运行环境管理体系、能源管理体系、质量管理体系和职业健康安全管理体系；

7）生产企业应按照 GB 17167 配备能源计量器具，并根据环保法律法规和标准要求配备污染物检测和在线监控设备。

5.2 评价指标要求

5.2.1 评价指标构成

指标体系可由一级指标和二级指标组成。一级指标宜包括资源属性指标、能源属性指标、环境属性指标和产品属性指标。二级指标应标明所属的生命周期阶段，即产品设计、原材料获取、产品生产、产品使用和废弃后回收处理等阶段。评价指标示例见附录 A。

5.2.2 指标选取

5.2.2.1 资源属性指标

资源属性重点选取原材料（零部件）中有毒有害物质控制、再生料利用、便于回收的零部件标识、生产阶段包装物材料及回收利用、生产阶段水资源消耗等方面的指标。资源属性指标可包括但不限于：

1）含有有毒有害物质的原材料（零部件）使用方面，应提出禁止或限量使用有毒有害物质方面的指标；

2）再生料利用方面，应提出再生料使用比例等方面的指标；

3）便于回收的零部件标识，应当标识出产品零部件的材料类别，以便于回收利用；

4）生产阶段包装物材料及回收利用方面，应提出包装物减量化要求、包装物材料要求、包装物标识标志等方面的指标；

5）生产阶段水资源消耗方面，应提出单位产品取水量、水的重复利用率等指标。

5.2.2.2 能源属性指标

能源属性重点选取生产过程、使用过程中能源消费方面的指标，能源属性指标可包括不限于单位产品综合能耗、终端用能产品能效、余热余压回收利用率等指标。

5.2.2.3 环境属性指标

环境属性重点选取生产过程中污染物排放、使用过程中有毒有害物质释放以及产品废弃后回收利用等方面的指标。环境属性指标可包括不限于：

1）污染物排放方面，应提出严于国家污染物排放标准的要求；

2）产品废弃后回收利用方面，应提出产品废弃后回收利用率等指标。

5.2.2.4 产品属性指标

产品属性重点选择现有产品标准中没有覆盖的产品设计、质量性能、安全性能以及产品说明等方面的指标，可以包括产品本身有毒有害物质质量分数控制方面的指标，不宜将原材料中有毒有害物质限量、回收利用、包装等方面的指标纳入其中。

5.2.3 指标基准值确定

应根据产品和行业特点，以评价筛选生态设计产品为目的，经过一定规模的测试，并在广泛征询行业专家、生产厂商意见的基础上，科学、合理确定指标基准值。在确定指标基准值时，以当前国内 20％的该类产品达到该基准值要求为取值原则。

5.2.4　检验方法和指标计算方法

制定的标准中应在附录中给出每个指标的计算方法或检测方法。应在评价指标要求表格中给出判断依据，见表 A.1。

6　生命周期评价报告编制方法

6.1　编制依据

应依据附录 B 中的工业产品生命周期评价方法框架建立具体产品的生命周期评价方法学，并依据此方法学编制生命周期评价报告。

6.2　报告内容框架

6.2.1　基本信息

报告应提供报告信息、申请者信息、评估对象信息、采用的标准信息等基本信息。其中，报告信息包括报告编号、编制人员、审核人员、发布日期等，申请者信息包括公司全称、组织机构代码、地址、联系人、联系方式等，评估对象信息包括产品型号/类型、主要技术参数、制造商及厂址等，采用的标准信息应包括标准名称及标准号。

6.2.2　符合性评价

报告中应提供对基本要求和评价指标要求的符合性情况，并提供所有评价指标报告期比基期改进情况的说明。其中报告期为当前评价的年份，一般是指产品参与评价年份的上一年；基期为一个对照年份，一般比报告期提前 1 年。

6.2.3　生命周期评价

6.2.3.1　评价对象及工具

报告中应详细描述评估的对象、功能单位和产品主要功能，提供产品的材料构成及主要技术参数表，绘制并说明产品的系统边界，披露所使用的基于中国数据的生命周期评价工具。

6.2.3.2　生命周期清单分析

报告中应提供考虑的生命周期阶段，说明每个阶段所考虑的清单因子及收集到的现场数据或背景数据，涉及数据分配的情况应说明分配方法和结果。

6.2.3.3　生命周期影响评价

报告中应提供产品生命周期各阶段的不同影响类型的特征化值，并对不同影响类在各生命周期阶段的分布情况进行比较分析。

6.2.4　生态设计改进方案

在分析指标的符合性评价结果以及生命周期评价结果的基础上，提出产品生态设计改进的具体方案。

6.2.5　评价报告主要结论

应说明该产品对评价指标的符合性结论、生命周期评价结果、提出的改进方案，并根据评价结论初步判断该产品是否为生态设计产品。

6.2.6　附件

报告中应在附件中提供：

1）产品样图或分解图；

2）产品零部件及材料清单；

3）产品工艺表（包括零件或工艺名称、工艺过程等）；

4）各单元过程的数据收集表；

5）其他。

附录 3 《制革行业节水减排路线图》（2018 修订版）节选

1 制革行业节水减排现状

（略）

2 制革行业节水减排需求分析

（略）

3 制革行业节水减排目标分析

3.1 制革行业 2020 年节水减排目标

"十三五"期间，通过全行业共同努力，以全流程制革加工（从生皮到成品革）作为核算基础，在 2014 年制革行业产排污量的基础上，实现以下节水减排目标：

（1）单位原料皮废水排放量由 $50\sim60m^3/t$ 原料皮降低到 $45\sim55m^3/t$ 原料皮，削减率达到 9.7%；年废水排放量由 1.15 亿立方米降低到 1.04 亿立方米。

（2）单位原料皮 COD_{Cr} 排放量由 6.5~7.8kg/t 原料皮降低到 4.5~5.5kg/t 原料皮，削减率达到 30.5%；年 COD_{Cr} 排放量由 1.49 万吨降低到 1.04 万吨。

（3）单位原料皮氨氮排放量由 1.5~1.8kg/t 原料皮降低到 0.9~1.1kg/t 原料皮，削减率达到 39.8%；年氨氮排放量由 3450t 下降到 2077t。

（4）单位原料皮总氮排放量由 3.5~4.2kg/t 原料皮降低到 2.2~2.8kg/t 原料皮，削减率达到 35.5%；年总氮排放量由 8050t 下降到 5192t。

（5）单位原料皮总铬排放量由 0.018~0.022kg/t 原料皮降至 0.014~0.017kg/t 原料皮，削减率达到 27.7%；年总铬排放量由 43.1t 下降到 31.2t。

（6）单位原料皮含铬皮类固废产生量由 80~125kg/t 原料皮降至 72~113kg/t 原料皮，削减率达到 9.7%；年含铬皮类固废产生量由 39.6 万吨下降到 35.8 万吨。

3.2 制革行业 2025 年节水减排目标

2025 年，制革行业在"十三五"末（2020 年）的基础上，进一步实现以下节水减排目标：

（1）单位原料皮废水排放量降低到 $40\sim50m^3/t$ 原料皮，比 2014 年减少 19.3%；年废水排放量减少至 0.93 亿立方米。

（2）单位原料皮 COD_{Cr} 排放量降低到 4.0~5.0kg/t 原料皮，比 2014 年减少 37.9%；年 COD_{Cr} 排放量减少至 0.93 万吨。

（3）单位原料皮氨氮排放量降低到 0.6~0.7kg/t 原料皮，比 2014 年减少 59.6%；年氨氮排放量减少至 1394 吨。

（4）单位原料皮总氮排放量降低到 1.6~2.0kg/t 原料皮，比 2014 年削减 53.9%；年总氮排放量减少至 3711 吨。

（5）单位原料皮总铬排放量降至 0.010～0.013kg/t 原料皮，比 2014 年下降 48.3%；年总铬排放量下降到 22.3 吨。

（6）单位原料皮含铬皮类固废产生量降至 64～105kg/t 原料皮，比 2014 年削减 16.5%；年含铬皮类固废产生量下降到 33.1 万吨。

3.3 制革行业节水减排目标分析

未来 5～10 年制革行业节水减排趋势分析如表 1～表 3 所示。本目标依据《制革及毛皮加工工业水污染物排放标准》（GB 30486—2013）以及制革行业发展现状、未来技术发展预测而制定。制定原则如下：

表 1 牛皮加工节水减排分期目标

加工类型	指标		2014 年	分期目标	
				2020 年	2025 年
生皮到成品革	废水排放量/（m³/t 生皮）		50.0	45.0	40.0
	COD_Cr 排放量 /（kg/t 生皮）	直接	6.5	4.5	4.0
		间接	15.0	13.5	12.0
	氨氮排放量 /（kg/t 生皮）	直接	1.5	0.9	0.6
		间接	3.5	3.1	2.8
	总氮排放量 /（kg/t 生皮）	直接	3.5	2.2	1.6
		间接	7.0	6.3	5.6
	总铬排放量/（kg/t 生皮）		0.018	0.014	0.010
	含铬皮类固废产生量/（kg/t 生皮）		125.0	113.0	105.0
生皮到蓝湿革	废水排放量/（m³/t 生皮）		32.0	28.0	26.0
	COD_Cr 排放量 /（kg/t 生皮）	直接	4.2	2.8	2.6
		间接	9.6	8.4	7.8
	氨氮排放量 /（kg/t 生皮）	直接	1.0	0.6	0.4
		间接	2.2	2.0	1.8
	总氮排放量 /（kg/t 生皮）	直接	2.2	1.4	1.0
		间接	4.5	3.9	3.6
	总铬排放量/（kg/t 生皮）		0.0034	0.0025	0.0020
蓝湿革到成品革	废水排放量/（m³/t 蓝湿革）		24.0	22.0	20.0
	COD_Cr 排放量 /（kg/t 蓝湿革）	直接	3.1	2.2	2.0
		间接	7.2	6.6	6.0
	氨氮排放量 /（kg/t 蓝湿革）	直接	0.7	0.4	0.3
		间接	1.7	1.5	1.4
	总氮排放量 /（kg/t 蓝湿革）	直接	1.7	1.1	0.8
		间接	3.4	3.1	2.8
	总铬排放量/（kg/t 蓝湿革）		0.020	0.015	0.011
	含铬皮类固废产生量/（kg/t 蓝湿革）		165.0	150.0	135.0

注：从生皮到蓝湿革加工过程中不产生含铬皮类固废。

表 2　猪皮加工节水减排分期目标

加工类型	指标		2014 年	分期目标	
				2020 年	2025 年
生皮到成品革	废水排放量/(m³/t 生皮)		60.0	55.0	50.0
	COD_Cr 排放量 /(kg/t 生皮)	直接	7.8	5.5	5.0
		间接	18.0	16.5	15.0
	氨氮排放量 /(kg/t 生皮)	直接	1.8	1.1	0.7
		间接	4.2	3.9	3.5
	总氮排放量 /(kg/t 生皮)	直接	4.2	2.8	2.0
		间接	8.4	7.7	7.0
	总铬排放量/(kg/t 生皮)		0.022	0.017	0.013
	含铬皮类固废产生量/(kg/t 生皮)		120.0	108.0	100.0
生皮到蓝湿革	废水排放量/(m³/t 生皮)		39.0	35.0	32.0
	COD_Cr 排放量 /(kg/t 生皮)	直接	39.0	35.0	32.0
		间接	5.1	3.5	3.2
	氨氮排放量 /(kg/t 生皮)	直接	11.7	10.5	9.6
		间接	1.2	0.7	0.5
	总氮排放量 /(kg/t 生皮)	直接	2.7	2.5	2.2
		间接	2.7	1.8	1.3
	总铬排放量/(kg/t 生皮)		0.0041	0.0032	0.0024
蓝湿革到成品革	废水排放量/(m³/t 蓝湿革)		28.0	26.0	24.0
	COD_Cr 排放量 /(kg/t 蓝湿革)	直接	3.6	2.6	2.4
		间接	8.4	7.8	7.2
	氨氮排放量 /(kg/t 蓝湿革)	直接	0.8	0.5	0.4
		间接	2.0	1.8	1.7
	总氮排放量 /(kg/t 蓝湿革)	直接	2.0	1.3	1.0
		间接	3.9	3.6	3.4
	总铬排放量/(kg/t 蓝湿革)		0.023	0.018	0.013
	含铬皮类固废产生量/(kg/t 蓝湿革)		170.0	155.0	140.0

注：从生皮到蓝湿革加工过程中不产生含铬皮类固废。

表3　羊皮加工节水减排分期目标

加工类型	指标		2014 年	分期目标	
				2020 年	2025 年
生皮到成品革	废水排放量/(m³/t 生皮)		55.0	50.0	45.0
	COD$_{Cr}$排放量/(kg/t 生皮)	直接	7.2	5.0	4.5
		间接	16.5	15.0	13.5
	氨氮排放量/(kg/t 生皮)	直接	1.6	1.0	0.7
		间接	3.8	3.5	3.1
	总氮排放量/(kg/t 生皮)	直接	3.8	2.5	1.8
		间接	7.7	7.0	6.3
	总铬排放量/(kg/t 生皮)		0.021	0.016	0.011
	含铬皮类固废产生量/(kg/t 生皮)		80.0	72.0	64.0
生皮到蓝湿革	废水排放量/(m³/t 生皮)		36.0	33.0	30.0
	COD$_{Cr}$排放量/(kg/t 生皮)	直接	4.7	3.3	3.0
		间接	10.8	9.9	9.0
	氨氮排放量/(kg/t 生皮)	直接	1.1	0.7	0.5
		间接	2.5	2.3	2.1
	总氮排放量/(kg/t 生皮)	直接	2.5	1.7	1.2
		间接	5.0	4.6	4.2
	总铬排放量/(kg/t 生皮)		0.0038	0.0030	0.0023
蓝湿革到成品革	废水排放量/(m³/t 蓝湿革)		65.0	60.0	56.0
	COD$_{Cr}$排放量/(kg/t 蓝湿革)	直接	8.5	6.0	5.6
		间接	19.5	18.0	16.8
	氨氮排放量/(kg/t 蓝湿革)	直接	2.0	1.2	0.8
		间接	4.6	4.2	3.9
	总氮排放量/(kg/t 蓝湿革)	直接	4.6	3.0	2.2
		间接	9.1	8.4	7.8
	总铬排放量/(kg/t 蓝湿革)		0.054	0.041	0.029
	含铬皮类固废产生量/(kg/t 蓝湿革)		275.0	245.0	225.0

注：从生皮到蓝湿革加工过程中不产生含铬皮类固废。

（1）所有数据分析基于未来皮革产量不变，以 2014 年数据为准。

（2）2020 年目标主要依据目前行业技术现状以及未来 5 年制革企业可能对各种清洁技术和节水工艺的采用情况而确定。

单位产品用水量计算依据：在广泛调研的基础上，依据《制革及毛皮加工工业水污染物排放标准》基准排水量，以适合牛皮、羊皮和猪皮制革的清洁生产和节水工艺进行推算而得。

单位产品排污系数计算依据：直接排放的排污系数以 COD_{Cr}、氨氮、总氮排放浓度分别为 100mg/L、20mg/L 和 50mg/L 计算；间接排放的排污系数以 COD_{Cr}、氨氮、总氮排放浓度分别为 300mg/L、70mg/L 和 140mg/L 计算。

（3）2025 年目标是在 2015 年目标的基础上，通过全面采用清洁技术及节水工艺，进一步提高水资源重复利用率实现。直接排放的排污系数以 COD_{Cr}、氨氮、总氮排放浓度分别为 100mg/L、15mg/L 和 40mg/L 计算；间接排放的排污系数以 COD_{Cr}、氨氮、总氮排放浓度分别为 300mg/L、70mg/L 和 140mg/L 计算。

（4）总铬排放量按含铬废水单独处理车间排放口的水量和浓度计算。其中，排放浓度以 1.5mg/L 计，排放水量计算方式如下：

从生皮到成品革的企业，2014 年含铬废水量约占总废水量的 25%，考虑到含铬废液回用以及无铬鞣制技术的推广，2020 年、2025 年含铬废水水量按照分别占总废水排放量的 20%、16% 计算。

从生皮到蓝湿革的企业：2014 年含铬废水量约占总废水量的 7%，考虑到含铬废液回用以及无铬鞣制技术的推广，2020 年、2025 年含铬废水水量按照分别占总废水排放量的 6%、5% 计算。

从蓝湿革到成品革的企业：2014 年含铬废水量约占总废水量的 55%，考虑到含铬废液回用以及无铬复鞣技术的推广，2020 年、2025 年含铬废水水量按照分别占总废水排放量的 45%、35% 计算。

（5）含铬皮类固废产生量根据行业未来无铬鞣制技术的推广预期，按每五年减少 10% 左右进行计算。计算单位蓝湿革产生的含铬皮类固废时，以蓝湿革挤水后重量计。

（6）2020 年和 2025 年的废水排放量、各类污染物排放量以及含铬皮类固废产生量比 2014 年的减少量按照牛皮、羊皮和猪皮三类产品所占比例进行加权平均所得。

4　制革行业实现节水减排目标的支撑技术

4.1　源头控制技术

4.1.1　有害化学品替代技术

传统皮革加工过程所用到的化学品中含有部分有害化学品，它们或会产生有毒气体（硫化物、铵盐等），或含有易挥发有害成分（甲醛、有机溶剂等），或分解产生有毒物质（烷基酚聚氧乙烯醚、禁用偶氮染料等），或难以生物降解，对人类健康和自然环境造成不利影响。因此，应大力开发无害、环保的化学品来替代这些有害化学品。典型的有害化学品替代品见表4。

表 4 典型有害化学品替代品一览表

工序	有害化学品	代用化学品
浸水、脱脂	烷基酚聚氧乙烯醚（APEO）	脂肪醇聚氧乙烯醚等环境友好表面活性剂
脱毛	硫化物	生物酶制剂
脱灰、软化	铵盐	无氨无硼脱灰剂、软化剂
鞣制、复鞣	含甲醛鞣剂、复鞣剂	低/无甲醛鞣剂、复鞣剂
染色	禁用偶氮染料	不含禁用成分的环保型染料
加脂	芳烃、短链氯代烷烃	环境友好加脂剂
涂饰	溶剂型涂饰剂	水基涂饰剂

另外，值得注意的是国内外无论从政府层面还是从品牌层面越来越重视对化学物质的限制。欧盟REACH法规自推出以来，不断更新高度关注物质（SVHC）清单，截至2018年6月27日，清单已经增加至191项化学物质。国家环境保护部等部委2018年1月发布了《优先控制化学品名录（第一批）》列入第一批的22类化学品，采取风险管控措施，最大限度降低化学品的生产、使用对人类健康和环境的重大影响，化学品清单见附表1。国际"缔约品牌"于2015年制定了"有害化学物质零排放计划（ZCHC）"计划发布了生产限用物质清单（版本1.1），详细内容参见附表2。这些动向值得制革和皮革化工企业关注。

4.1.2 COD_{Cr}减排技术

4.1.2.1 保毛脱毛技术

（1）发展现状及技术要求

目前开发的技术主要有灰碱保毛脱毛法、酶辅低硫保毛脱毛法和酶脱毛法。灰碱保毛脱毛法先用石灰1%～1.5%护毛，再用硫化物1%～2%脱毛，废毛过滤回收。酶辅低硫保毛脱毛法操作基本同上，区别在于护毛前先用蛋白酶松动表皮和毛根，可进一步降低硫化物用量至0.6%～0.8%。酶脱毛法仅使用酶制剂，操作方式主要有转鼓有浴脱毛和堆置脱毛。

（2）减排效果

根据工艺的不同，脱毛浸灰废液COD_{Cr}可降低20%～50%，氨氮可降低50%，污泥量可降低30%左右。

（3）技术适用性及经济性

灰碱和酶辅低硫保毛脱毛法技术成熟稳定，适用范围广。酶脱毛法易损伤皮，目前仍未大规模应用。保毛脱毛技术如配备转鼓循环滤毛装置则减排效果更佳，但需增加设备投入，废毛可回收利用。

4.1.2.2　浸灰废液循环利用技术

详见 4.2.2.2。

4.1.2.3　高吸收染整技术

（1）发展现状及技术要求

高吸收染整技术主要基于电荷相互作用原理，应用阳离子型或两性染整化学品和助剂来实现。应用这些染整化学品和助剂时，需对皮革和化学品的等电点/带电状态进行设计和调节，达到化学品在皮革中渗透与结合的平衡，实现高吸收的染整效果。该技术目前在一部分企业得到应用，但其系统性有待提高。

（2）减排效果

染整废液 COD_{Cr} 可降低 30%～50%，污泥量可降低 10% 左右。

（3）技术适用性及经济性

适用于各种皮革的染整加工，基本不改变原有工艺体系。高吸收染整化学品成本相对偏高，但可降低废水 COD_{Cr} 和污泥的治理费用。

4.1.3　氨氮减排技术

4.1.3.1　少氨脱灰技术

（1）发展现状及技术要求

少氨脱灰技术目前已十分成熟，按常规脱灰工艺条件，用少量铵盐（1%以下）与无氨脱灰剂共同进行脱灰。

（2）减排效果

脱灰废液氨氮含量可降低 70% 以上。

（3）技术适用性及经济性

适用于各种类型皮革，脱透时间短，pH 缓冲性好。成本比铵盐脱灰高，比无氨脱灰低。

4.1.3.2　无氨脱灰技术

（1）发展现状及技术要求

目前已开发的无氨脱灰技术主要基于无氨脱灰剂的应用，按常规脱灰工艺条件进行，与脱脂剂配合使用效果更佳。无氨脱灰剂的成分一般包括弱酸、弱酸盐、酸式盐、有机酸酯等，目前研发重点在于提高其渗透能力及降低成本。

（2）减排效果

可消除脱灰废液中的氨氮，但可能会增加脱灰废液 COD_{Cr}。

（3）技术适用性及经济性

对于厚皮脱灰渗透性较差，脱灰时间长。无氨脱灰剂成本较高，但可大幅降低废水氨氮的治理费用。

4.1.3.3　无氨软化技术

（1）发展现状及技术要求

无氨软化技术通过蛋白酶与不含铵盐的钙螯合剂和 pH 缓冲剂的联合使用，进一步脱除裸皮粒面残留的钙，促进蛋白酶的催化水解作用，提高非胶原蛋白质的去除率和胶原纤维的分散效果。目前该技术处于推广阶段。

（2）减排效果

可消除软化废液中的氨氮，但可能会增加软化废液 COD_{Cr}。

（3）技术适用性及经济性

适用于各种类型皮革软化。化料成本基本不变，且可降低废水氨氮治理费用。

4.1.3.4 保毛脱毛技术

详见 4.1.2.1。由于毛的回收，可减少因蛋白质深度水解产生的氨氮。

4.1.4 铬减排技术

4.1.4.1 高吸收铬鞣技术

（1）发展现状及技术要求

目前开发的高吸收铬鞣技术主要分为应用高吸收铬鞣助剂和改变鞣制工艺两类。高吸收铬鞣助剂包括丙烯酸聚合物、醛类预鞣剂、纳米复合材料等，其使用可增加铬鞣剂在皮中的结合量。改变鞣制工艺包括高 pH 铬鞣、少铬结合鞣等方式，目前该技术处于研发及试推广阶段。

（2）减排效果

铬吸收率提高至 80%～98%，可减少铬粉用量 30%～60%，铬鞣废水及污泥中的铬含量大幅降低，但仍需注意皮革中的铬在鞣后染整阶段再次释放。

（3）技术适用性及经济性

该技术适用范围广，对常规铬鞣皮革加工体系的改变不大，成革性能与常规铬鞣革可能存在某些差异。会增加化料（高吸收铬鞣助剂或其他鞣剂）成本，但可降低铬鞣剂使用成本和铬鞣废水及污泥处理费用。

4.1.4.2 铬鞣废液循环利用技术

详见 4.2.2.3。

4.1.4.3 白湿皮技术

（1）发展现状及技术要求

白湿皮技术是用不含铬的鞣剂/化合物对裸皮进行预处理，使皮能承受片皮、削匀等机械操作，片削后的白湿皮可根据不同的需要进行鞣制和鞣后染整加工。可采用的鞣剂/化合物包括铝盐、钛盐、醛类鞣剂、合成鞣剂、硅类化合物等。

（2）减排效果

白湿皮加工过程的废水和片皮、削匀、修边等操作产生的固体废弃物均不含铬。若后续采用铬鞣，可减少 30%～50% 的铬鞣剂用，并降低废水铬含量，但铬鞣及鞣后染整废水仍需收集处理，以使废水中的铬达标排放。

（3）技术适用性及经济性

该技术适用于新建和已有制革企业，但后续的鞣制、染色、干燥、整饰等工艺必须做某些修改。该技术增加了额外的处理工序（预鞣），处理时间变长，且需要额外化学品的投入，从而导致生产成本增加，但同时也会降低废水和污泥的处理费用。

4.1.4.4　逆转铬鞣技术

（1）发展现状及技术要求

逆转铬鞣技术是通过制革单元过程的重组与耦合优化，建立以"准备单元—无铬预鞣与电荷调控单元—染整单元—末端铬鞣单元"为主线的逆转铬鞣工艺技术。技术关键点包括：预鞣革达到一定热稳定性和机械性能；染整化学品及工艺与预鞣相匹配；末端铬鞣与前期过程的耦合优化。目前，该技术处于推广、改进阶段。

（2）减排效果

铬只集中于末端铬鞣单元操作废水中，能够全部回收利用，车间排放口废水铬含量可低于 1.5mg/L。另外，制革过程基本不产生含铬固废。

（3）技术适用性及经济性

该技术适用于新建和已有制革企业，但整个工艺体系需要做出较大调整。该技术增加了额外的处理工序和额外化学品的投入，可能导致生产成本增加。但同时废水和污泥中铬的处理变得简单易行，相应处理费用也会降低。

4.1.4.5　无铬鞣技术

（1）发展现状及技术要求

无铬鞣技术的关键是选择适当的无铬鞣剂进行鞣制，以满足后续操作和成革性能的要求。常用无铬鞣剂包括植物鞣剂、非铬金属鞣剂、醛鞣剂等。现有无铬鞣剂以改性戊二醛、噁唑烷、有机膦盐（如四羟甲基硫酸膦）等鞣剂为主，但它们在应用中都存在两方面的问题：一是鞣后成革的游离甲醛含量可能超标，不符合我国及欧盟对于皮革中甲醛的限量要求；二是鞣制的坯革负电性强，对后续阴离子染整材料的吸收利用率低，且最终成革质量与铬鞣革有一定的差距。虽然近年开发的两性有机合成鞣剂可较好地解决上述问题，但革坯耐湿热稳定性低于铬鞣革。因此，鞣制性能优良的环保型无铬鞣剂的开发已成为国内外研究者致力攻克的难题，也是皮革行业关键共性技术的重要发展方向。

（2）减排效果

可从源头消除铬的排放。

（3）技术适用性及经济性

现有无铬鞣技术可以满足部分皮革的生产要求，但未达到通用性、多样性的程度。未来无铬鞣技术的适用性及经济性仍取决于新研发的无铬鞣剂。无铬鞣技术的生产成本可能会高于铬鞣，但其能够彻底消除制革工业的铬排放问题，为制革企业面对环保压力和绿色贸易壁垒提供有效对策，是制革工业可持续发展的必由之路。

4.1.5　节盐技术

4.1.5.1　少盐/无盐原皮保藏技术

（1）发展现状及技术要求

少盐原皮保藏技术采用食盐与其他脱水剂或杀菌剂结合使用，达到中短期保藏

（1 周至 6 个月）的目的。无盐原皮保藏技术主要包括低温冷藏和干燥保藏两种方式。低温冷藏温度为 2℃ 左右，保藏期 3 周以内。干燥保藏通过直接晾晒或使用干燥装置处理原皮，保藏期长。

（2）减排效果

少盐保藏技术可降低废水氯离子含量 30%～80%，无盐保藏技术可消除废水氯离子排放。

（3）技术适用性及经济性

少盐保藏技术适用于短期保藏原皮。低温保藏技术需设置冷藏库，能耗较大，且运输成本增高，适用于屠宰场与制革厂距离较近、原皮购销渠道固定、原皮能在短期内投入生产的加工企业。干燥保藏技术成本较低，但受气候条件限制，仅适于湿度较低而气候温暖地区的企业采用。

4.1.5.2　转笼除盐技术

（1）发展现状及技术要求

盐腌皮在多孔倾斜转鼓（如用纱网做的转鼓）中转动，抖落皮上附着的食盐，直至两次称重相差不超过 1%。

（2）减排效果

可回收约 1%～2%（以皮重计）的食盐，降低废水氯离子含量。

（3）技术适用性及经济性

适用于常规撒盐腌制的盐腌皮，回收的盐在二次使用前需进行处理，可降低废水末端处理难度和成本。

4.1.5.3　浸酸鞣制废液循环利用

浸酸废液收集、过滤，并适当调整后，回用于下次浸酸过程。或将浸酸铬鞣废液循环利用，详见 4.2.2.3。该技术可节省制革过程食盐用量 50%～80%，同时减小酸的消耗。

4.1.5.4　少盐/无盐浸酸技术

（1）发展现状及技术要求

目前已开发的少盐/无盐浸酸技术主要是在少盐或无盐的条件下用芳香族磺酸类物质进行浸酸，不会引起裸皮酸肿。

（2）减排效果

浸酸工序食盐用量从 6%～8% 降至 0～5%，可降低或消除废水氯离子排放，但可能会增加浸酸废液 COD_{Cr}。

（3）技术适用性及经济性

操作简单可行，但少盐/无盐浸酸后的皮革纤维分散程度稍差，从而会一定程度影响成革的综合性能，成本略高于常规浸酸工艺。

4.1.6　污泥减排技术

4.1.6.1　保毛脱毛技术

详见 4.1.2.1。

4.1.6.2　浸灰废液循环利用技术

详见 4.2.2.2。

4.1.6.3　铬鞣废液循环利用技术

详见 4.2.2.3。

4.1.6.4　综合废水高效生化复合技术

详见 4.3.1.5。

4.1.7　VOCs 减排技术

(1) 发展现状及技术要求

近年来，环保部门对制革企业 VOCs 排放问题的关注度越来越高，下游企业对皮革产品 VOCs 限量的要求也越来越严格。VOCs 源头减排的关键是皮革化工材料中易挥发成分的控制。加脂剂、聚合物复鞣剂、酚类合成鞣剂、涂饰剂、各类助剂中都可能残留挥发性有机物，其中部分材料中挥发性有机物含量很高（如溶剂型涂饰材料），这是导致皮革加工过程排放 VOCs 及皮革产品 VOCs 超标的主要原因。因此，生产和使用不含（或极低含量）挥发性有机物的皮革化工材料是技术发展趋势。这需要皮革化工和制革企业都对已有的技术进行系统的梳理和整改，包括：通过皮革化学品合成原料及合成技术的优化，尽量避免挥发性有机物的引入、产生和残留；在皮化产品生产过程中，增加后期脱除易挥发物工艺；制革企业建立皮革化学品 VOCs 检测制度和限量标准等。

(2) 减排效果

控制好皮革化工材料，可以实现源头减排 VOCs80％以上。

(3) 技术适用性及经济性

主要涉及技术管理意识，管理复杂性会比原来稍有提高；皮化企业在产品和生产工艺优化方面会增加投入，可能导致某些优化后的皮革化工的生产成本提高5％～10％。

4.2　节水技术

制革过程耗水较高，为了提高水资源利用率，配合国家节能减排目标，实现制革行业的可持续健康发展，需要推广使用节水及废水回用技术，主要包括以下四个方面。

4.2.1　制革工艺过程节水技术

(1) 发展现状及技术要求

随着制革企业节水意识的提高，目前已经有部分制革企业采用节水技术。包括：将制革工序中流水洗改为闷水洗或闷水洗-流水洗交替进行；将有液操作工序改为无液操作或者小液比工艺，可以节约大量用水；将部分工序合并，降低用水量。

(2) 减排效果

采用闷水洗可以减少用水量 25%～30%；采用小液比工艺，可以减少用水量 30%～40%；工序合并工艺可减少废液排出量 50%左右。

（3）技术适用性及经济性

制革企业的流水洗工序可以改为闷水洗或闷水洗-流水洗交替进行；脱灰工序可以将有液操作改为无液操作；复鞣工序可以实施小液比操作；浸水工序和脱毛工序可以合并，浸水结束后倒去部分水后直接进行脱毛浸灰操作；脱灰和软化工序合并；中和、复鞣填充工序合并等。

4.2.2 工艺过程废液循环利用技术

4.2.2.1 浸水废液循环利用技术

（1）发展现状及技术要求

将主浸水的废液用于预浸水。因为主浸水废液中的杂质与预浸水类似，而且相比预浸水废液更干净，因此可以收集主浸水的废液，沉淀后直接用于预浸水，节约预浸水的新鲜水量。

（2）减排效果

降低预浸水中新鲜水用量 50%以上。

（3）技术适用性及经济性

需要单独收集主浸水废液，适用于所有制革预浸水工序。

4.2.2.2 浸灰废液循环利用技术

（1）发展现状及技术要求

浸灰废液直接循环技术：收集浸灰废液，去除固体杂质后代替新鲜水回用于脱毛浸灰工序，既可以节约用水，又可以节约脱毛浸灰工序的化工材料。我国的一些皮革化工企业和制革企业密切合作，实现了浸灰废液的长期循环利用。这类技术的要点是，在循环一定次数后，分离除去沉淀/悬浮物，对每次循环废液进行必要的消毒处理，并适当补加化工材料。

浸灰废液间接循环技术：浸灰废液直接循环会使杂质不断累积，因此直接循环一定次数后可进行间接循环，或者不采用直接循环就进行间接循环。间接循环利用是将浸灰废液酸化后产生硫化氢气体，通过碱吸收法生成硫化钠，同时将浸灰废液中的蛋白质沉淀分离和回收，再将清液回用于制革的浸水或预浸水工序，将回收的硫化钠回用于脱毛工序，并将回收的蛋白质制备成蛋白填料后回用于制革的复鞣工序，从而使浸灰废液完全得到回收利用。

（2）减排效果

浸灰废液直接循环技术使该工序的用水量降低 90%以上，主要污染物排放减少 70%以上；浸灰废液间接循环技术可使浸灰废液中悬浮物含量降低 40%以上，硫化钠回收利用率达到 90%以上，COD_{cr} 的去除率达到 80%以上，氨氮的脱除率达到 80%以上。

（3）技术适用性及经济性

该技术适用于以硫化物为脱毛剂的浸灰脱毛废液的循环利用。直接循环技术的可靠性、实用性好，运行成本低，采用的企业较多，可以显著节省水和化料耗量；需增加收集罐、抽水泵等设备；需对循环废液进行关键参数监测，以确定相关材料的补加规律。间接循环技术对材料的循环利用率高，但需使用专门的材料回收设备。

4.2.2.3　铬鞣废液循环利用技术

（1）发展现状及技术要求

铬鞣废液直接循环利用技术：收集铬鞣废液，去除固体杂质后回用于生产，既节约用水，又可以节约鞣制材料。回用方法一是将铬鞣废液调整 pH 值后用于浸酸鞣制工序；回用方法二是将铬鞣废液加热后代替热水用于鞣制后期的提温。

铬鞣废液间接循环利用技术：铬鞣废液直接循环会使杂质不断累积，因此生产中直接循环一定次数后（或不经过直接循环）可进行间接循环。去除铬鞣废液中的固体杂质后，加碱沉淀，压滤得到铬泥，铬泥经过水解、氧化、还原和调配后，得到铬鞣剂，回用于铬鞣工序。沉淀后的上清液回用于浸水工序，节约用水。

（2）减排效果

减排鞣制工段总铬排放 95％以上，铬鞣废液循环利用率为 97％以上。该循环技术可实现铬鞣废液的无限次循环。

（3）技术适用性及经济性

该技术适用于以铬为鞣剂的废液回收循环利用，该技术与未经再生处理直接回用的铬液相比，具有收缩温度高（即鞣性强）、蓝湿革外观浅淡等优点。

4.2.3　采用节水设备

（1）发展现状及技术要求

采用新型节水设备达到节水的效果。如超载转鼓或 Y 形染色转鼓。

（2）减排效果

传统转鼓的装载率低于 45％，为了保证皮张得到充分的搅拌，需要使用大量的水，而超载循环转鼓的装载率可以达到 70％以上，水的用量可降低 25％以上，而且可以提高生产效率，降低电能消耗 15％以上。采用 Y 形染色转鼓染色工序的用水量与传统方法相比可以降低 50％以上，而且染色工序的化工材料用量节约15％以上。

（3）技术适用性及经济性

上述设备节能增效，利于环保，操作简单，安全可靠。

4.3　末端治理技术

4.3.1　废水处理技术

在废水处理技术"物化＋生化＋深度"三级处理系统中，随着行业治污能力的进步和新型环保技术的引入，结合技术可行性和经济可行性，以及国家在流域治理中的目标要求，分阶段可供引入的技术主要包括以下几个方面。

4.3.1.1　含铬废水"深层过滤-直接回用"技术

（1）发展现状及技术要求

目前我国90％的制革厂都采用碱沉淀法回收铬。对于含铬浓度较低的废水，包括铬鞣后各工序水洗废水、染色加脂废水，部分企业进行了加碱沉淀配合絮凝沉淀的方法处理，但是进行回用的还很少。

可以直接回用的含铬废水主要指制革铬鞣后的残液，此残液经微滤和超滤处理，可以有效去除残液中细颗粒的悬浮物、溶解性有机物及部分与之结合的铬，可以实现直接回用。目前应用较少的原因在于鞣液中组份与微滤/超滤膜的选用不精细，导致出水成分不稳定，影响蓝湿革质量。

（2）减排效果

利用高吸收铬鞣技术可实现主鞣废水中出水铬浓度较常规铬鞣降低50％以上，在此技术实施条件下通过"深层过滤-直接回用"技术，铬鞣后残余铬液回用次数可以由几次增加到十几次，铬鞣废水排污量可以降低80％以上，铬回用率可以达到90％以上，可实现铬的排污系数降低60％以上。

（3）技术适用性及经济性

与高吸收铬鞣技术结合使用，在确保主鞣废液中铬浓度尽可能低的情况下，使用该技术可以最大限度地实现废铬液的直接回用，技术更为稳定。节水和减少铬泥量使经济效益尤为显著，可实现含铬废水回用50％以上的目标。

4.3.1.2　含铬废水高效脱铬技术

（1）发展现状及技术要求

在现有加碱沉淀处理含铬废水的基础上，为进一步减少铬排放量，特别是为达到敏感地区铬排放限值，可供采用的技术有高效混凝技术、深层吸附技术。

（2）减排效果

可以去除废液中95％以上的铬，并可对三价铬进行回收。

（3）技术适用性及经济性

该技术适合于不同浓度的含铬废水，可以有效降低后续处理难度并实现铬回用，经济性较好。

4.3.1.3　含硫废水高效脱硫及资源化技术

（1）发展现状及技术要求

在贯彻含硫废水车间分流的基础上，采用"酸化脱硫＋碱回收"产生的硫化碱液可实现企业内的直接回用。

（2）减排效果

硫化物回收利用率达到90％以上，并减少30％的污泥量；采用优化的"锰盐催化氧化"技术可转化含硫废水中70％的硫生成单质硫，其产品厂外资源化利用率高，同样可减少30％的污泥量。

（3）技术适用性及经济性

适用于分质处理含硫废水，减少污泥产生量可以降低后续污泥处置费用。

4.3.1.4　含硫废水生物转化技术

（1）发展现状及技术要求

在含硫废水不分流的情况下，利用生物氧化技术，可以保证含硫废水进入综合废水后的生物直接氧化，硫化物在废水生物处理中直接转化为硫酸根离子，实现硫化物的达标排放；利用两相 UASB 技术，可以通过"厌氧酸化脱硫＋碱回收"方法实现硫的厂内回用。

（2）减排效果

此段可回收 40％以上的硫化物，其余的硫化物通过好氧生化转化为硫酸根离子，实现硫化物的达标排放。

（3）技术适用性及经济性

该技术可以在含硫废水不分流情况下进行应用，适应性较强。

4.3.1.5　综合废水高效生化复合技术

（1）发展现状及技术要求

常规的制革废水处理模式均十分强调废水的预处理对生化处理的重要性，因此绝大多数企业的制革废水处理过程中通过加大混凝、气浮等物化处理来最大限度地减少废水中的悬浮物、硫化物等，由此导致在水处理过程中产生了大量的污泥。

现行的制革污水处理技术强调"污水处理与污泥减量化相统一、高效与低成本相统一"，通过物理沉降或机械筛分的方法替代混凝沉淀，可大量削减物理污泥的产生量，而未形成沉淀进入生化段的悬浮性 COD_{Cr} 可导致生化负荷提高、难降解有机物比例增加。采用厌氧产沼气技术、兼氧/好氧菌生化强化技术、配合节能风机与高效供氧设备等技术，可以实现脱碳脱氮相统一的综合效应。目前这类技术在制革废水处理中得到越来越多的重视，技术也日趋成熟。

（2）减排效果

该技术在污泥减量化、氨氮和 BOD_5 去除效率等方面具有明显优势，且可大幅度减少能耗。

（3）技术适用性及经济性

该技术具有较好的脱碳、脱氮效果，并能显著降低污泥产生量，通过对厌氧反应器运行技术的不断优化和脱氮生物菌剂的产品更新，这类技术将成为今后制革废水生化处理的主导工艺。

4.3.1.6　废水深度处理

（1）发展现状及技术要求

为满足废水达到直接排放标准的要求，需对生化处理后出水再进行深度处理。目前制革企业已广泛用于深度处理的技术有以下几种类型，①催化氧化技术，如Fenton氧化、臭氧氧化；②生物净化技术，如人工湿地、BAF 等；③物化技术，如混凝沉淀和深层过滤等。通常将这些技术组合应用效率更高，其中，Fenton 氧化相比其他催化氧化技术实现直排更具有普适性，再经过人工湿地和深层过滤处理，可以达到最严格的排放要求。

（2）减排效果

生化出水经过深度处理达到直排的要求，COD_{Cr}、氨氮、总氮和总铬等各主要污染物排放的削减率均达到 50％以上，这些深度处理技术也是水资源重复利用的重要技术手段。

（3）技术适用性及经济性

化工废水的深度处理技术较为成熟，但在未来几年存在的运行成本问题仍然是工程实施的主要障碍。

4.3.1.7 中水回用技术

（1）发展现状及技术要求

废水生化处理后产生的中水可以直接用于车间地面冲洗，降低新鲜水的用量。废水生化处理后的水 COD_{Cr} 一般都在 100mg/L 以上，有一定的色度，无法直接回用于制革生产的工艺用水，因此需要进行深度处理（参见 4.3.1.6），降低 COD_{Cr} 和色度。达到直接排放的中水，在制革的浸水、浸灰工段可以全部和部分得到回用。用超滤（UF）和反渗透（RO）的膜技术处理后的出水可适应各工段的水质要求。目前这类技术在部分制革企业已得到应用。

（2）减排效果

通过反渗透膜组处理可以回收 50％以上的中水回用于制革生产，大幅度降低了新鲜水的使用量。

（3）技术适用性及经济性

UF/RO 膜处理技术适用于深度处理后的出水，COD_{Cr} 和 TSS 浓度超过 100mg/L 的废水直接用膜处理会严重影响膜的寿命，进而导致运行成本过高。但综合考虑工业取水和排水的成本，中水回用技术的综合使用成本不会增加。

4.3.1.8 废水脱盐技术

（1）发展现状及技术要求

对于执行严格排放限值的企业，其出水指标中对氯离子有严格限制时，需采用脱盐技术。废水脱盐目前主要包括盐浓缩和结晶两个方面。盐浓缩技术主要有膜法、电渗析及蒸发浓缩，再经过结晶单效或多效蒸发、蒸汽机械压缩蒸发（MVR），目前膜浓缩、多效蒸发技术在高盐废水中已得到广泛应用，近年来 MVR 技术由于其能耗低已经开始在工业废水中得到广泛推广和应用，但在制革企业还没有先例。

实际应用时，需通过对原料进行组分检测及物性分析，进行蒸发实验和结晶实验，以考察物料在蒸发结晶过程中的性质变化，为工艺路线选择、防垢技术、系统配置、蒸发器和结晶器形式的确定提供依据。

（2）减排效果

利用膜法、电渗析可以将含盐水转化为淡水，浓缩比为（1∶1）～（3∶1），蒸发则可以浓缩到 5∶1 以上，再经过 MVR 的结晶，使出水中氯离子浓度达到 500mg/L 以下，满足制革中水回用中对盐平衡的要求。而产生的淡水可以使中水回用率提高到 60％以上。

（3）技术适用性及经济性

深度处理后 UF/RO 法一方面可以使中水脱盐，同时盐水得以浓缩，其浓缩比一般在 3∶1 左右，该技术在制革企业中已有应用。浓盐水的多（单）效蒸发及MVR 等结晶技术在其他高盐工业废水处理中已有大量工程应用，而在制革行业还没有先例。

运用 UF/RO 处理后的出水可以满足制革各工段用水，可部分抵消 UF/RO 的处理费用。而 MVR 技术蒸发吨水费用一般为 30～60 元，比多效蒸发降低 50％～80％的能耗。如果按制革污水 1000t 原水计，经 UF/RO 浓缩和 MVR 结晶处理，每吨水的处理费用可增加 10～15 元。吨水的投资费用取决于浓盐水中的中性盐浓度，以 RO 处理后浓水计，吨水的 MVR 结晶的投资费用可达（2～4）万元。结晶后生成的杂盐处置也是一个重要问题。

4.3.2 废气减排技术

制革企业废气包括原料皮贮存、水场车间、涂饰工段、污水处理场以及锅炉尾气等不同来源的废气，其废气组成可分为来源于原料皮和加工过程中含 H_2S、NH_3 的废气、涂饰工段的 VOCs、污水处理场恶臭以及锅炉烟气等几种类型。针对不同类型气源需采用不同技术进行处理。

4.3.2.1 原皮贮存恶臭及车间废气控制技术

（1）发展现状及技术要求

原皮库通过全封闭设计，可以有效扼制原皮存放产生的恶臭。可以在原皮库配备恶臭收集净化系统，根据需要定时对库内废气进行抽风换气，经废气喷淋净化装置处理后达标排放。

在未来生产设备选型上，可选用完全封闭和带废气收集装置的设备，最大限度地减少废气源，同时通过厂房隔离、换气、排气等配套措施的合理设计，可以有效降低车间气味。对于磨革作业产生的粉尘可通过自身配套真空吸尘器，经专用洗尘管道收集进入袋式除尘装置处理。

（2）减排效果

处理后尾气达到《大气污染物综合排放标准》颗粒物排放限值二级标准及以上要求；消除制革企业的恶臭问题。

（3）技术适用性及经济性

用这类技术针对原料储存及加工过程产生的恶臭气体进行处理，处理成本低，效果好，经济实用。

4.3.2.2 涂饰工段 VOCs 控制技术

（1）发展现状及技术要求

喷涂工序在封闭的喷涂操作台作业，产生的废气经集气罩负压收集后，经水幕喷淋过滤后由排气筒接至车间顶排放。在有条件的情况下，可于车间顶部排气筒后段连接吸附塔进一步削减残余 VOCs 浓度。

（2）减排效果

外排废气可达到《大气污染物综合排放标准》排放限值二级标准要求。

（3）技术适用性及经济性

技术简单，易于操作，处理效果好，成本适中。

4.3.2.3 污水处理场恶臭治理技术

（1）发展现状及技术要求

根据结合污水处理工艺，可对污水处理设施中易产生恶臭的部位包括调节池、格栅、预沉池、厌氧池、曝气氧化池、污泥浓缩池和污泥脱水间进行有效封闭，再通过安装强制通风系统将各工序的恶臭废气收集后通过高效净化装置处理。

（2）减排效果

外排废气可达到《大气污染物综合排放标准》排放限值二级标准要求。

（3）技术适用性及经济性

技术简单，易于操作，处理效果好，成本适中。

4.3.2.4 锅炉烟气控制方案

（1）发展现状及技术要求

随着国家对大气污染治理的日益严格，单个企业的锅炉设置将逐渐为集中供热供汽所替代，烟气除尘和脱硫脱硝一体化技术将在烟气排放控制技术中得到贯彻实施。

（2）减排效果

采用该技术可最大限度地实现 SO_2、NO_x 和粉尘的控制目标。

（3）技术适用性及经济性

在未来发展中，集中供热供汽可成为制革企业烟气控制的最主要方案。

4.3.3 固体废弃物资源化利用技术

皮革生产中产生的固体废弃物主要分为以下三类。

① 无铬皮革固废：主要来自对灰皮进行片皮和修边时所产生的废弃物，或对硝皮进行片皮和削匀时所产生的废弃物，以及去肉废渣、保毛脱毛产生的废毛等。

② 含铬皮革固废：主要来自对蓝湿革进行片皮、削匀和修边操作时所产生的废弃物。

③ 染色皮革固废：主要来自染色后对坯革进行修边、磨革或干削匀操作时所产生的废弃物，以及来自制衣厂和制鞋厂的裁剪余料。

另外，制革固废还包括废水处理产生的含铬污泥和综合污泥等。

第一类皮革固废由于成分相对简单，综合利用难度最小，可以用来生产工业明胶等产品，目前利用率比较高；第二类皮革固废由于含有铬，综合利用难度相对较大；第三类皮革固废由于同时含有铬、染料和加脂剂等化工材料，综合利用难度最大，目前基本上没有得到利用。

4.3.3.1　无铬皮革固废的资源化利用技术

（1）利用去肉废渣提取油脂技术

1）发展现状及技术要求

该技术是将去肉废渣加水熬煮，利用分离技术将油水分离，得到的油脂经再处理后在肥皂工业上再利用，剩下的蛋白废渣可以用作蛋白饲料。

2）减排效果

对去肉废渣的利用率为 90％左右。

3）技术适用性及经济性

适用于制革去肉工序产生的废渣。

（2）利用无铬皮革固废生产有机肥的技术

1）发展现状及技术要求

利用制革无铬固体废弃物采用定向酶解分子切割技术制备小分子胶原蛋白肽，加入载体经过螯合制备固体胶原蛋白肽有机肥（颗粒状、粉末状）和液体胶原蛋白肽有机肥（水溶肥、叶面肥）。

2）减排效果

制革过程中产生的无铬皮边制备有机肥利用率达到 100％。

3）技术适用性及经济性

适用于经济作物、果蔬茶使用。经有关农业研究单位试验对比，使用胶原蛋白肽有机肥比同类管理用肥的作物可溶性总糖提高 10％，蛋白质提高 9％，维生素 C 提高 15％。产量平均增长 8％左右。

（3）利用灰皮固废生产工业明胶技术

1）发展现状及技术要求

对灰皮修边、片皮下脚料，进行复浸灰、洗涤、脱灰和洗涤后，上锅熬胶，胶液经过浓缩、造粒、干燥后得到明胶产品。

2）减排效果

对边角料的再利用率为 90％以上。

3）技术适用性及经济性

适用于灰皮下脚料的资源化利用。

（4）利用废牛毛生产蛋白填料技术

1）发展现状及技术要求

该技术将保毛脱毛法回收的废牛毛经过预处理、水解、改性后，再经浓缩干燥即得制革用蛋白填料。制备的蛋白填料用于制革复鞣填充工序。

2）减排效果

可将废毛进行资源化利用，减少废毛排放对环境的污染。

3）技术适用性及经济性

适用于保毛脱毛后回收的废牛毛的资源化利用，提高了固体废弃物的附加值。

（5）利用废毛生产合成革填料技术

1）发展现状及技术要求

该技术将保毛脱毛法回收的废牛毛经过分级、预处理、脱色、微细化处理、筛分等操作后，用于人造革、合成革生物质填料。制备的蛋白填料细度适当，易分散，耐水优良，主要用于湿法含浸、干法成膜工艺。

2）减排效果

废毛高值化再利用，可消除废毛对环境的污染，废毛的转化率高达90％以上。

3）技术适用性及经济性

可明显提高人造革、合成革卫生性能，涂膜强度，增加产品附加值。适用于制革工业园区灰碱或酶辅低硫保毛脱毛法回收废牛毛的大规模处理。

4.3.3.2　含铬固废的资源化利用技术

（1）利用含铬皮革碎料生产工业蛋白技术

1）发展现状及技术要求

该技术将含铬皮革碎料在碱性条件下水解，压滤后得到蛋白液，再经过中和、浓缩和喷雾干燥等工序，得到工业蛋白粉，可以用作皮革、造纸和生物发酵等行业的原料。

2）减排效果

该技术对含铬皮革碎料的利用率为60％以上。

3）技术适用性及经济性

适用于含铬皮革碎料的资源化利用。

（2）利用含铬皮革碎料制备工业明胶技术

1）发展现状及技术要求

对含铬未染色皮革下脚料，采用酸碱交替法脱铬，去除大部分结合的铬鞣剂，再采用通用的明胶生产方式生产工业明胶。

2）减排效果

对边角料的再利用率为90％以上。

3）技术适用性及经济性

适用于铬鞣后未染色皮革下脚料的资源化利用。

（3）利用含铬皮革碎料静电植绒技术

1）发展现状及技术要求

该技术将含铬皮革碎料粉碎成所需粒径大小，经筛网筛选，粉体染色，用静电植绒的方法将粉体黏合到基布的表面，得到柔软、有真皮感的植绒合成革。

2）减排效果

该技术对含铬皮革碎料利用率在 95％以上。

3）技术适用性及经济性

可以明显提高合成革真皮感，增加产品附加值。该技术需要投资专用静电植绒设备，适用于对含铬皮革碎料的资源化利用。

（4）利用皮革固废生产再生纤维革技术

1）发展现状及技术要求

该技术将蓝湿革固废或染色坯革固废经过破碎和解纤后得到真皮纤维，再采用造纸的成型方法，得到再生纤维革。

2）减排效果

该技术对含铬皮革固废的利用率为 99％以上，充分利用了制革加工过程中产生的削匀革屑，防止革屑中的重金属对环境造成危害。

3）技术适用性及经济性

生产的再生纤维革可以用作皮带夹心和箱包衬里等，经过后整饰可以部分代替真皮用作文具、家具的生产。

（5）利用含铬污泥制备再生铬鞣剂技术

1）发展现状及技术要求

碱沉淀法处理铬鞣废水得到的铬泥和皮革含铬废物提胶残渣都属铬含量较高的固废，该技术以铬泥和铬渣为原料，用酸、氧化剂对铬泥进行处理，同时去除了有机酸和蛋白多肽等杂质，再经还原，使回收的铬盐重新获得良好的鞣性，回用于制革生产中。

2）减排效果

该技术可使回收铬盐的利用率达到 99％以上，充分利用了制革生产过程中产生的含铬废物，使铬实现近零排放。

3）技术适用性及经济性

该技术生产的再生铬鞣剂符合二层革鞣制、铬复鞣等工序的要求，适合于以碱沉淀法处理铬鞣废水得到的铬泥和皮革含铬废物提胶后的残渣。

（6）利用含铬污泥制备陶瓷色料技术

1）发展现状及技术要求

该技术以铬泥和铬渣为原料，经过高温煅烧和洗涤除去无机盐和有机物，再添加少量化工原料，经配料、球磨、洗涤、干燥、烧成等工艺制造价廉无钴黑色色料和微量钴掺杂绿色陶瓷色料，并将该合成色料应用于陶瓷坯体着色和釉面的装饰。

2）减排效果

该技术可使回收铬盐的利用率达到 99％以上，充分利用了制革生产过程中产生的含铬废物，使铬实现近零排放。

3）技术适用性及经济性

该技术生产的色料可用于日用陶瓷和装饰陶瓷的着色,可降低成本。适合于以碱沉淀法处理铬鞣废水得到的铬泥和皮革含铬废物提胶后的残渣。

4.3.3.3 制革综合污泥处理与资源化利用技术

(1) 制革综合污泥脱水和干化处理技术

1) 发展现状及技术要求

制革综合污泥在企业内的处理主要包括脱水、干化,在企业外的处置通常有填埋、焚烧和综合利用。目前只有极少数制革企业具备"脱水、干化、焚烧"的处置体系。常用的脱水技术有"污泥浓缩+调理+压滤",技术成熟运行规范,为所有企业所采纳。为进一步实现污泥的减量化并提高热值,可采用热干化(热水、热蒸气、热空气或尾气)技术,这类技术在部分企业已有采用且运行稳定。在填埋逐渐被淘汰的当前形势下,焚烧、热解及各种资源化技术越来越被业界所重视。

2) 减排效果

"污泥浓缩+调理+压滤"处理可使污泥含水量由97%降低到70%以下,污泥体积降低60%以上。再经过热干化,污泥含水量可降低30%以下,污泥减量达85%以上,效果十分显著。

3) 技术适用性及经济性

污泥浓缩/调理和压滤脱水的处理技术可适用于制革废水处理过程中产生的各类物化和生化污泥,处理费用一般占到废水处理综合成本的20%左右。污泥热干化和运行费用相对较高,但当污泥储运处置费用达到300元/吨以上时,污泥热干化减量在厂内实施是经济合理的。

(2) 制革综合污泥制建筑用陶粒技术

1) 发展现状及技术要求

制革综合污泥不仅含铬且有机质丰富,该技术以制革厂终端污泥为主要原料,加以辅料、黏合剂,经过脱水、混合、均化、造粒、预热、高温焙烧等工艺制成具有一定强度、堆积密度的陶粒。

2) 减排效果

该技术污泥添加量占陶粒原材料总量30%以上,可大量消耗综合污泥,有效回用脱碳和焙烧过程中有机质所释放的热量,同时大量病原菌被高温杀死,且重金属铬固结在陶粒中。

3) 技术适用性及经济性

该技术适合于经过铬回收处理后的低铬高有机质综合污泥,制备的污泥陶粒广泛应用于工业与民用建筑的各类型预构件和现浇混凝土工程中,还可应用于管道保温、炉体保温隔热、保冷隔热和隔音吸声等其他建筑材料;亦可用作园林中的无土基床材料。

5 制革行业节水减排关键技术研发及重点发展方向

针对制革行业节水减排关键技术研发及重点发展方向，编制组广泛征集核心专家和企业的意见，对发展需求要素进行调研，设计的调查问卷如表 5 所示。发展需求调查问卷共发出 100 份，回收 52 份有效问卷，调查问卷的回收比例为 52%。

表 5　制革行业节水减排技术路线图调查问卷

问卷对象来源：		□政府机构　□行业协会　□高校　□科研院所　□企业　□其他		
问卷对象从事领域：		□制革加工　□化工材料　□皮革机械　□环境保护　□其他		
问卷对象从事工作：		□管理/设计　□技术研发　□生产加工　□销售		
化工材料	环境友好表面活性剂	重要性	□非常重要	□重要	□一般
		时间性	□非常紧迫	□紧迫	□一般
	无氨脱灰、软化剂	重要性	□非常重要	□重要	□一般
		时间性	□非常紧迫	□紧迫	□一般
	无铬鞣剂	重要性	□非常重要	□重要	□一般
		时间性	□非常紧迫	□紧迫	□一般
	低/无甲醛鞣剂、复鞣剂	重要性	□非常重要	□重要	□一般
		时间性	□非常紧迫	□紧迫	□一般
	环保型染料	重要性	□非常重要	□重要	□一般
		时间性	□非常紧迫	□紧迫	□一般
	高吸收染整材料及助剂	重要性	□非常重要	□重要	□一般
		时间性	□非常紧迫	□紧迫	□一般
	水基涂饰剂	重要性	□非常重要	□重要	□一般
		时间性	□非常紧迫	□紧迫	□一般
工艺装备	节水工艺	重要性	□非常重要	□重要	□一般
		时间性	□非常紧迫	□紧迫	□一般
	节水装备	重要性	□非常重要	□重要	□一般
		时间性	□非常紧迫	□紧迫	□一般
	制革生物(酶)技术	重要性	□非常重要	□重要	□一般
		时间性	□非常紧迫	□紧迫	□一般
	保毛脱毛工艺	重要性	□非常重要	□重要	□一般
		时间性	□非常紧迫	□紧迫	□一般
	铬减排工艺	重要性	□非常重要	□重要	□一般
		时间性	□非常紧迫	□紧迫	□一般
	无铬鞣制工艺	重要性	□非常重要	□重要	□一般
		时间性	□非常紧迫	□紧迫	□一般
	节盐工艺	重要性	□非常重要	□重要	□一般
		时间性	□非常紧迫	□紧迫	□一般

续表

资源环境	制革废水脱盐技术	重要性	□非常重要	□重要	□一般
		时间性	□非常紧迫	□紧迫	□一般
	废液循环利用技术	重要性	□非常重要	□重要	□一般
		时间性	□非常紧迫	□紧迫	□一般
	废水分质预处理技术	重要性	□非常重要	□重要	□一般
		时间性	□非常紧迫	□紧迫	□一般
	废水生物处理技术	重要性	□非常重要	□重要	□一般
		时间性	□非常紧迫	□紧迫	□一般
	废水深度处理技术	重要性	□非常重要	□重要	□一般
		时间性	□非常紧迫	□紧迫	□一般
	皮革固废资源化利用技术	重要性	□非常重要	□重要	□一般
		时间性	□非常紧迫	□紧迫	□一般
	制革污泥处理与资源化利用技术	重要性	□非常重要	□重要	□一般
		时间性	□非常紧迫	□紧迫	□一般
	制革废气减排技术	重要性	□非常重要	□重要	□一般
		时间性	□非常紧迫	□紧迫	□一般

对于回收问卷的调研对象构成统计结果见图 2。由图 2 可知，问卷对象来源包括政府机构、行业协会、高校、企业及其他机构，其中企业占比最高，达到一半以上（56％）。由图 3 可知，问卷对象涵盖制革加工、化工材料、环境保护等多个领域，其中从事制革加工的对象占比最高，达到一半以上（56％）。由图 4 可知，问卷对象从事的工作包括管理/设计、技术研发、生产加工及销售等。

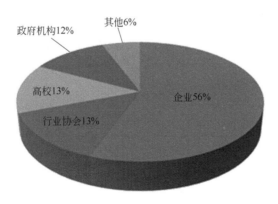

图 2　问卷调研对象

利用德尔菲法对调查问卷结果进行统计分析，得出各个发展需求的技术重要性指数 $D1$，$D1$ 计算公式如下：

技术重要性指数 $D1=(100\times N1+75\times N2+50\times N3)/Nall$

其中专家对某一指标选择"非常重要"、"重要"和"一般"的人数分别为 $N1$、

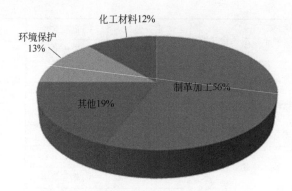

图 3   问卷调研对象从事领域构成来源

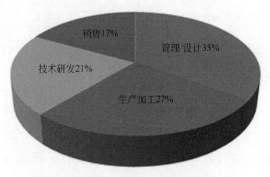

图 4   问卷调研对象从事工作构成来源

$N2$ 和 $N3$；所有反馈意见的专家人数为 Nall。

对各发展需求要素进行排序，划分出"顶级发展需求" 9 个，"高级发展需求" 8 个，"中级发展需求" 5 个，结果见表 6。其中，节约水资源（包括节水工艺、节水装备、废液循环利用技术）、铬和氨氮污染的源头控制及末端治理（包括铬减排工艺、无铬鞣剂、无氨脱灰软化剂、废水生物处理技术）和固废处理及利用（包括皮革固废资源化利用技术、制革污泥处理技术）等技术被普遍认为是制革行业最重要的发展需求。

表 6   发展需求技术重要性排序

边界范围	关键技术	$D1$	优先级别
工艺装备	节水工艺	96.15	顶级发展需求
工艺装备	铬减排工艺	94.71	顶级发展需求
化工材料	无铬鞣剂	92.79	顶级发展需求
资源环境	皮革固废资源化利用技术	92.79	顶级发展需求
资源环境	制革污泥处理与资源化利用技术	91.83	顶级发展需求
化工材料	无氨脱灰、软化剂	90.38	顶级发展需求
工艺装备	节水装备	90.38	顶级发展需求
资源环境	废液循环利用技术	90.38	顶级发展需求

续表

边界范围	关键技术	D1	优先级别
资源环境	废水生物处理技术	90.38	顶级发展需求
工艺装备	节盐工艺	—	顶级发展需求
资源环境	制革废水脱盐技术	—	顶级发展需求
化工材料	环保型染料	88.94	高级发展需求
化工材料	环境友好表面活性剂	88.46	高级发展需求
化工材料	低/无甲醛鞣剂、复鞣剂	88.46	高级发展需求
工艺装备	保毛脱毛工艺	87.50	高级发展需求
化工材料	高吸收染整材料及助剂	86.06	高级发展需求
资源环境	废水分质预处理技术	86.06	高级发展需求
化工材料	水基涂饰剂	85.58	高级发展需求
工艺装备	无铬鞣制工艺	85.58	高级发展需求
资源环境	废水深度处理技术	85.10	中级发展需求
工艺装备	制革生物(酶)技术	84.62	中级发展需求
资源环境	制革废气减排技术	83.65	中级发展需求

注：由于国家及地方对氯离子排放限值提出越来越严格的要求，制革行业目前针对氯离子处理技术需求度显著提升，因此将"节盐工艺"和"制革废水脱盐技术"由 2015 版中的中级发展需求提升为顶级发展需求。

利用德尔菲法对调查问卷结果进行统计分析，得出各个发展需求的时间紧迫性指数 $D2$，$D2$ 计算公式如下：

时间紧迫性指数 $D2 = (100 \times N1 + 75 \times N2 + 50 \times N3)/Nall$

其中专家对某一指标选择"非常紧迫"、"紧迫"和"一般"的人数分别为 $N1$、$N2$ 和 $N3$；所有反馈意见的专家人数为 $Nall$。

对各发展需求要素进行排序，划分出"近期发展需求"9 个，"中期发展需求"7 个，"远期发展需求"6 个，结果见表 7。与发展需求的技术重要性排序（表 10）相似，节水、铬污染控制和固废处理等技术仍然是制革行业最紧迫的发展需求。

表 7　发展需求时间紧迫性排序

边界范围	关键技术	D2	优先级别
资源环境	制革污泥处理与资源化利用技术	92.31	近期发展需求
工艺装备	节水工艺	88.94	近期发展需求
工艺装备	节水装备	88.94	近期发展需求
工艺装备	铬减排工艺	87.50	近期发展需求
资源环境	废液循环利用技术	87.02	近期发展需求
资源环境	皮革固废资源化利用技术	86.54	近期发展需求
化工材料	无铬鞣剂	86.06	近期发展需求
化工材料	无氨脱灰、软化剂	84.13	近期发展需求
资源环境	废水分质预处理技术	84.13	近期发展需求

皮革行业水污染治理成套集成技术

边界范围	关键技术	D2	优先级别
工艺装备	节盐工艺	—	近期发展需求
资源环境	制革废水脱盐技术	—	近期发展需求
化工材料	低/无甲醛鞣剂、复鞣剂	83.17	中期发展需求
化工材料	环保型染料	83.17	中期发展需求
资源环境	废水生物处理技术	83.17	中期发展需求
化工材料	高吸收染整材料及助剂	82.69	中期发展需求
工艺装备	保毛脱毛工艺	82.69	中期发展需求
资源环境	废水深度处理技术	82.21	中期发展需求
工艺装备	无铬鞣制工艺	81.73	中期发展需求
化工材料	环境友好表面活性剂	80.77	远期发展需求
化工材料	水基涂饰剂	80.77	远期发展需求
资源环境	制革废气减排技术	78.37	远期发展需求
工艺装备	制革生物(酶)技术	76.92	远期发展需求

注：由于国家及地方对氯离子排放限值提出越来越严格的要求，制革行业目前针对氯离子处理技术的创新与应用的迫切程度显著提升，因此将"节盐工艺"和"制革废水脱盐技术"由 2015 版中的远期发展需求提升为近期发展需求。

5　制革行业节水减排技术路线图

根据表 6 所示的发展需求技术重要性指数 $D1$，对制革行业各项节水减排技术进行了分类排序，结果见图 5。图中按照"化工材料"、"工艺装备"和"资源环境"三大边界范围进行分类，并用三种不同的颜色区分"顶级发展需求"、"高级发展需求"和"中级发展需求"，方便行业内各领域的研发、生产和管理人员参考。

按照"化工材料"、"工艺装备"和"资源环境"三大边界范围，对制革行业各项节水减排技术进行了分类，并确定每项技术的发展历程，结果如图 6 所示。

每项技术的发展历程都划分为以下三个阶段：第一阶段是研发和技术形成的阶段；第二阶段是有示范性应用且技术不断完善的阶段；第三阶段是大规模推广应用即技术成熟的阶段。

另外，参考表 7 所示的发展需求时间紧迫性指数 $D2$，在图 6 中对每项技术的发展历程进行了以下规划。

近期发展需求：说明对该类技术的需求非常紧迫，需要尽快取得突破，并得到推广应用。其中一些技术我国已经进行了大量前期研究工作，需要尽快形成技术（第一阶段），并进行工程示范和大规模推广应用（第二、三阶段）。由于该类技术的难易程度、已有研发基础不同，对其发展历程的规划有所不同。

中期发展需求：说明对该类技术的需求较为紧迫。根据对调查问卷（表 5）的设计初衷和调研对象的反馈情况（表 6 和表 7）分析，该类技术实际分为以下两种

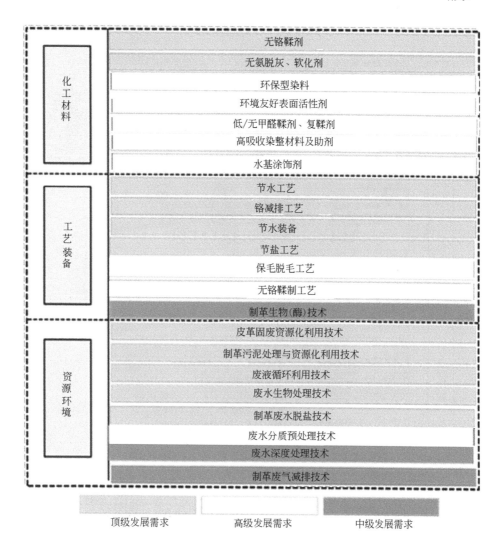

图5　我国制革行业节水减排技术路线图（按技术重要性排序）

情况：一种是对该类技术（如低/无甲醛鞣剂、环保型染料）的需求不及"近期发展需求"那么急迫，有较充裕的时间进行研发（第一阶段），并稳步推进工程示范和大规模推广应用（第二、第三阶段）；另一种是该技术（如废水生物处理技术、保毛脱毛工艺）已经较为成熟，已在制革企业中有所应用，并能基本满足当前需求，但仍希望进一步对技术进行提升和完善（第二阶段），进而实现大规模推广应用（第三阶段）。

远期发展需求：说明对该类技术的需求尚不紧迫。根据对调查问卷（表5）的设计初衷和调研对象的反馈情况（表6和表7）分析，该类技术实际上也分为两种情况：一种是对该类技术（如制革生物技术、无盐/少盐原皮保藏技术）的需求当前并不急迫，但其在未来制革行业中有良好的应用前景和意义，因此有较充裕的时间进行研发（第一阶段），并逐步进行工程示范和大规模推广（第二、第三阶段）；另一种是该技术从制革企业（回收问卷量最大）的角度看，技术应用已经比较成熟

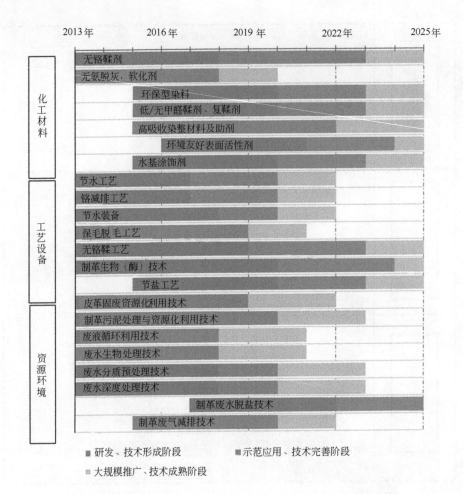

图 6　我国制革行业节水减排技术路线图（按发展历程排序）

（如水基涂饰剂、低/无甲醛鞣剂和复鞣剂、制革废气减排技术），因此在统计上未表现为近期或中期发展需求，但实际上某些环节还需要甚至急需进一步完善，例如急需通过相关皮革化工材料的国产化降低企业技术应用成本等，因此可根据该技术的应用情况适当规划其进一步发展历程。